rowohlt
BERLIN

THOMAS STEINFELD

RAUSCHEN IN DER NACHT

Die Wildgans –
eine Geschichte des
20. Jahrhunderts

Rowohlt · Berlin

1. Auflage

Originalausgabe
Veröffentlicht im Rowohlt · Berlin Verlag,
Kreuzbergstraße 30, 10965 Berlin, Oktober 2025

Satz aus der Minion Pro bei CPI books GmbH, Leck
Druck und Bindung GGP Media GmbH, Pößneck
ISBN 978-3-7371-0197-4

Kontaktadresse nach EU-Produktsicherheitsverordnung:
produktsicherheit@rowohlt.de

MIX
Papier | Fördert
gute Waldnutzung
FSC® C014496

INHALT

EINLEITUNG

Wo ich lebe, im äußersten Süden Schwedens, lebt auch die Graugans. Wenn es hell wird, zieht sie über das Haus, vom Meer zu ihren Futterplätzen auf den Feldern. Zehn, zwanzig oder manchmal auch fünfzig dieser Vögel bilden die Form eines lockeren V. «See the geese in Chevron flight», singt Joni Mitchell. Sie spricht vom doppelten V im Logo der amerikanischen Tankstellenkette. «Warum sie, gleich andern vorsichtigen Vögeln, in dieser Ordnung fliegen, ist nicht schwer zu erraten», heißt es in einer «Naturgeschichte der Vögel Deutschlands» aus dem Jahr 1842. «Denn nur auf diese Weise hindert kein Individuum das andere am Umschauen nach allen Seiten; auch mag ein so geregelter Keil das Durchschneiden der Luft erleichtern.»

Gelegentlich kommen die Gänse in großen Zügen, in denen sich einzelne Gruppen ineinanderschieben und wieder auseinanderziehen. Am Abend kehren die Tiere zurück zu ihren Schlafplätzen auf dem Meer, wiederum in Keilform. Manchmal scheinen sie auch tagsüber zwischen Wasser und Feld zu pendeln. So ist es fast zu allen Jahreszeiten. Früher war jede Graugans ein Zugvogel. Heute bleiben viele dieser Tiere im Winter hier, neben den Saatgänsen, den Bläss-, den Weißwangen- und den Kanadagänsen sowie manchen anderen Vögeln. Einige Gänse fliegen so tief, dass sie mit den Spitzen ihrer Schwingen beinahe die Schornsteine berühren.

Meistens hört man die Gänse, bevor man sie sieht. Sie rufen, während sie fliegen, mit drängenden, heiseren Tönen. Ein wenig später ist das matte Rauschen schlagender Flügel zu vernehmen. Dann sieht man sie kommen. Elegant wirken sie, von schräg unten gesehen, wie sie mit ihren langen, gestreckten Hälsen, mit ihren kleinen, spitz in den Schnabel zulaufenden Köpfen nach vorne streben. Die Füße haben sie an den Schwanz gelegt. Könnte man sie allerdings in der Waagerechten betrachten, von vorn, stünde man also etwa auf einem Balkon und sähe sie vom Meer aufsteigen, wäre der Eindruck ein anderer: Auf den schlanken Hals folgt ein zwar stromlinienförmig gestalteter, aber doch massiger Körper. Er läuft nach hinten schmal aus, aber das sieht man aus der horizontalen Perspektive nicht. Flatternde Pfeile mit großen Bäuchen, vorn eher grau, hinten zunehmend weiß, in dieser Gestalt ziehen die Vögel aus der kleinen Bucht herauf.

Kehren die Gänse dann von den Feldern zurück, bewahren sie die Formation, bis sie den Strand erreicht haben. Das V beginnt zu wackeln, fällt auseinander, kleine Gruppen spalten sich ab, die Tiere kehren sich auf die Seite, werfen sich herum und flattern auf getrennten Wegen herunter. Einige Vögel gehen sofort auf dem Wasser nieder, andere drehen noch eine Runde. Seit der Antike gilt die keilförmige Ordnung, in der die Gänse fliegen, als Muster einer natürlichen Hierarchie – auch wenn sich die Tiere in der führenden Position gegenseitig abwechseln. Hat man bei dieser Idee bedacht, wie ungeordnet sich die Formationen auflösen? Doch dauert es nicht lange, bis alle Graugänse, jeweils nicht weit voneinander entfernt und in einigem Abstand von allen anderen Gänsen, auf den Wellen auf- und niederwippen.

Es ist mehr als dreißig Jahre her, dass ich zum ersten Mal in diese Gegend kam, die man auf Schwedisch «Österlen» nennt – «öster om leden», «östlich der Landstraße», die zwischen Ystad und Kristianstad verläuft und die sich, damals mehr als heute, durch den Abstand auszeichnet, den sie, bäuerlich, wie sie ist, zu vielen Errungenschaften des zeitgemäßen Lebens hält. Zuerst kamen wir in den Ferien hierhin, dann zogen wir in eine ehemalige Fischerkate und schließlich in ein größeres Haus, in das auch die Bücher passten. Ich gewöhnte mich, mehr oder minder, an das winterliche Dunkel, an den späten Frühling, an den Wind, der aus allen Richtungen zugleich zu kommen scheint, und an das stille, alte Dorf, das in großen Teilen nur in der Urlaubszeit bewohnt wird.

In dieser Landschaft gehen die Äcker der höher gelegenen Ebene in einen flachen Küstenstreifen über. Oben, auf den großen Feldern, werden Weizen, Gerste, Zuckerrüben, Raps und Mais angebaut, unten wird die Natur auf einem schmalen Strich sich selbst überlassen – was vermutlich nicht anders sein kann, weil sich die Küstenlinie fortlaufend verschiebt, je nachdem, wie die Stürme ausgehen. Oben lebten früher reiche Bauern, die sich prächtige, weiß verputzte Kirchen leisteten. Unten hausten arme Fischer in ihren Katen. Pittoresk ist hier wenig. An manchen Stellen ziehen sich die Buchen- und Eichenwälder, die einst überall das Land bedeckten, noch bis an den Strand. Woanders wurden Kiefern gepflanzt, um den Sand festzuhalten, in den die Muttererde der großen Ebene übergeht, kurz bevor der Strand beginnt. Die struppigen, vom Westwind gebogenen Kiefern sollen die Dünen am Wandern hindern und das Dorf schützen. An vielen Stellen reichen die Äcker fast bis zum Wasser. Ein niedriger, von Gestrüpp überwachsener Abhang, unterhalb Marschland, Schlick, Brackwasser, glatt gespülte Steine, Haufen von angeschwemmten Algen mit alten Turnschuhen, Styroporfetzen und Milchtüten. Schließlich das offene Wasser, das meist sachte plätschert, manchmal rauscht, zuweilen aber auch in hohen, wilden Wellen gegen das Ufer schlägt und die Küstenstraße überschwemmt. Enten, Kormorane, Mittelsäger, Möwen, Schwäne, alle Vögel sind schon da. Die Saatkrähen krächzen, die Dohlen spielen gern mit dem Wind. Doch kein Tier scheint so sehr Ausdruck dieser herben, kühlen, ganz und gar unspektakulären Landschaft zu sein wie die «Wildgans» – wie auch hier die meisten Leute sagen, während die Vogelkundler zwischen grauen Gänsen (Graugänsen, Saatgänsen, Blässgänsen) und Meergänsen (Ringel- und Weißwangengänsen) unterscheiden. Kein anderes Tier scheint diese Gegend so zu prägen, mit den heiseren Rufen, dem grauen Federkleid und der lässig geordneten Schar.

Erst in der zweiten Hälfte des 19. Jahrhunderts gingen den Menschen Augen und Ohren für die Wildgans auf. Gewiss, auch sie hat eine alte Geschichte. Aphrodite, die griechische Göttin der Liebe und der Begierde, soll gelegentlich auf Gänsen geritten sein. Gänse sind die heiligen Tiere der Juno, der römischen Königin der Götter. Eine berühmte und vielfach kopierte Skulpturengruppe aus dem alten Griechenland zeigt einen kleinen Jungen im Kampf mit einer zahmen Gans – das speckige Kind, auch «Ganswürger» genannt und gelegentlich mit Flügeln ausgestattet, wurde zum Vorbild aller Putten. Parzival erfährt eine Erweckung (oder er wird in Trance versetzt, was in diesem Fall auf dasselbe hinausläuft), als er, der sich in einem winterlichen Wald verirrt hat, drei Blutstropfen im Schnee erblickt. Sie stammen von einer Wildgans, die ein Falke zu schlagen versuchte, und erinnern den Ritter an die Frau, die er zurückgelassen hatte. Drei Monate sind seitdem vergangen. Vertraut waren die Vögel, man kannte sie, jagte sie und verzehrte sie, sie kamen, und manche flogen wieder davon. Zugleich trennte man sie von den Menschen, als wären sie Lebewesen ganz anderer Art. Der Abstand verringerte sich im Lauf des 19. Jahrhunderts.

Es ist schwierig, sich einer Wildgans zu nähern. Ihr weißgraues Federkleid ist von einer außerordentlichen, aber diskreten Schönheit. Beim lebenden Tier bekommt man es kaum zu sehen. Denn die Tiere sind scheu, sie scheinen ihre Augen überall zu haben, sie sehen dich, lange bevor du sie gesehen hast. Kaum ist man ihnen auf fünfzig oder auch nur hundert Meter nahegekommen, fliegen sie fort, alle auf einmal, in einem gewaltigen Geflatter und Geklatsche, mit dem sich ein ganzes Feld in die Lüfte zu erheben scheint. Nicht nur in meiner Gegend verabscheuen die Bauern die Vögel, die ihnen die Saat und das frische Grün von den Feldern fressen. Was immer eine Gans zu sich nehme (und sie frisst beinahe unaufhörlich), brauche, sagen die Ornithologen, nur dreißig bis neunzig Minuten, um den Nahrungstrakt zu durchwandern. Zellulose, den Hauptbestandteil von Pflanzengewebe, können sie kaum verdauen. Und so nutzen sie nur etwa ein Fünftel der aufgenommenen Nahrung. Danach lassen sie ein bis zwei Kilogramm Ausscheidungen zurück, an jedem beliebigen Tag. Man habe «immer jede Menge Wildgänse auf den Feldern und durch den Kot erhöhte Nitratwerte», beklagt sich ein Bauer in einem Roman des Berliner Schriftstellers Jochen Schmidt, «wir müssen Strafen zahlen, obwohl wir gar nicht zu viel düngen.»

«Wer die Gans, eine alte Redensart gedankenlos nachsprechend, ein dummes Geschöpf nennt, hat sie nie beobachtet», heißt es in «Brehms Tierleben». Die Enzyklopädie enthält eine Beschreibung, in der die Wildgans überaus menschliche Züge annimmt. «Einen scharfen Verstand» attestiert ihr der Naturforscher, eine große Treue zur Familie und einen erstaunlichen Mut. Aus solchen Beschreibungen erwuchs offenbar eine Tradition: «Wir haben das Gefühl, dass das Führen von Jungen für den Gansert (Ganter) den Glanzpunkt einer glücklichen Ehe darstellt», heißt es in der Enzyklopädie «Die Vögel Mitteleuropas», verfasst von Magdalena und Oskar Heinroth in den zwanziger Jahren. Den Tod eines Ehepartners könnten die Gänse kaum verkraften. «So eine eheverlassene Gans ruft besonders im Frühjahr Tag und Nacht nach ihrem Seligen.»

Fünfzig Milliarden Vögel soll es auf der Welt geben. Dazu kommen fünfundzwanzig Milliarden Hühner in der industriellen Geflügelhaltung. Die meisten frei lebenden Vögel wird man nie zu Gesicht bekommen. Manche leben im Verborgenen oder sind vor allem nachts unterwegs. Auch deswegen lernte ich erst spät, die heimischen Vögel voneinander zu unterscheiden. Ich wusste zwar, was eine Amsel ist, eine Taube, eine Ente oder eine Gans. Aber die feineren Unterschiede kannte ich nicht. Die Kenntnisse eignete ich mir erst an, als ich mich im Norden niederließ. Mir begegneten die deutschen Namen zusammen mit den schwedischen: Weißwangengans und Saatgans und Blässgans und noch einige andere. Graugänse haben ein grauweißes Gefieder, einen korallenroten Schnabel und blassrote Füße. Saatgänse, die den Graugänsen ähneln, sind kleiner, brauner und dunkler. Die Bekanntschaft hatte Folgen. Denn wenn man die Vögel – die Arten, nicht die einzelnen Tiere – wiedererkennt und wenn man ihre Namen weiß, entsteht eine Vertrautheit, die über das Identifizieren der Merkmale hinausgeht: Graugänse müssen es sein, die über das Dach fliegen. Oder etwa nicht? Glaubt man Gänseforschern wie Bengt Berg oder Konrad Lorenz, wissen die Gänse zuverlässig, dass auf der Terrasse des roten Ziegelbaus immer wieder derselbe Mensch steht, der zu ihnen hinaufschaut.

Die Entfernung zwischen dem Ort, an dem ich lebe, und der Steilküste von Kap Arkona auf Rügen beträgt genau einhundertdrei Kilometer Luftlinie. Dazwischen liegt, ein wenig weiter östlich und erst im Mai 1946 von den sowjetischen Besatzern aufgegeben, die dänische Insel Bornholm. Gänse kümmern sich nicht um Grenzen und Herrschaftsgebiete. Es ist ihnen auch gleichgültig, wenn im Winter russische Öltanker, die in fernen Staaten registriert sind und einer «Schattenflotte» zugerechnet werden, durch das Bornholmsgat ziehen, einen der meistbefahrenen Schifffahrtswege der Welt. Und so wie die Vögel, so manche Menschen: Man sieht sie oft am Strand mit ihren Ferngläsern und Teleobjektiven, auch wenn man solche Apparate gar nicht braucht, um Gänse zu erkennen. In ihren Jackentaschen tragen sie den «Svensson», das Werk des längst pensionierten schwedischen Ornithologen Lars Svensson, das, in viele Sprachen übersetzt, den Experten in ganz Europa als das genaueste und verlässlichste Bestimmungsbuch gilt. Die Vogelbeobachter sehen die Schiffe, sie wissen um die politische Grenze, aber beides interessiert sie nicht.

Hunde sind, wie man sagt, die besten Freunde des Menschen. Über Tausende von Jahren haben sie sich dem Leben ihrer Gebieter angepasst, sind so geworden, wie Menschen sie haben wollten, schauen ihre Halter mit treuen Augen an. Dabei sind Hunde den Menschen in ihrem Verhalten nicht sonderlich ähnlich, aller Anhänglichkeit zum Trotz. Mit Wildgänsen scheint es anders zu sein. Sie sind keine Säugetiere und vom Menschen sehr verschieden, obwohl sie, wenn sie gehen, auf nur zwei Beinen unterwegs sind. Doch seien die Gänse, wie der amerikanische Schriftsteller David Quammen versichert, ein Sinnbild für das Beste, was Menschen erreichen könnten: Sie verkörperten Freiheit, Anmut und Hingabe («liberty, grace, and devotion»), wobei sie die Widersprüche zwischen diesen drei «Prinzipien» mit einer Eleganz überwänden, die den Menschen beschämt zurücklasse. Unzertrennlich gar, heißt es immer wieder, sollen die Gänse sein, auf immer verliebt. Die Behauptung erweist sich, auch darin ein Spiegel menschlicher Sozietät, bei genauerer Prüfung als hemmungslose Übertreibung.

Die Bahnen, die Wildgänse durch die vergangenen hundertfünfzig Jahre zogen, durch die Literatur, die Künste und die Wissenschaften, aber auch durch die Politik, sind so spektakulär, wie der Vogel selbst eher unauffällig ist, trotz seiner Größe und obwohl er lärmt. Dass er bei flüchtigem Hinsehen so gewöhnlich wirkt, dass nichts Buntes oder Skurriles an ihm ist, dass er auf dem Land, wenn er watschelt und dabei mit den Schwanzfedern wackelt, unbeholfen aussieht, war vermutlich eine Voraussetzung für seine Karriere als symbolischer Vogel: «Die Gans mag, neben den Schwan gestellt, freilich nicht eben vortheilhafter erscheinen, als der Esel neben dem Pferde», heißt es um die Mitte des 19. Jahrhunderts in der «Thierwelt» des Pädagogen Hermann Masius – zu Unrecht, wie ich meine, denn der Schwan gibt auf dem Land kein besseres Bild ab als die Graugans. In der Vertrautheit des Anblicks unterscheidet sich die Gans von den Tieren, denen Alfred Brehm in seiner Enzyklopädie besondere Aufmerksamkeit schenkte: dem Krokodil, dem Ameisenbär oder dem Seepferdchen. Von einem «grauen Heer» wird in einem Fahrtenlied gesungen, das sich, mehr als jedes andere musikalische Werk, bis vor wenigen Jahren als Sehnsuchtslied für marschierende Soldaten und wandernde Jugendgruppen erhielt. Gemeint waren die wilden Gänse, wie sie im Zug in der Dämmerung davonrauschen.

Dieses Buch ist der Wildgans gewidmet, nicht der amerikanischen oder kanadischen, die vor allem der Natur zugehört, sondern der nordeuropäischen oder deutschen Wildgans, die in hohem Maße ein ikonisches Tier ist und eine lange Kulturgeschichte mit sich herumträgt. Sie spielt eine Rolle bei der Bildung von Nationen, sie zieht in den Krieg, sie lehrt Menschen das Fliegen, sie ist bei der Entstehung eines ökologischen Bewusstseins dabei, sie inspiriert die Evolutionsbiologie, macht Geschichte und beflügelt Phantasien der Erlösung. Überall ist die Gans, und wenn in diesem Buch auch andere Vögel vorkommen, etwa Mornellregenpfeifer oder Kraniche, so fliegt sie doch in ihrer Mitte.

Im deutschen Sprachraum tritt die Wildgans in den sechziger Jahren des 19. Jahrhunderts in das Bewusstsein der gebildeten Menschen, in Gedichten, vor allem aber als Eintrag in «Brehms Tierleben», der Enzyklopädie zoologischen Wissens, die damals alle geistige Beschäftigung mit Tieren auf eine neue Grundlage stellte. «Brehms Tierleben» wurde von Selma Lagerlöf gelesen, deren Roman «Nils Holgerssons wunderbare Reise durch Schweden» in die Hausbüchereien der «Wandervögel» einzog, aus denen wiederum der Soldat Walter Flex hervorging, der im Ersten Weltkrieg das Gedicht «Wildgänse rauschen durch die Nacht» schrieb. So geht es fort, über Bertolt Brecht und Hannah Arendt bis hin zu Konrad Lorenz und W. G. Sebald. Einer liest den anderen, und die Gans ist stets dabei, bis zum heutigen Tag. Auf diese Weise entsteht, nicht nur in den Köpfen der Menschen, sondern gleichsam auch über diesen, eine Geschichte der jüngeren Zeit. Sie verläuft anders als die Geschichte, die man zu kennen glaubt. Es ist die Geschichte eines Sehnsuchtsvogels.

ERSTER TEIL

DIE GANS
GEHT AUF DIE REISE

Die Wildgans erhält einen Namen und zieht in die Welt

Im Norden der Halbinsel Jütland, in einem Dorf zwischen Sumpf und Heide, lebte in der ersten Hälfte des 19. Jahrhunderts ein Pfarrer namens Steen Steensen Blicher. Er war arm, unglücklich verheiratet und hatte zuletzt zehn Kinder. Stets auf der Suche nach Erwerbsquellen, vernachlässigte er das Amt, versorgte stattdessen eine kleine Landwirtschaft, ging auf die Jagd, schrieb Gedichte, Novellen, Räubergeschichten, Erzählungen und alles andere, was ein Honorar abwarf. Er trank mehr, als er vertrug, worüber man sich, als er alt geworden war, öffentlich lustig machte. Als junger Mann hatte er die «Gesänge des Ossian», vermeintlich keltische Dichtungen aus dem 3. Jahrhundert, ins Dänische übersetzt, er glaubte an den schottischen Schriftsteller Walter Scott und dessen Fähigkeit, eine vergangene Heimat wie ein fernes Land aussehen zu lassen, und verfasste im Jahr 1829 den ersten dänischen Kriminalroman, in dem er vom Mord an einem Landpfarrer auf der jütländischen Heide erzählt. «Das braune Trockenmoor ist mir ein Garten Eden», heißt es in einem seiner Gedichte.

Zum ersten Mal begegnete mir Steen Steensen Blicher, als ich auf dem Himmelberg stand, einem Hügel, nicht weit vom Heimatdorf des Pfarrers entfernt, der mit einer Höhe von hundertsiebenundvierzig Metern über dem Meeresspiegel (der Eiffelturm ist mehr als doppelt so hoch) bis zur Entwicklung genauester Instrumente der Landvermessung im späteren 19. Jahrhundert als die höchste Erhebung Dänemarks galt. Eine Erhebung von so geringer Höhe einen «Himmelberg» zu nennen, hat etwas Komisches. Das Wort scheint in keinem Verhältnis zu stehen zu dem, was es benennt. Aber so ist es nicht. Der Berg ist zwar nicht hoch, doch er erhebt sich aus einer milden, leicht bewegten Landschaft, als wäre er etwas ganz und gar Großartiges. Man blickt auf die kahle Spitze. Oben steht ein Turm. Die Kuppe ist von alten Bäumen gesäumt, so mächtig, als hätten sie dort schon immer gestanden, unten glitzert ein See, auf dem Enten, Schwäne, Gänse schwimmen. Steen Steensen Blicher hatte auf dem Himmelberg Weihefeste ausgerichtet, in denen sich die Beschwörung antiker oder frühzeitlicher Vorbilder mit einem erwachenden dänischen Nationalismus mischte. Ein nach dem Muster eines Runensteins geformtes Denkmal auf einer Lichtung unter den hohen Bäumen erinnert an den Dichter.

Danach las ich Blichers Geschichte «Himmelberg» aus dem Jahr 1833, in der ein nahendes Gewitter dafür sorgt, dass der Erzähler meint, in die Schweizer Alpen versetzt worden zu sein: «In den Wolkenmulden sahen wir die Gletscher, und wenn sich ein vorstehender Kopf neigte, wenn er sank und mit der übrigen Bergkette zusammenschmolz, dann war es eine Lawine, die Häuser und Dörfer in ewigem Schnee begrub.» In der Folge treten eine Wildente, ein Goldregenpfeifer und eine Lerche auf. Erst später wurde mir klar, dass der unglückliche Blicher der erste Ornithologe unter den Poeten gewesen sein muss, ein Pionier in einer Zeit, in der die Dichter zwar Lerchen und Nachtigallen unterschieden, darüber hinaus aber nur wenige Vogelarten. Sicherlich werden auch sie sich über die Wiederkehr der Singvögel im Frühjahr gefreut haben. Aber deren Namen wussten sie kaum.

In der Bildkunst war man längst kundiger. Dort gibt es Pionierwerke der Vogeldarstellung, den «Distelfink» an seiner Kette zum Beispiel, ein Gemälde des Rembrandt-Schülers Carel Fabritius aus dem Jahr 1654. Überhaupt die flämischen Stillleben aus dem 17. Jahrhunderts mit ihren (toten) Vögeln. Oder das Kalenderbuch des englischen Landpfarrers Gilbert White, die «Erkundung von Selborne», erschienen im Jahr der französischen Revolution und ein Inventar der einhundertzwanzig Vogelarten, die in der Umgebung seines Dorfes in der Grafschaft Hampshire lebten. Zu einer populären Bewegung wurde das Interesse für die Vögel indessen erst im frühen 19. Jahrhundert, als die Naturforschung und mit ihr die Literatur zur Bildkunst trat – mit dem Werk «The Birds of America», der ornithologischen Enzyklopädie des Naturforschers John James Audubon mit ihren mehr als vierhundert handkolorierten Abbildungen, veröffentlicht im Jahr 1827, oder mit der ungefähr zur gleichen Zeit entstandenen und ähnlich ausgestatteten «Naturgeschichte der Vögel Deutschlands», verfasst von Johann Andreas Naumann und seinem Sohn Johann Friedrich, zwei Bauern aus Köthen in Anhalt. Plötzlich war da etwas, an das man vorher kaum gedacht hatte, und es trat wie selbstverständlich auf, zumindest im Nachhinein betrachtet. Und das bedeutet: Es war eben nicht selbstverständlich gewesen.

«Trækfuglene» heißt ein schmales Werk Steen Steensen Blichers, erschienen im Jahr 1838, «Die Zugvögel». Der Untertitel lautet: «Ein Naturkonzert». Der Band besteht aus einer Serie von dreißig Gedichten, die jeweils einem Vogel gewidmet sind. Blicher schrieb diese kleinen Werke, wie es heißt, als er mit einer schweren Krankheit daniederlag. Er beginnt mit einem «Präludium», das vom Herbst oder vom nahenden Tod zu handeln scheint: «Die Zeit naht, da ich gehen muss, / Ich höre die Stimme des Winters; / Denn auch ich bin nur unterwegs, / Und habe anderswo eine Heimat.» Das Wort Heimat ist hier metaphysisch zu verstehen, wie in einem bekannten, wenngleich viel später entstandenen Kirchenlied: «Wir sind nur Gast auf Erden und wandern ohne Ruh / mit mancherlei Beschwerden der ewg'en Heimat zu.»

Das erste von Blichers Vogelgedichten ist dem Goldregenpfeifer («hjejle») gewidmet, das letzte dem Schwan, und wenn auch Storch und Reiher vorkommen, so scheint die Wildgans zu fehlen. Gegenwärtig ist sie trotzdem, nicht nur, weil die Heide eine Landschaft ist, an deren Entstehung und Bewahrung grasende Tiere teilhaben, Schafe vor allem, aber auch wilde Gänse, sondern auch, weil der Gedichtzyklus ihre Nachbarn versammelt: «Raben schreien, Eulen rufen, / Suchen Nahrung, suchen Schutz. / Die Krähe schlägt sich mit der Elster / Laut auf der Scheune hohem First / Und schielt auf das zahme Vieh.»

In den Sprachklängen spielt Blicher mit dem Gesang der jeweiligen Vögel, die Anordnung der Gedichte folgt grob ihrem Erscheinen im Frühjahr, aber die Verse umkreisen nicht nur vogelkundliche Motive: Im Gedicht «Alpenstrandläufer» («ryle») geht es, womöglich gegen die Ehefrau gerichtet, um das Putzen, im «Kiebitz» («viben») um das Zanken, und wenn die «Lerche» («lærke») sich in die Luft schwingt, um an einem hohen Ort flatternd zu verweilen, ist von der Hoffnung die Rede. Bei den dänischen Namen fällt auf, dass viele Wörter einfach, ihre deutschen Entsprechungen aber zusammengesetzt sind, was vielleicht darauf schließen lässt, dass in Dänemark zu dieser Zeit noch keine Naturkundler wirkten, die an einer Feinsystematik der Vögel arbeiteten. Vielleicht aber auch darauf, dass manche meeresnahen Vögel in Dänemark zum populären Grundbestand gehörten, in den deutschen Ländern aber selten waren und darum erst später benannt wurden.

Was ein Goldregenpfeifer ist und was ein Alpenstrandläufer, beschäftigt womöglich den Zoologen, selten aber einen Bauern. Eine wissenschaftliche Neugier muss erwacht sein, um Arten als solche zu begreifen, zu benennen und voneinander unterscheiden zu wollen. Die Namen der Vögel, ihr jeweiliges Aussehen und Verhalten, in aller Genauigkeit beschrieben, sind Projekte einer gesteigerten Wahrnehmung, die zwar spätestens seit Carl von Linné, also seit Mitte des 18. Jahrhunderts, systematisch betrieben, aber durch die überwältigende Menge verschiedener Arten permanent herausgefordert wird. Sie lässt Vögel, die, falls überhaupt, als Nahrung oder Schädlinge (das heißt: als Konkurrenten um die Nahrung) wahrgenommen wurden, aus ihrer Anonymität hervorfliegen. Erst jetzt beginnen sie, für ihre Betrachter zu leben, und erst jetzt fängt man an, sich für ihre Wanderungen zu interessieren – bis dahin mochten sie im Winter irgendwohin verschwunden sein, vielleicht nach Ägypten (wie die Störche), vielleicht in die Tiefen des Meeres (wie die Weißwangengänse), vielleicht in den Schlamm auf dem Grund der Teiche (wie die Schwalben). Es war nicht von Belang. Und erst jetzt vermochten sie zu Gegenständen gefühlvoller Betrachtung zu werden: «Denn auch ich bin nur unterwegs, / Und habe anderswo die Heimat.» Steen Steensen Blicher mochte der Gans kein Gedicht gewidmet haben. Mit diesem Gedanken allerdings beginnt die literarische Karriere der Zugvögel im Allgemeinen sowie der Wildgans im Besonderen.

Fünfzehn Arten von Wildgänsen gibt es. Auch sie sind Zugvögel, und sie leben auf der nördlichen Erdhalbkugel. Viele von ihnen ziehen über Tausende von Kilometern, in jedem Frühling und in jedem Herbst. Wahrgenommen wurden sie die längste Zeit allerdings nur eher beiläufig. Mit Namen tauchten sie außerhalb der Vogelforschung erst auf, als eine zunehmende Verstädterung dafür sorgte, dass manche wilden Tiere zu Wesen der Sehnsucht und des Mitgefühls wurden – im Übrigen ist die gesamte Vogelforschung nicht viel älter. Soweit ich weiß, war der erste deutsche Schriftsteller, der ausdrücklich über Wildgänse schrieb, der Germanist und Lyriker August Heinrich Hoffmann von Fallersleben. Er verkehrte in den Kreisen des Vormärz, war weniger ein Revolutionär denn ein liberaler deutscher Philologe, ein eifriger Nationalist und ein ziviler Feind aller Franzosen. Er verfasste das «Deutschlandlied» und «Alle Vögel sind schon da» sowie eine lange Reihe kleiner Werke, die zu seiner Zeit volkstümlich und dann bald vergessen wurden. «Die wilden Gänse» lautet der Titel des schlichten Gedichts, das in den «Unpolitischen Liedern» aus dem Jahr 1840 enthalten ist:

Ihr wilden Gänse habt es gut,
Ihr ziehet frei und wohlgemuth
Von einem Strand zum andern Strand
Durch's ganze liebe deutsche Land.

Es stimmt zwar nicht, dass die wilden Gänse durch ganz Deutschland ziehen, und ebenso wenig sind Hoffmann von Fallerslebens «Unpolitische Lieder» unpolitisch. Doch ist die Behauptung in beiden Fällen ein absichtlich begangener Fehler. Denn in der Folge geht es um einen Menschen, der zu Hause bleiben muss und, wenn er es nicht tut, einen Pass benötigt. «Nur in den Lüften sind wir frei.» Wildgänse benötigen keinen Pass, kein Amt kümmert sich um sie. Die Vögel fliegen dahin, jenseits aller staatlichen Ordnungen. Sie nehmen nicht einmal Abschied.

Den Nachtigallen gilt eine eigene Literaturgeschichte. Sie

sind Künstlerinnen und insofern das Gegenteil zu den Wildgänsen. Von den Lerchen gibt es auch viel zu erzählen. Warum die wilden Gänse? Warum nicht die Kraniche, nicht die Stare, nicht die Mauersegler, die doch kaum den Boden berühren und wirklich nur «in den Lüften» leben? Zugvögel sind sie alle. Die Gans aber scheint dem Menschen näher zu sein, vielleicht, weil sie größer und schwerer als die Mehrheit der Vögel ist, vielleicht, weil sie, laut rufend, tagsüber und in Scharen über den Köpfen der Menschen hinwegzieht, vielleicht, weil ihr Auftritt (im Unterschied zum Kranich) wenig hermacht, vielleicht, weil es die zahmen Verwandten gibt, die von der Graugans abstammen, die aber zu einem Hof gehören und zum Zweck des späteren Verzehrs gehalten werden. Im nomadischen Leben wie in der Anspruchslosigkeit der Wildgans lag, so scheint es, ein eigenes Versprechen von Freiheit, von Emanzipation, vielleicht sogar von sinnlichem Glück. Wildgänse waren Vögel für Menschen, die meinten, in ihrem Leben an einen falschen Ort, in eine falsche Zeit oder gar in eine falsche Welt geraten zu sein. Hoffmann von Fallersleben hatte mit dem Aufbrechen indessen eigene Erfahrungen gemacht: Die preußische Regierung hatte ihm im Jahr 1842 die Professur in Breslau genommen, seine Pension gestrichen und ihn wenig später des Landes verwiesen. In anderen deutschen Staaten hatte er ebenfalls nicht bleiben dürfen. Sieben Jahre wanderte er durch das Land, ohne irgendwo bleiben zu können. Dann erst durfte er sich niederlassen, zuerst in Neuwied am rechten Rheinufer, dann in Weimar.

Unterdessen zog die Wildgans weiter, in das bekannteste Gedicht Theodor Storms zum Beispiel, des Advokaten aus dem Herzogtum Schleswig, der die deutsche Nordseeküste zu einer literarischen Landschaft machte. «Die Stadt» heißt es, veröffentlicht im Jahr 1852. Storms Heimatort Husum gewidmet, beginnt es mit den Zeilen: «Am grauen Strand, am grauen Meer / Und seitab liegt die Stadt.» Seitab, also jenseits der großen Verkehrswege, dort, wo nicht viele Menschen leben, dort, wo das Wetter schlecht, das Vergnügen klein und die Arbeit hart ist. Danach dauert es nicht lange, bis das Tier des Nordens auftritt: «Die Wandergans mit hartem Schrei / Nur fliegt in Herbstesnacht vorbei.» Tatsächlich fliegen die Gänse auf ihren großen Zügen auch durch die Nacht. Wenn sie nicht ziehen, liegen sie in der Dunkelheit auf dem Wasser und schnattern, vom späten Abend bis zum frühen Morgen. Seitab liegt nicht nur die Stadt, seitab lebt auch die Wildgans, in Wasserlandschaften, die man für die Literatur und die Kunst erst entdecken musste, bevor man sie mit Vögeln füllen konnte.

Ungefähr zur selben Zeit, als Theodor Storm sein Gedicht auf die Heimatstadt schrieb und Nordfriesland zu einer poetischen Landschaft erklärte, kurz vor der Zeit, als die Enzyklopädie «Brehms Tierleben» in die deutschen Wohnungen einzog, mit sechs, zehn oder mehr Bänden, als das Haustier beliebt und das Plüschtier in den Kinderzimmern heimisch wurde, im letzten Drittel des 19. Jahrhunderts also, begann das Interesse an den Fabeltieren, die symbolisch für Menschen standen, zu verblassen. Stattdessen wurden Tiere zu mehr oder minder eigenständigen Wesen, die vielleicht einige Eigenschaften mit den Menschen teilten, darüber hinaus aber ihr eigenes Leben führten. Manche von ihnen wurden zu «Seelenführern», wie der rumänische Religionshistoriker Mircea Eliade die Vermittler zwischen der Welt und einem Jenseits nannte, zu Trägern besonderer Fähigkeiten oder Kenntnisse, die den Menschen als Maß und Vorbild dienen konnten. Die Gänse zählten offenbar dazu, und das umso mehr, als sie gern zu Zeiten dahinziehen, in denen das Tageslicht schwindet oder gar schon erloschen ist.

Ein Gedicht gibt es, in dem die Verehrung der Wildgans als eines Seelentiers der Melancholie in beispielhafter Form festgehalten wurde. Der französische Schriftsteller Guy de Maupassant, weniger als Lyriker denn als Autor von Novellen sowie des Romans «Bel Ami» bekannt, schrieb im Jahr 1880 «Les oies sauvages», «Die Wildgänse». Es beginnt mit der Beschreibung einer flachen Winterlandschaft, es ist wahrscheinlich die Normandie, über die plötzlich und brausend ein «wilder Zug» hinwegfliegt:

> Der Führer jener Pilgerschar der Luft,
> Der über Meer und Wüste, viele Meilen
> Sie leitend führet, ab und zu sie ruft,
> In ihrem wilden Flug sich zu beeilen.
>
> Und wie ein Band zieht sich die Karawane,
> In wilder Hast durchschwirret sie den Äther,
> In ihrem Fluge gleichend einem Schwane.

Eine Schar Wildgänse zieht, laut rufend, unerreichbar und unbeirrbar, über eine karge Gegend, während ein zerlumpter Knabe auf der Erde eine Gruppe zahmer Gänse vor sich her treibt. Die plumpen Vögel recken die Hälse, «heben traurig wohl die eignen Flügel», während sie dahinwatscheln. Eine Sehnsucht glüht auf, doch nur für einen Augenblick. Dann ist der Moment vorbei, die zahmen Gänse lassen die Flügel «kraftlos wieder sinken», und von der Freiheit bleibt nicht einmal mehr eine Hoffnung. Viele Erzählungen Maupassants sind einander ähnlich. Sie beginnen mit einem weiten Blick und treiben dann in schnellen Schritten einem Punkt entgegen, an dem sich die Geschichte entscheidet. So ist es auch in diesem Fall: «Verwirrt gehen sie den alten Gänsemarsch, /

Und mit Verzweiflungsschrein sie nur erwidern / Den Mahnruf von den freien, wilden Brüdern.» Die Gefangenschaft ist der zahmen Gänse unerbittliches Schicksal, und so wird es bleiben bis zu ihrer Schlachtung. Immer wieder erscheint, wenn von Wildgänsen gedichtet wird, dieses Motiv: dass sie über eine Schar zahmer Artgenossen hinwegfliegen, dass diese die Hälse recken und zu flattern beginnen, woraus dann nichts wird. Es fehlt an Mut, an Kraft, und wahrscheinlich sind die Flügel beschnitten.

«Und ich möchte auffliegen, / Mit den Zugvögeln fort», heißt es in einem Gedicht Else Lasker-Schülers aus dem Jahr 1917. Die Wildgans schlägt mit den Flügeln, bevor es aufwärts geht – fort, weg aus der Stadt, aus der Gesellschaft, aus der Geschichte. Vielleicht auf den nächsten Acker, auf dem Wintersaat sprießt, vielleicht nur auf das nächste Wasser, dorthin, wo der Fuchs nicht hinkommt, vielleicht aber auch weit weg, so weit, dass niemand dorthin zu folgen vermag. «Wie es wohl ist, eine Gans unterm windigen Himmel zu sein? Die Erde unter sich zu lassen?», fragt sich, der Schriftstellerin und Ornithologin Ilona Jerger zufolge, der Vogelforscher Konrad Lorenz im September 1938, während er an einem Seitenarm der Donau in der Nähe Wiens die Tiere beobachtet: «Ich stehe einsam auf dem Boden herum und würde so gerne mitreisen.» Unter denen, die bleiben, wo sie sind, mag sich das Gefühl ausbreiten, sie stünden auf einer Art stillgelegtem Bahnhof, von wo sie den vorbeifahrenden Zügen zusehen müssten.

Wildgänse führen, wie man zu wissen glaubt, ein Leben, das zwar von Familiensinn und Treue geprägt ist, aber wenig von der befriedeten Häuslichkeit hat, zu der sich die Angelegenheiten eines Landes oder einer Landschaft idealerweise ordnen lassen. Selbstverständlich kannte man die Tiere von alters her. Anlass zum Nachdenken, oder besser gesagt: Sinnbilder der Ort- und Heimatlosigkeit wurden sie erst in der sogenannten Neuzeit. «Wild Geese» hatte man die meist mittellosen irischen Adligen genannt, die sich zwischen dem späten 16. Jahrhundert und den napoleonischen Kriegen in kontinentaleuropäischen Armeen verdingt hatten. Als sie aber dreihundert Jahre später in einem Gedicht auftraten, in dem der irische Schriftsteller W. B. Yeats an die Opfer der Kämpfe um die Unabhängigkeit des Landes erinnerte, waren sie zu überzeitlichen Symbolvögeln geworden. «September 1913» lautet der Titel des kleinen Werks. Darin heißt es: «War's das, wofür die Wildgänse einst / Die Schwingen über Fluten schlugen.» Wenn Wildgänse auffliegen, kann man gewiss sein, dass die Welt in Unruhe geraten ist, und wenn man auch mit ihrer Wiederkehr rechnet, so weiß man letztlich nicht, ob sie auf ihrem Zug nicht, zu Tode erschöpft, zu Boden sinken, ob sie gegen eine Elektrizitätsleitung fliegen, ob sie vom Fuchs geholt, abgeschossen oder einfach nur verweht werden.

Die Jahrzehnte gehen dahin, die politischen Verhältnisse ändern sich, die Landschaften auch, die Wildgans aber fliegt immer noch vorbei: In den späten siebziger Jahren des 20. Jahrhunderts besuchte der Schriftsteller Bruce Chatwin, ein Mann, der das Nomadentum zum Lebensprinzip nicht nur seiner selbst, sondern möglichst vieler Menschen machen wollte, den Zoologen Konrad Lorenz in dessen Haus in Altenberg an der Donau. Um den Lesern dessen Hinwendung zu den Wildgänsen plausibel zu machen, schilderte Chatwin die menschlichen Züge der Vögel: «Gänse sind monogam. Sie verlieben sich und bleiben verliebt. Sie vollziehen endlose Balzrituale, die mit einer ‹Zeremonie des Paarungsnachspiels› enden. Die Ganter reagieren ihren Aggressionstrieb in Kämpfen ab, aus denen eine Rangordnung beim Brüten resultiert.

Besiegte Rivalen gehen einsam davon, werden erst ‹depressiv› oder ‹unfallanfällig›. Manchmal verführt ein Ganter das Weibchen eines anderen, und dann kommt es zur Scheidung. Die niederen Gänse sehen zu den Älteren und Überlegeneren auf und stehen als Beobachter dabei, wenn die Aristokraten kämpfen. Die gesamte Gänsekolonie wird von Kampfgeist erfasst, wenn sie einer äußeren Bedrohung ausgesetzt ist.» Dass Gänse ihren jeweiligen Gatten unbedingt verbunden bleiben, passt zwar zur landläufigen Moral, wurde aber schon von Konrad Lorenz für ein Gerücht gehalten. Dass die Balzrituale der Gänse kompliziert sind, ist hingegen unbestritten – ihre Schwierigkeit ist, wie Lorenz später erklärte, eine Folge der freien Gattenwahl. Dass sie «endlos» seien, wird dagegen von den Fachleuten für das Gänsewesen dementiert: Die Rituale würden hastig vollzogen, weil die Vögel den ganzen hellen Tag fürs Fressen brauchen.

Wildgänse sind nomadische Tiere. Das heißt nicht, dass sie frei herumschweifen. Sie sind keine Touristen, es steht ihnen der Sinn weder nach Abwechslung noch nach Neuem. Sie führen aus, was in ihnen ist. Wie die meisten Nomaden folgen sie Routen. Sie ziehen zwischen festen Plätzen hin und her, zwischen dem Ort, an dem sie nisten, und jenem, an dem sie überwintern. Sie bleiben, stets nur für kurze Zeit, auf Plätzen, an denen sie Nahrung finden, an denen sie brüten, an denen sie sich mausern und sich Fett anfressen. Und wenn Nomaden, die menschlichen mehr als die tierischen, ein gelobtes Land kennen, besteht dieses nicht aus einem utopischen Ort, der jenseits aller Zeit in einem fernen Land liegt. Oft ist es der Platz, an dem die Ahnen begraben sind – begraben, nicht geboren, sodass die Geschichte der Nomaden niemals einen Anfang hat, sondern immer schon so war, wie sie in jedem beliebigen Augenblick erscheint, als eine unaufhörliche Bewegung.

Manchmal lassen sich Zugvögel auf ihren Wanderungen irgendwo nieder, für ein paar Tage oder Wochen, weil die Entfernungen groß sind, oder weil sie schlechtem Wetter ausweichen müssen oder in die falsche Gegend geblasen wurden. Wie sie sich dabei orientieren, ob an den Sternen, am Stand der Sonne, an Magnetfeldern oder woran auch immer, ist zwar mittlerweile im Prinzip bekannt, lässt sich aber, weil mehrere Techniken der Orientierung in unterschiedlicher Funktion und Gewichtung ineinandergreifen, kaum im Detail erfassen. Gewöhnlich rettet man sich, indem man die möglichen Arten der Orientierung einfach aufzählt. Zu Beginn des 20. Jahrhunderts glaubten manche Experten, es gebe Vögel, die über telepathische Fähigkeiten verfügten (erkennbar vor allem in den Schwärmen). Sie entsprächen dem Senden und Empfangen von Radiowellen. Nie wurde allerdings erklärt, wie diese Übertragung hätte stattfinden, geschweige denn, worin die Gedanken hätten bestehen sollen.

Die Wanderungen der Vögel, erklärte der englische Ornithologe Alfred Newton in seiner monumentalen, zwischen 1893 und 1896 erschienenen Enzyklopädie «Dictionary of Birds», seien «das größte Geheimnis des gesamten Tierreichs – ein Geheimnis, das von einem modernen Wissenschaftler nicht besser erklärt werden kann als von einem schlichten Wilden oder dem Dichter oder Propheten der Antike». Kurz danach begann Hans Christian Cornelius Mortensen, ein Lateinlehrer im jütländischen Viborg, knapp fünfzig Kilometer vom früheren Wohnsitz des Landpfarrers Steen Steensen Blicher entfernt, Vögel individuell zu kennzeichnen, um ihre Wanderungen verfolgen zu können. Versuche solcher Art hatte es schon vorher gegeben, Mortensen aber betrieb sie zum ersten Mal systematisch. Im Jahr 1899 begann er, Aluminiumringe an den Beinen von Staren zu befestigen, die jeweils mit einer Nummer und einer Adresse versehen waren. Später kamen Störche, Reiher, Enten und auch Gänse hinzu. Unter seiner Leitung entstand bald ein Netz von Stationen zur Beobachtung von Vögeln, in Rossitten auf der Kurischen Nehrung, auf Helgoland, in London und in Bern. Um das Jahr 1930 war zumindest ganz Westeuropa auf diese Art erschlossen. Spätestens seit dieser Zeit weiß man, wohin die Gänse im Herbst fliegen. Falls sie sich nicht verfliegen.

Zugvögel sind im Übrigen frühe und deutliche Zeichen des Klimawandels, aus dem einfachen Grund, dass sie fliegen können. Ändern sich die Bedingungen, das Wetter, die Flora, die Bebauung, die Menschen, wechseln sie, ausgestattet mit bis auf den heutigen Tag nicht erschlossenen Fähigkeiten zur Navigation, ihre Routen und ziehen auf anderen Wegen. Die Graugänse (vermutlich waren es welche), die Theodor Storm bedichtete, waren in der Zwischenzeit fast ausgestorben und sind mittlerweile zurückgekehrt. Viele von ihnen bleiben nunmehr, wo sie sind. Literarisch betrachtet, ist diese Ortsfestigkeit ein Verlust.

Das Ringen ums Überleben, Alfred Brehm und die menschlichen Tiere

Meine Ausgabe von «Brehms Tierleben», die zweite Auflage aus den Jahren 1876 bis 1879 und die letzte, an der Alfred Brehm noch selbst schreibend beteiligt war, enthält viele Abbildungen in Schwarz-Weiß. Es sind Stahlstiche, von einer Klarheit, die zu jener Zeit mit Fotografien nicht zu erreichen gewesen wäre. Ein Bild zeigt Graugänse. Vor dem Betrachter erhebt sich zunächst ein Tier im Profil, aufrecht, mit gerecktem Hals und keckem Blick schräg nach oben, ein Sinnbild von Stolz und Wachsamkeit. Rechts dahinter duckt sich eine Gans im Gras, halb bedeckt, doch auf der Hut, während auf dem Bild links daneben ein Paar abgebildet ist. Das eine Tier hat den Schnabel zwischen die Schulterfedern gesteckt und schläft, das andere passt auf. Wie lebendig stehen sie vor dem Betrachter. Die natürliche Umgebung ist angedeutet. Und auch wenn man nur spekulieren kann, in welcher Gemütsverfassung sich die Vögel befinden, glaubt man gern, einem gewöhnlichen Tag im Gänseleben beizuwohnen.

Stolz sei die Graugans, heißt es in «Brehms Tierleben», sie bewege sich rasch und zierlich. «Das Gebaren beweist den scharfen Verstand der Graugans. Vorsichtig und mißtrauisch zeigt sie sich stets; nur am Brutplatze hält sie bei Ankunft eines Menschen länger aus als sonst, und die Liebe zur Brut läßt sie selbst augenscheinliche Gefahren vergessen; in der Regel aber unterscheidet sie den Schützen doch sehr wohl von dem

Das Haupt keck erhoben und die Brust von Stolz erfüllt: Graugans im Gras vor Verwandten. Aus «Brehms Tierleben», 1882. Der Stich stammt von Robert Kretschmer.

Hirten oder Bauern, oder den gefährlichen Mann von dem ungefährlichen Weibe. Verfolgung macht sie bald ungemein vorsichtig, und eine schlimme Erfahrung wird nie wieder vergessen. Eigentlich gesellig kann man sie nicht nennen.»

Und so fährt Alfred Brehm fort, lobt die «Treue», mit der die Familien zusammenhalten, freut sich über das kecke Auftreten des Ganters, wenn dieser eine weibliche Gans umwirbt, lobt den Mut, mit dem die Mutter ihre Jungen schützt, und den Kampfeswillen, mit dem sie über potentielle «Kindesräuber» herfällt. Anschließend erzählt er eine Geschichte von der Beharrlichkeit der Graugänse, die er bei einem älteren Vogelkundler entlehnt hatte. Einmal habe dieser am «Badezer Teiche, in Anhalt» eine Schar verfolgt, die mit den noch nicht flüggen Gösseln zu einem anderen Teich gewandert sei, zehn

Kilometer, unbeirrt quer über die Felder und die Straßen, vorbei an Wäldern und Dörfern.

Die erste, sechs Bände umfassende Ausgabe von «Brehms Tierleben» erschien im Jahr 1863, vier Jahre nach Charles Darwins «Über die Entstehung der Arten» – jenem Buch, das der Autor lange Zeit nicht zu publizieren gewagt hatte und das dann zur großen Zäsur wurde, zwischen einer älteren Betrachtung der Natur, die von einer letztlich göttlichen Ordnung ausging, und einer historisch verfahrenden Naturwissenschaft. Der Umschwung vollzog sich schnell und erreichte große Teile der Bevölkerung: «Brehms Tierleben» wurde im «Bibliographischen Institut» veröffentlicht, einem großen Verlag im thüringischen Hildburghausen, dessen Erfolg sich hauptsächlich preiswerten Klassikerausgaben und Konversationslexika verdankte. Und es war nicht Alfred Brehm, der auf die Idee einer großen Enzyklopädie der Tierkunde gekommen war. Vielmehr war Herrmann Julius Meyer, der Verleger, an den Autor herangetreten. Er hatte allem Anschein nach geahnt, dass sich eine gewaltige öffentliche Neugier auf das Leben in all seinen Varianten richten sollte, nachdem die scharfe Grenze zwischen Mensch und Tier zumindest in Frage gestellt war. Sogar über fliegende Händler ließ Meyer das Werk vertreiben. Es wurde zu einem der großen Erfolge des deutschen Buchhandels, im späten 19. wie im 20. Jahrhundert, nachgedruckt in den meisten europäischen Sprachen, gegenwärtig in den Schulbibliotheken, Leihbüchereien und in den privaten Buchsammlungen nicht nur gebildeter Haushalte.

Um Alfred Brehms «Illustrirtes Thierleben», wie das Werk zunächst hieß, kreist ein Gerücht. Notiert ist es in der zeitgenössischen Verlagswerbung, in der es heißt, Brehm habe «zum ersten Male und wie kein anderes Werk die Kundgebungen der Thierseele zum allgemeinen Verständnisse» gebracht. Seitdem wird dieses Urteil in erstaunlicher Beständigkeit wiederholt. Die Behauptung ist jedoch mindestens übertrieben: Mit den «Kundgebungen der Thierseele» hatten sich zu jener Zeit schon viele Autoren beschäftigt. «Brehms Tierleben» ist allerdings eine Enzyklopädie, was die anderen Bücher nicht gewesen waren. Sie ist nicht für das kontinuierliche Lesen, sondern für die Lektüre in einzelnen Passagen und zum Nachschlagen gedacht. Als Konzept, als Überblick über eine Welt, die dem Menschen fremd gewesen war und die er nun als auch die seine betrachten sollte, rechtfertigt «Brehms Tierleben» das Wort vom «ersten Male», so konventionell es darin im Detail auch zugehen mochte.

Im Vorwort zur ersten Ausgabe schreibt Alfred Brehm: «Der Mensch ist, von dem Naturforscher angesehen, wirklich nichts mehr und nichts minder als ein Säugetier.» Brehm bekennt sich damit zur Lehre Charles Darwins, woraus sich der damalige Widerstand der katholischen Kirche gegenüber dem «Tierleben» erklärt. Doch hat dieses Bekenntnis selbst nur geringe Folgen. Es wirkt nicht in die Enzyklopädie hinein, in der Brehm auf vielfache Weise auf Beschreibungen zurückgreift, die aus der naturgeschichtlichen Tradition der Tierkunde stammen, aus dem 18., manchmal auch aus dem 16. Jahrhundert und oft zuerst von antiken Autoren formuliert wurden, von Plinius dem Älteren oder Theophrast. Brehm kompiliert aus diesen Texten und scheint also nach wie vor zu glauben, im Menschen den Höhepunkt der Naturentwicklung vor sich zu haben – Darwin war dieser Frage ausgewichen. Überhaupt stand Brehm, geprägt durch den Protestantismus seines Elternhauses, der Naturphilosophie des frühen 19. Jahrhunderts und ihrer Vorstellung einer letztlichen Einheit von Natur und Geist näher als der sich zu seiner Zeit erst noch entfaltenden biologischen Wissenschaft.

Die Physik, die Astronomie und die Chemie hatten sich Jahrzehnte, wenn nicht Jahrhunderte zuvor zu exakten Wissenschaften entwickelt, in Gestalt des in der mathematischen Formel ausgedrückten Gesetzes. Die Biologie, dem in allen Richtungen wuchernden Leben verpflichtet, musste sich hingegen noch von der Tradition der «Naturgeschichte» emanzipieren – das Wort «Geschichte» im wörtlichen Sinn von Erzählung verstanden, als Bericht von im Wesentlichen über die Anschauung vermittelten Begegnungen mit der Natur.

Darwin erzählt oft. Er tut es vor allem im Bericht über seine große Reise, die ihn in den dreißiger Jahren des 19. Jahrhunderts einmal um die Welt geführt hatte. Und selbst in seinem Hauptwerk über den «Ursprung der Arten» behält er den literarisch anspruchsvollen Gestus der Wissenschaft des 19. Jahrhunderts bei. Aber auch wenn er darin nicht erzählt, sondern anhand von Beispielen argumentiert, so hat die sprachliche Form seiner Darlegungen zur Folge, dass es mehrere konkurrierende Übersetzungen seiner Arbeiten gibt und um einen angemessenen deutschen Ausdruck für die Formel «struggle for existence» sogar bis heute verhandelt wird – der «Kampf ums Dasein», die meistgebrauchte Variante, erschien schon Darwin als übertrieben martialisch, wobei das vermeintlich vorsichtigere «Ringen ums Überleben» nicht wesentlich weniger grausam klingt. Und wenn schon Darwin erzählte, so taten es Brehm und seine Mitarbeiter in einem weit höheren Maß.

Darwins Kritiker, zeitgenössische, aber auch später geborene, behaupteten, der Naturforscher habe den Menschen zum Tier gemacht. Tatsächlich hatte er auch das Gegenteil getan: Er hatte das Tier menschlich werden lassen. Mit der Idee des «struggle for existence» erhielt die Natur eine historische Verlaufsform: Was bisher das unreduzierbar Viel-zu-viel der immer zahlreicher entdeckten Spezies gewesen war, kürzte Darwin herunter, indem er darin das Gewordene sichtbar machte. Zwei Motive kommen dabei zusammen: der traditionelle erzählende Duktus und die neue Bemühung, der Biologie zur Würde einer Naturwissenschaft zu verhelfen, indem Darwin die Zahl ihrer Elemente verminderte.

Im scheinbar Primären und Unhintergehbaren des Bauplans legte Darwin das Sekundäre einer historischen Entwicklung offen. In diese Geschichte rückte er die Tiere und die Menschen ein, die Pantoffeltierchen, die Elefanten und die Metropolenbewohner, wider die Überzeugung der Kreationisten und gläubigen Christen, alle Arten seien separat erschaffen worden. Innerhalb dieses Gefüges erscheint der Mensch als ein Wesen neben anderen, ausgestattet mit einem Organismus, mit Sinnen und Muskeln, versehen mit einem Bewusstsein und mit dem Willen zu überleben und sich zu vermehren. Ein jedes dieser Wesen: ein Zweck für sich selbst, eigensinnig und unbedingt auf den Erhalt seiner selbst bedacht.

Die Idee, alle Lebewesen in einem Entwicklungsprinzip zu verbinden, war um die Mitte des 19. Jahrhunderts nicht neu gewesen. Sie war über lange Zeit vorbereitet worden, durch den englischen Ökonomen Thomas Robert Malthus zum Beispiel, der das potentielle Wachstum einer Bevölkerung an die Menge der zur Verfügung stehenden Nahrungsmittel zu binden suchte – noch ohne dabei die Art im Sinn zu haben, in der sich die Selektion der Überlebenden vollziehen kann. Dieser Gedanke führte Darwin zu der Idee von der Eliminierung des meisten als Regulativ der Populationen – dem Prinzip der «natürlichen Selektion» fallen notwendigerweise Lebewesen in unendlicher Zahl zum Opfer. Die zweite Idee hatte der französische Botaniker Jean-Baptiste de Lamarck entwickelt: Er glaubte an eine gerichtete Höherentwicklung aller Lebewesen, daran also, dass sich die Evolution, nach dem Modell des hohen Blatts und des langen Halses der Giraffe, gemäß Absichten oder Zwecken vollzieht. Darwins Leistung bestand darin, die Konzepte von Malthus und Lamarck, das Prinzip der Auswahl und das Prinzip der Entwicklung, zu einer Synthese zu verbinden, in der sich alle vorherigen Arbeiten zu einem Modell zusammenfügten.

Welche Zäsur die neue Lehre nicht nur unter Gelehrten, sondern auch für das große Publikum bedeutete, welche Erschütterung von Lebens- und Glaubensgewissheiten damit verbunden waren, lässt sich indessen heute kaum mehr ermessen. Sigmund Freud zählte sie im Jahr 1917 zu den drei «Kränkungen», die dem Menschen in dessen «naivem Narzissmus» widerfahren sein sollen, nach der kopernikanischen Wende und vor der Psychoanalyse. Der Mensch, erklärte Freud, sei nicht «Herr in seinem eigenen Haus». Mit diesem Vergleich liefert er zumindest ein Bild vom Ausmaß dieses Geschehens, wenngleich man sich darüber wundern könnte, dass eine «Kränkung» so viel Enthusiasmus auslöste. Nie hatte es eine wissenschaftliche Theorie gegeben, die so schnell, so gründlich und so umfassend die Phantasie weiter Teile der Bevölkerung ergriff wie jene der Evolution. Die Anfänge nicht nur des zoologischen Gartens, sondern auch des Zirkus liegen vor der Publikation über den «Ursprung der Arten». Doch erst mit der Verbreitung der Darwin'schen Lehre, der Idee einer neuen, dynamischen Ordnung, wurde die Wissenschaft von der Natur, das Studium von Flora und Fauna, zu einer Leidenschaft, die weit in die Gesellschaft ausgriff und die Gebildeten ebenso wie die bislang wenig Gebildeten umfasste.

Mehr als zehn Jahre nach dem Buch «Der Ursprung der

Arten» veröffentlichte Darwin ein Werk, mit dem er seine Lehre von der gemeinsamen Abstammung der Menschen und Tiere zu stützen suchte, das aber viel mehr als nur eine Absicherung war. In der Schrift «Der Ausdruck der Gemütsbewegungen bei dem Menschen und den Tieren», publiziert im Jahr 1872, ergänzte Darwin seine Überlegungen, indem er Menschen und Tiere enger aneinanderrückte, als das jemals zuvor geschehen war. Man lacht oder weint, man legt die Stirn in Falten, reißt die Augen auf oder presst die Lippen zusammen, und Darwin erkennt darin ein Gemeinsames: die Wirkungen des Gefühls oder «Gemüts». So hebt er das Tier zum Menschen. Er tut es taktvoll, indem er still voraussetzt, dass die Gemütsbewegungen – englisch «emotions» – bei Mensch und Tier wesenhaft dieselben seien. Hunde können lachen, Ratten kichern, und Elefanten weinen. Das Tier hat Geist (das englische Wort «mind» trifft die Sache besser, weil es weniger Metaphysik in sich trägt), nicht anders als der Mensch, aber vielleicht in anderer Art oder Abstufung.

So durchschlagend war die Wirkung, die Darwins Theorie der Evolution in allen westlichen Gesellschaften hervorbrachte, dass sie kaum verzögert die Schulen und Familien erreichte. Mit Macht drang sie ins Kinderzimmer vor. Dort mischte sie sich mit älteren Tiergeschichten, mit Märchen, Fabeln, Mythen, religiösen Überlieferungen. Bald traf sie auch auf «Brehms Tierleben». Zusammen mit all diesen Werken entzündeten die Tiere die Phantasie der Kinder. Es entstand, wie die Wissenschaftshistorikerin Julia Voss erklärt, eine «historisch einzigartige Freundschaft», die bis in die Gegenwart andauert und eine ganze Population von gezeichneten oder gemalten Tieren in Büchern hervorbrachte, angefangen bei «Alice im Wunderland» aus dem Jahr 1865 über das «Dschungelbuch» von 1894 bis zur «Biene Maja» von 1912, samt den

Pferde- und den Hundegeschichten, die jeweils von einzigartigen, ebenso lebensentscheidenden wie exklusiven Verbindungen zwischen Kindern und Tieren erzählten. Mit Tieren, lebenden und künstlichen, schaffen Kinder kleine Gemeinschaften, und darin sind sie Meister. Selma Lagerlöfs «Nils Holgerssons wunderbare Reise», erschienen in den Jahren 1906 und 1907, die Geschichte einer Allianz zwischen einem halbwüchsigen Jungen und einer Wildgans, ist eines dieser Bücher – in seiner Wirkung so universal wie die genannten und zugleich mehr: Naturkundebuch, Nationalroman, Tugendlehre.

Folgt man Alfred Brehms Lebensweg, gelangt man an die Roda, einen kleinen Fluss, der in den Wäldern im Osten Thüringens entspringt, ein vielfach gewundenes Tal durchläuft und in Jena in die Saale mündet. Eine Kette von Dörfern liegt an diesem Gewässer. Eine jede dieser Siedlungen zieht sich lang und schmal durch das Tal, über jeweils mehrere Kilometer. Man lebte vom Wald und von den Mühlen. Dort, am Oberlauf der Roda, liegt Renthendorf, eine aus hundert Häusern bestehende Gemeinde, beherrscht von einem kleinen Felssporn, auf dem eine schlichte Kirche und das Pfarrhaus stehen. Würde man die Bedeutung dieser Siedlung an der Wirkung des Werks messen, das von hier aus seinen Weg in die Welt antrat, wäre Renthendorf ein Erinnerungsort wie die Loreley. Oder wie die «Villa Shatterhand» in Radebeul, wo Karl May die letzten beiden Jahrzehnte seines Lebens verbrachte.

In der ersten Hälfte des 19. Jahrhunderts lebte in Renthendorf der Pfarrer Christian Ludwig Brehm mit seiner Familie, ein guter Geistlicher, wie es heißt, vor allem aber ein Vogelkundler und Präparator, dessen «Beiträge zur Vogelkunde» in drei Bänden, veröffentlicht in den Jahren 1820 bis 1822, zu einem Grundlagenwerk der Ornithologie wurde und dessen Ruhm sich bald über ganz Europa ausbreitete. Der Gartenbaumläufer und der Schwarzhalstaucher, aber auch die Singdrossel wurden zuerst von ihm beschrieben, «Spezifex» nannten ihn die Kollegen, die sich an seiner «Artenspalterei» stießen – was ein Gartenbaumläufer ist und was ein Waldbaumläufer, dürfte nach wie vor in die höheren Sphären der Ornithologie gehören. Etwa zehntausend Vogelbälge soll Brehm bei seinem Tod im Jahr 1864 besessen haben. Die Sammlung wurde, nachdem sie lange in Renthendorf verwahrt worden war, kurz vor der Jahrhundertwende an Baron Walter Rothschild in Tring bei London verkauft, der in den letzten Jahren des 19. Jahrhunderts eine naturgeschichtliche Sammlung von gewaltigen Ausmaßen aufgebaut hatte. Würde man aber durch die Dörfer und kleinen Städte Thüringens ziehen, durch die biologischen Sammlungen der Schulen vor allem, würde man vermutlich auf zahllose, mehr oder minder dem Mottenfraß anheimgefallene Präparate des ornithologischen Pfarrers stoßen.

Überliefert ist eine Geschichte aus dem Sommer 1849, als sich eine Gruppe von frühen Ornithologen, darunter Johann Friedrich Naumann aus Köthen, ein Altersfreund des Pfarrers, in Renthendorf traf. Schon am Tag der Anreise machte man einen Gang ins Gelände, bei dem Brehm neun Vögel schoss, die anschließend gemeinsam untersucht wurden. Am nächsten Morgen sollen die Gäste kaum aufgestanden gewesen sein, als ihnen der Gastgeber mit den fertig präparierten Vögeln und dem Satz «Nun sind sie gerettet» entgegentrat. Acht Tage blieb man beieinander, betrachtete, verglich, bestimmte angesichts einer Sammlung, die oft «Suiten» von mehreren Dutzend Vögeln derselben Art enthielt. Nach Köthen zurückgekehrt, dankte Johann Friedrich Naumann dem Pfarrer mit einem Spruch, dessen erster Teil aus Friedrich Schillers Drama «Don Karlos» entlehnt war: «Die schönen Tage von Aranjuez … sind vorüber, aber Ihr Lieben lebt in unserer Erinnerung fort.» Die «Lieben» sollten die ornithologischen Freunde sein.

Alfred Brehm, ein Sohn des Pfarrers, hatte Maurer gelernt und Architekt werden wollen, bevor er zum Expeditionsreisenden, Zoologen und Schriftsteller wurde. Erfolgreich war er vor allem mit Berichten von seinen Reisen sowie mit Tiergeschichten, die er in populären Zeitschriften, vor allem in der «Gartenlaube», der damals beliebtesten Familienzeitschrift des deutschen Sprachraums, veröffentlichte. Als er mit der Arbeit am «Tierleben» begann, war er Direktor des neu gegründeten Zoologischen Gartens in Hamburg. Danach leitete er das alte, an der Straße «Unter den Linden» gelegene Berliner Aquarium, entwarf (zusammen mit dem städtischen Hofgärtner Heinrich Hillebrecht) den Zoologischen Garten in Düsseldorf, war als Amtsträger offenbar schwierig, ein kleiner Herrscher ohne Verständnis für Abhängigkeiten und Verkehrsformen, und ging weiter auf große Reisen. Renthendorf, wo die Mutter mittlerweile neben dem Pfarrhof ein eigenes Wohnhaus hatte errichten lassen, blieb allerdings der feste Ort in Alfred Brehms Leben, und dorthin zog er sich in seinen letzten Monaten zurück.

Das ehemalige Wohnhaus der Familie Brehm in Renthendorf birgt seit dem Jahr 1946 ein Museum. Es bestand zuerst nur aus zwei Räumen, hat sich aber längst auf das ganze Gebäude und auf einen neuen, eigens für das Archiv eingerichteten Bau ausgedehnt. Dort lässt sich betrachten, wie man im Hause Brehm Vögel fing, mit ihnen lebte und sie in Mahlzeiten verwandelte. Auch eine kleine Sammlung ausgestopfter

Tiere wird darin verwahrt. Es sind vor allem Vögel, Bälge zum Beispiel, die kopfüber an Fäden hängen. Im Vordergrund befinden sich spektakuläre Wesen, im ersten Raum gleich ein Wolf, der sich mit Kolkraben zu streiten scheint, im Wohnzimmer zwei Affen, die es sich auf den Polstern der Familie Brehm gemütlich gemacht haben. Ähnlich ist es in den Zoologischen Gärten, in denen der Elefant nicht nur mehr Platz als die Springmaus erhält, weil er größer ist, sondern auch, weil er das aufregendere Tier ist. In «Brehms Tierleben» ist es nicht anders. Alfred Brehm widmete sich mit besonderer Aufmerksamkeit dem Außerordentlichem, dem Auffälligen und dem scheinbar Kuriosen, dem Känguru und dem Ameisenbär, dem Krokodil, dem Pelikan und dem Kranich. Der Haussperling wird dagegen eher knapp abgehandelt, abgesehen von einer Bemerkung zu seiner Erbärmlichkeit als Sänger.

Brehms Sympathie gehört den Vögeln: «Die Säugetiere leben nicht so viel wie die Vögel: Denn ihr Leben ist bedächtiger und schwerfälliger als das des leichtsinnigen Volkes der Höhe.» Dorthin, ins Reich der Lüfte, treibt es ihn, worin man den Wunsch erkennen mag, einer zunehmend industrialisierten, kapitalisierten, allseits und durch Zwang geordneten Gesellschaft zu entfliehen. Gleichzeitig und nicht minder durch die neuen Techniken des Reisens wie der Medien vermittelt, taten sich der Phantasie unendliche Möglichkeiten auf, den Fluchten immer neue Sinnbilder zu verleihen: in Gestalt von Reisen in ferne Länder, von Begegnungen mit exotischen Tieren, von Abenteuern im Dschungel oder in der Wüste. Daher das ins Unermessliche wachsende Interesse an der Reiseliteratur wie an populären Darstellungen zur Biologie.

Das «Illustrirte Thierleben» war das ideale Buch für solche Begegnungen, in Gestalt einer mehr oder minder systematisch geordneten Übersicht der Tiere, ihrer Arten, ihres Aussehens und ihrer Lebensformen. Es bot eine weit in die Vergangenheit zurückgreifende Charakterkunde oder Psychologie der Tiere, verbunden mit abenteuerlichen Geschichten und Anekdoten. Im deutschsprachigen Raum trug vermutlich kein Werk so viel zur Popularisierung der Zoologie – und zum Aufstieg der Biologie zur Leitwissenschaft des frühen 20. Jahrhunderts – bei wie «Brehms Tierleben». Dabei verhält sich das Werk zu einer wissenschaftlich betriebenen Zoologie, wie sich Karl Mays Romane zu den Reiseberichten der vorvorigen Jahrhundertwende verhalten: Der Übergang nicht nur ins Erzählen, sondern auch ins Erfinden war Bedingung und Mittel eines gigantischen Erfolgs.

Wenn Alfred Brehm von Afrika erzählt, von der Attacke eines Nilpferds zum Beispiel, erzählt er einen Abenteuerroman: «Ich war mit meiner trefflichen, leider bloß leichte Kugeln schießenden Büchse dem treuen, höchst brauchbaren Diener zu Hülfe geeilt und fand ihn im Gebete und stöhnend auf der Erde liegen.» Wenn er moralische Urteile über Tiere fällt, was er oft und gründlich tut, schreibt er Kolportagegeschichten aus dem Tierreich: «Der Mops ist dumm, langsam, phlegmatisch, der Metzgerhund melancholisch, bittergallig, blutdurstig.» Auch die Kormorane kann er nicht leiden, wenngleich nicht zu erkennen ist, dass sie dem Schriftsteller je ein Leid antaten: «Unter allen Sumpfvögeln sind sie die hämischsten und boshaftesten, dürfen jedoch schwerlich gesellige Vögel genannt werden; denn jeder ist neidisch auf das Glück des anderen und lässt keine Gelegenheit vorübergehen, sein Übelwollen zu betätigen.» Die niederen Tiere befördert er in den Abgrund der Langeweile: «Was soll von dem äußeren Leben eines Seeigels viel Interessantes erzählt werden?» Habichte, Wölfe und Schlangen hält er für Schädlinge, die bis ins letzte Exemplar vernichtet gehören. Im Versuch, die Tierwelt zu erfassen, als ganze und bis hinein in die Unterarten, entsteht eine zumindest eigenwillig interpretierte Fauna, eine Kunstwelt, die einige Ähnlichkeit mit den Kolonialausstellungen des späten 19. und frühen 20. Jahrhunderts hat – mit den Völkerschauen, mit denen in Paris, London oder Berlin das Leben indigener Völker inszeniert wurde, komplett mit Hütten, Waffen und Tanzritualen.

«Wer den Brehm aufschlägt und nur wenige Abschnitte darin liest, weiß sofort: Hier ist ein großer Erzähler am Werk, ein Sprachkönner, der über mitreißenden Schwung verfügt, subtile Beobachtungsgabe, Witz, Kraft und ein mitfühlendes Herz», erklärte die Schriftstellerin Sibylle Lewitscharoff. Ob die Wildgans auch ohne Brehm eine Karriere in Literatur und Politik gemacht hätte? Kaum, und zwar nicht nur, weil sich Selma Lagerlöf, wie bereits erwähnt, in «Brehms Tierleben» über das Aussehen und die Lebensart der Wildgänse unterrichtete, als sie «Nils Holgerssons wunderbare Reise» schrieb (sie war damit nicht allein: Franz Kafka benutzte das Werk bei der Arbeit an seinen Tierfabeln). Sondern vor allem, weil sich mit «Brehms Tierleben» ein neuer Typus des literarischen Tiers verbreitet: ganz und gar der Natur hingegeben, aber menschlich, ein lebendiges Subjekt in seiner natürlichen Umgebung. Akka, die Wildgans, ist die zu einer Romanfigur herangewachsene Verkörperung einer Brehm'schen Vorstellung von Natur.

Darwin und Brehm nahmen einander wahr, nicht persönlich, doch im Umgang mit den Schriften des jeweils anderen. Darwin sah sich von Brehm in seiner Hochachtung vor dem Pavian bestätigt: In einem Aufsatz mit dem Titel «Die Abstammung des Menschen und die geschlechtliche Zuchtwahl» aus dem Jahr 1871 erklärte Darwin, er wolle lieber von einem edlen Tier wie dem Pavian abstammen als von den mörderischen Ureinwohnern der Insel Tierra de Fuego – er war dort gewesen. In Brehms Beschreibung hatte er eine passende Charakteristik des Pavians gefunden. Mehr aber interessierte sich Darwin für die Abbildungen in «Brehms Tierleben», die er seinem Verleger John Murray zum Nachdruck empfahl. Als dieser ablehnte, verwendete Darwin im Jahr 1871 fünfzehn der Illustrationen für das Buch über die «Abstammung des Menschen». Im Werk über den «Gefühlsausdruck bei dem Menschen und den Tieren» schrieb Darwin, es sei schwierig, die mimischen Manifestationen von Empfindungen exakt wiederzugeben. Das gelte vor allem für die Sprache. Schriftsteller, so meinte er, verlagerten die Beschreibung häufig ins Attribut, weshalb die Eifersucht grünäugig und der Neid schwarz werde. Doch wie genau könne man das Haaresträuben und das Zittern, das Knurren und das Zähneklappern mit literarischen Mitteln festhalten? Mit Bildern komme man in dieser Hinsicht weiter als mit der Sprache – weshalb Darwin die Abbildungen in «Brehms Tierleben» so bewunderte.

Im Vorwort des 1865 erschienenen zweiten Bandes des «Illustrirten Thierlebens» bedankt sich Brehm bei den Graphikern: «Wackere Künstler, vor allem mein treuer Mitarbeiter Herr Robert Kretschmer, machten meine Ansichten zu den ihrigen.» Ihr Anteil am Werk, meint er, sei beinahe so groß wie der seinige: «Wir beschlossen also, ein Werk zu schaffen, welches dem Leben sein Recht werden ließ. Wir sind gemeinsam durch die Thiergärten gezogen und haben gemeinschaftlich in Afrika gejagt und gesammelt; wir haben sorgfältig benutzt, was wir uns früher erwarben, und dankbar und ehrlich angenommen, welches wir bei anderen finden konnten.» Brehm hatte recht: Die Stiche seiner Enzyklopädie sind mehr als nur

Illustrationen. Wo es die guten Künstler nicht gibt (und die guten Vorlagen, vor allem in den zoologischen Gärten), sehen Gänse aus wie Störche und Wölfe wie Hyänen, und über solche Verzerrungen verliert das ganze Werk seinen Wert. Vor allem aber trugen die Bilder dazu bei, «Brehms Tierleben» in breite Schichten der Bevölkerung zu tragen und, nicht zuletzt, bei Kindern beliebt zu machen. Diese Bindung ans Bild bleibt im Erzählen von Tieren erhalten, bis hin zu Konrad Lorenz und darüber hinaus.

Nils Holgersson und die Nation der Zugvögel

Nicht weit von dem Ort, an dem ich lebe, an einem von Kieseln und Steinen bedeckten Strand, liegt die Siedlung Smygehuk. Sie besteht nur aus ein paar Häusern, einem Leuchtturm aus dem späten 19. Jahrhundert und einer Mole, die in einem Bogen ins Meer hinausragt. Dort, auf der künstlich aufgeschütteten Halbinsel, die auch einen kleinen Hafen und eine Fischräucherei schützt, befindet sich der südlichste Punkt Schwedens. Wäre man eine Wildgans und könnte von hier aus geradewegs nach Deutschland fliegen, erreichte man nach einigen Stunden die Insel Rügen. Doch misstraute man in Schweden den Nachbarn, wovon die vielen Bunker zeugen, die hier im Abstand von jeweils hundertfünfundsiebzig Metern, in drei Reihen hintereinander gestaffelt, buchstäblich in den Sand gesetzt wurden, in dem sie jetzt, achtzig Jahre nach dem Ende des Zweiten Weltkriegs, langsam, aber stetig versinken. Hier, an diesem Strand, endet der Roman «Nils Holgerssons wunderbare Reise durch Schweden».

Das Buch der Schriftstellerin Selma Lagerlöf, dessen erster Band im Jahr 1906 erschien (der zweite Band im Jahr darauf), erzählt von einem bösartigen Knaben, der auf einem Bauernhof ein wenig oberhalb der Küste lebt. Nils Holgersson quält die Tiere der kleinen, bitter armen Hauswirtschaft, er hintergeht seine Eltern und hat vor allem Unfug im Kopf. Der Sinn für das Leben anderer ist ihm verschlossen. An einem Sonntagmorgen, als die Eltern in der Kirche sind und er, zu Hause geblieben, eigentlich die Predigt des Tages lesen soll, nickt er ein – und sieht, als er plötzlich aufwacht, den Hauswichtel. An der Wand hängt ein Kescher, der Knabe ergreift ihn, und der Wichtel ist gefangen. In der Folge kommt es zu einem Handel, den der kleine Nils plötzlich rückgängig machen will, um reicheren Lohn zu erpressen. Dafür wird er mit einer Ohrfeige bestraft und in einen Däumling verwandelt, nicht größer, als eine Hand breit ist.

Der kleine Kerl versteht nun zwar die Sprache der Tiere, kann sie auch selbst sprechen, doch ist der Däumling hilflos den gerade noch gepeinigten Tieren ausgesetzt und muss Schutz bei der Hausgans suchen. Diese allerdings, Martin mit Namen, wird von einer plötzlichen Sehnsucht nach Freiheit ergriffen, als sie Wildgänse über das Haus ziehen sieht – und wird von diesen verhöhnt: «Kommt mit! Kommt mit! Auf geht's in die Berge!», lautet die augenscheinlich völlig unrealistische Aufforderung. So groß wird indessen der Wunsch der zahmen Gans, sich den wilden Genossen anzuschließen, dass sie tatsächlich auffliegt. Nils Holgersson will sie zurückhalten, weil sie für seine Eltern im kommenden Herbst ein kleines Einkommen zu werden verspricht. Vergeblich, er hängt bereits am Hals des aufgeflogenen Vogels und kann sich nur noch festhalten. Und so flattert das ungleiche Paar davon, etwas ungeschickt zunächst, dann mit wachsendem Erfolg. Dem Knaben bleibt nichts anderes übrig, als nach einer Allianz mit den Gänsen zu streben.

Selbst zum Wichtel geworden, ist Nils Holgersson nun ein Nomade, ein Gefährte der vielen Grenzgänger, der Ruhe- und Ortlosen, von denen die Literatur der Zeit bevölkert wird. Es dauert nicht lange, bis er die Möglichkeit vorübergehen lässt, nach Hause und ins menschliche Format zurückzukehren.

Däumling im Weltüberflug, den Blick nach vorn gerichtet:
Nils Holgersson auf seiner entflohenen Hausgans, oben rechts Gorgo,
der Adler. Aquarell von Anton Pieck, 1950.

Nils und Martin gehören nun zum fahrenden Volk, den Vagabunden und Landstreichern, und wenn der Däumling auch zu seinem neuen Dasein gezwungen wurde, so ist er mit seinem Schicksal doch einverstanden und wird zu einer Gestalt, die mit Willen und Verstand auf das warme Bett und den gedeckten Tisch verzichtet, um sich in das Wilde und Ungesicherte aufzumachen – ein «Wandervogel», das heimliche Mitglied einer Jugendbewegung, der im frühen 20. Jahrhundert in den deutschsprachigen Ländern einige Tausend junge Menschen angehörten: «Aus grauer Städte Mauern / Ziehn wir durch Wald und Feld», wie es in einem um das Jahr 1910 gedichteten Lied heißt, «Heidi heido wir fahren, wir fahren in die Welt». Und wie jeder Nomade weiß der kleine Nils, dass es für ihn (vorläufig) kein Zuhause mehr geben wird.

Zu welcher Spezies Nils Holgerssons Wildgänse gehören, wird in der Geschichte nicht klar. Über Akka von Kebnekajse, die Leitgans, heißt es, sie sei vielleicht hundert Jahre alt, eine Angabe, die zu einem Märchen gehört und nicht zur Biologie. In vielen Nacherzählungen werden sie und ihre Gefährten Graugänse genannt. Im Buch ist davon nicht die Rede. Das Wort «Graugans» fällt darin nur, wenn von «Daunenfein» die Rede ist, einer Gans, in die sich Martin unterwegs verliebt und die dann ebenfalls in die Schar aufgenommen wird. Graugänse, wissen die Ornithologen, nisten zum Beispiel im Süden Schwedens sowie entlang den Küsten der Ostsee, keinesfalls aber an einem See jenseits des Polarkreises, irgendwo tief im Binnenland. Außerdem verbringen sie den Winter nicht in der Nähe der «hohen Berge», wie es im Buch heißt, sondern an niederländischen oder belgischen Gestaden, am Ärmelkanal oder im Südwesten Europas. Zu den Saat- oder Blässgänsen, zu den arktischen Arten, die südlich von Nord- und Ostsee überwintern, würde das Verhalten der Gänse im Roman besser passen. Das Wort Graugans klingt vermutlich besser.

Als Martin, die Hausgans, zum ersten Mal die Wildgänse in Akkas Gefolge von Nahem sieht, nimmt Selma Lagerlöf die Gelegenheit wahr, um die wilden Vögel zu beschreiben: Er, heißt es über Martin, habe erwartet, dass «sie zahmen Gänsen glichen und dass er mehr Verwandtschaft mit ihnen spüren würde. Sie waren viel kleiner als er, und keine von ihnen war weiß, sondern sie waren alle grau mit einem Schimmer ins Braune. Und vor ihren Augen hatte er beinahe Angst. Sie waren gelb und leuchteten, als ob ein Feuer in ihnen brannte». Tatsächlich, sagen die Ornithologen, können junge Graugänse gelbliche Augenringe haben. Bei erwachsenen Graugänsen seien sie allerdings eher dunkelrot. Gelbe Augenringe hätten auch erwachsene Bläss- und Zwerggänse, doch seien Graugänse größer – und eben grauer. Überhaupt stießen Selma Lagerlöfs Beschreibungen der Tiere und ihres Verhaltens bei Erscheinen des Romans auf den Widerstand einiger Fachleute, Lagerlöfs Lektüre von «Brehms Tierleben» zum Trotz: Das Aussehen, die Zugrouten, die Nistplätze, die Wanderungszeiten, die Funktion des Leittiers sind literarische Phantasie.

Hingegen erfüllen Akka und ihre Schar alle Erwartungen an Wildgänse, wie sie zu jener Zeit in der Literatur an die Graugänse und ihre näheren Verwandten gestellt wurden. Mutig sind die Vögel, treu, zäh und anspruchslos. Ihre Loyalität gilt den Gefährten, ihren Angehörigen und Freunden. Sie führen ein freies, nomadisches Leben, sie kennen weder Eigentum, Lohnarbeit noch Gepäck, sie folgen dem Ruf der Natur und ziehen in ein Land, das nie eines Menschen Fuß betreten hat. Und wenn sie von dort wieder zurückkehren, so werden sie auch in den dichtbesiedelten Regionen des Südens Wasserläufe und sumpfige Wiesen, Teiche und winterlich brachliegende Felder finden, auf denen sie für sich sein können.

Die Geschichte Nils Holgerssons beginnt an einem Sonntag. Es ist der 20. März 1898, der Tag, an dem der kalendarische Frühling einsetzt und die aus ihren Winterquartieren zurückkehrenden Wildgänse die schwedische Küste bei Smygehuk anfliegen. Nach einigem Zögern und kleineren Heldentaten werden die zahme Gans und der Däumling in die Schar aufgenommen, und wenn Nils Holgersson deswegen auch keine Flügel wachsen, so verfügt er doch über ein Flugtier, auf dem er fester zu sitzen scheint als je ein Reiter auf seinem Pferd.

Die Geschichte endet knapp acht Monate später, am 8. November, als die Gänse vom selben Ort aus zum Flug über die Ostsee aufbrechen, ihren Winterquartieren entgegen. Dazwischen liegt eine lange Reise, die zuerst in einem sorgfältig komponierten Zickzack durch die östlichen Provinzen des Landes führt, bis hinauf an die Nordgrenze Schwedens, an einen kleinen See jenseits des Polarkreises, im Schatten eines Berges namens Kebnekajse, der höchsten Erhebung des Landes. Dort nisten die Wildgänse. Der Weg zurück führt, nun in Begleitung des Nachwuchses, in einer beinahe geraden Linie in den äußersten Süden zurück. Ein Buch der Selbstfindung als Nation sollte «Nils Holgerssons wunderbare Reise» sein, und zu diesem Zweck fliegen die Gänse auf ihrer Rückreise die Staatsgrenzen im Westen ab – im Osten bewegen sie sich freier, denn dort liegt ja das Meer.

Selma Lagerlöfs Roman war eine Auftragsarbeit, bestellt von der Vereinigung der schwedischen Volksschullehrer als Lehr- und Lesebuch in Erd- und Naturkunde. Vermutlich wurde es auch für den Unterricht in der Muttersprache benutzt, sodass es alle Fächer abdeckte, außer dem Rechnen.

Den Rahmen der geographischen Unterweisung setzte die schwedische Nation, ein Staat, der noch heute in derselben Ausdehnung besteht, die er bei Erscheinen des Buches besaß (was bemerkenswert ist: In Deutschland blieben die Grenzen während dieser Zeit kaum über eine Generation stabil). Gelegentliche Ausflüge in die Naturkunde, in die Ethnologie oder die Anfangsgründe ökologischen Denkens scheinen bei diesem Projekt erwünscht gewesen zu sein. Ausgelegt war das Werk für neun- bis elfjährige Kinder auf die Dauer eines Schuljahrs. Als sich indessen erwies, dass die Lektüre in zwölf Monaten kaum zu schaffen war, kürzte die Autorin den Text, bis er besser in das Schuljahr passte. Bis in die frühen sechziger Jahre wurde das Werk in schwedischen Schulen benutzt, in mehr als sechzig Sprachen wurde es übersetzt, die Gesamtauflage soll bei mindestens zehn Millionen Exemplaren liegen.

Der Originalausgabe ist ein Gedicht von Carl Snoilsky vorangestellt. Es trägt den Titel «Schwedens Karte». Snoilsky war Diplomat, Direktor der Schwedischen Akademie, als Poet für seine formvollendeten Sonette berühmt und verbrachte einen großen Teil seines Lebens in Florenz und Dresden. Er erinnere sich an seine Schulzeit, heißt es im Gedicht, im Klassenzimmer habe eine Landkarte Schwedens gehangen, «von Fingerabdrücken gezeichnet, von Flecken besudelt». Und so geht es von Ystad bis nach Torneå an der schwedisch-finnischen Grenze. «Das Bild Schwedens, warm und lebendig, in die Brust eines jeden Kindes einzuprägen», sei die Aufgabe des Werks. Die Nation, die Nils Holgersson dann auf dem Rücken einer fliegenden Gans erlebt, unterscheidet sich allerdings grundsätzlich vom Anblick, den die Karte bietet, und zwar nicht nur, weil auf der Karte alle Natur in Linien und Farben aufgelöst ist. Indem Nils Holgersson das Land *durchfliegt*, ordnet es sich ihm neu: Was zweidimensional war, erscheint durch den schrägen Blick von oben um die räumliche Tiefe ergänzt. Erst durch diese Betrachtungsweise kann ihm das Land als Landschaft, als seine, Nils Holgerssons, Landschaft erscheinen. Der Unterricht in der Geographie des Vaterlands, wie Nils Holgersson ihn erfährt, gehorcht einer Didaktik, die von den Reformpädagogen des frühen 20. Jahrhunderts «lebendiges Lernen» oder «Schule der Selbsttätigkeit» genannt wird – auch wenn dem Kind gar nichts anderes übrig bleibt, als diesen Unterricht zu besuchen.

In anderen europäischen Ländern gibt es Bücher, die «Nils Holgerssons wunderbarer Reise» ähneln, in ihrer Anlage und in ihrem Anspruch. Im Jahr 1877 veröffentlichte die französische Schriftstellerin Augustine Tuillerie, die unter dem Pseudonym G. Bruno schrieb, den Roman «Le tour de la France par deux enfants», in dem zwei zu Waisen gewordene Brüder, sieben und vierzehn Jahre alt, ihr Heim im lothringischen Phalsbourg (Pfalzburg) verlassen, um zu einem Onkel nach Marseille zu ziehen. Auf dem Weg dorthin machen sie einen großen Bogen und lernen die Regionen ihres Vaterlands kennen. In Italien schrieb Edmondo De Amicis den Roman «Cuore» («Herz»). Im Jahr 1888 veröffentlicht, erzählt er von einem elfjährigen Jungen in Turin, der in einem Tagebuch seine Erlebnisse in der Schule festhält, in der sich Mitschüler aus allen Teilen des Landes versammelt haben. Und ist nicht auch die «Tour de France» – es gibt sie seit dem Jahr 1903 – eine «Schule der Selbsttätigkeit», in der sich die Geographie der Nation per Rad in einer Art von lebendigem Sachunterricht erschließen soll? Dass Selma Lagerlöf von der «Tour de France» gelesen hatte, ist mehr als wahrscheinlich. Von Maurice Leblanc, dem Autor der Kriminalgeschichten um den ebenso genialen wie vornehmen Meisterdetektiv Arsène Lupin, erschien im Jahr

1898 ein «amouröser» Radfahrerroman mit dem Titel «Voici des ailes» («Nun wachsen uns Flügel»). «Sie fühlten sich wie übernatürliche Wesen, mit neuartigen Mitteln und ungekannten Fähigkeiten versehene Wesen», heißt es darin über die Radfahrer, «wie eine Spezies von Vögeln, die mit ihren Flügeln den Erdboden streiften, während ihr leidenschaftlich glühendes Haupt bis in den Himmel schwebte.»

Die Romane der großen nationalen Rundreisen scheinen, wenn nicht mit Niederlagen, so doch mit unsicheren politischen Verhältnissen verbunden zu sein. Von einem «Traumland» sprach der Kulturphilosoph Ernst Troeltsch nach dem Ersten Weltkrieg, als er das Gefühl der Reinigung oder des Gereinigtseins beschreiben wollte, das den Verlierer nach dem Debakel überfällt. Dem Aufbruch der Brüder in «Le tour de la France par deux enfants» geht die Niederlage im deutsch-französischen Krieg von 1870/71, der Verlust des Elsass und großer Teile Lothringens voran. Die Einheit Italiens war vom Piemont ausgegangen und stieß im Süden auf erheblichen Widerstand. Und auch die Nation, die Nils Holgersson durchquert, ist, politisch betrachtet, zumindest fragwürdiges Gelände.

Zu Beginn des 19. Jahrhunderts hatte Schweden die Besitztümer Finnland und Åland aufgeben müssen und aufgehört, eine baltische Großmacht zu sein. Zugleich verlor es seine Gebiete in Vorpommern. Im späten 19. und frühen 20. Jahrhundert wanderte ein Fünftel seiner Bevölkerung in die Vereinigten Staaten aus. Im Jahr 1905 löste sich Norwegen aus der seit 1814 bestehenden Union mit Schweden, was beinahe zu einem Krieg geführt hätte. In der Kate, die Nils Holgersson mit seinen Eltern bewohnt, hängen, aus alter Loyalität, noch die Porträts des dänischen Königspaares an der Wand – Schonen war bis zum Jahr 1658 dänisch gewesen. Und ganz im Norden, dort, wo die Gänse nisten, leben die Samen, ein fremdes

Volk mit einer fremden Sprache. Auch Nils und die Wildgänse werden Carl Snoilskys Karte studiert haben müssen, um zu wissen, auf welchen Routen sie ihr Traumland zu durchfliegen haben. Echte Wildgänse kommen auch so durch. Literarische Wildgänse brauchen einen Plan.

Aber sind die Wildgänse überhaupt schwedisch? Von Mitte März bis Anfang November bewegen sie sich zwar über schwedischem Boden und gehorchen der Landeskunde. Was aber tun sie in der verbleibenden Zeit? Sie halten sich im «Ausland» auf, wo immer das sein mag, die Saatgänse am Niederrhein, am Ärmelkanal oder an den bayerischen Seen, die Graugänse im Westen der Iberischen Halbinsel, in Nordafrika oder an der Adria. Selma Lagerlöf aber braucht für ihren Roman die Reise vom einen Ende des Landes bis zum anderen, sie braucht den Überblick über die Nation und die natürliche Notwendigkeit, mit der Zugvögel ihre Bahn ziehen.

«Akka von Kebnekajse» ist ein Adelsname. «Du sollst wissen, Gänserich, dass ich Akka von Kebnekajse bin», sagt die Leitgans, als sie sich und ihre Schar der Hausgans vorstellt (von Nils Holgersson ist zu diesem Zeitpunkt noch nicht die Rede). Dann erklärt sie, die Gans zu ihrer Rechten sei Yksi von Vassijaure und die zu ihrer Linken Kaksi von Nuolja. Die beiden sind ihre Flügeladjutanten, ohne dass sie als solche vorgestellt werden, allesamt tragen sie samische (oder finnische) Namen. Die ganze Truppe wird auf diese Weise präsentiert, bis es am Ende heißt, sie seien alle «Hochgebirgsgänse vom besten Geschlecht», fahrende Ritter aus einem hohen Norden, in den die Moderne noch nicht vorgedrungen ist. Und wie für alle wirklichen Aristokraten gestaltet sich ihr soziales Leben als Verhältnis des souveränen Einzelnen zum souveränen Einzelnen, was auch bedeutet, dass sie einander gegenseitig achten, während sie mit nicht zu überlesender Verachtung auf die niederen Wesen herabschauen, auf die zahmen Gänse der Bauernhöfe ebenso wie auf das arbeitende Menschenvolk in den Fabriken, die sie überfliegen.

Tatsächlich gehören Nils Holgerssons Gänse in eine alte Welt, wie es sie am Ende des 19. Jahrhunderts schon lange nicht mehr gibt. Die Treue der Vögel ist, wie in feudalen Gesellschaften üblich (und in modernen staatlichen Verhältnissen unmöglich), von strikt persönlicher Art. Wenn Konrad Lorenz schreibt, die Gänse bildeten eine Gemeinschaft, in der das «Band der persönlichen Liebe und Freundschaft verhindert, dass die Mitglieder der Sozietät einander bekämpfen und beschädigen», beschreibt er eine solche Einheit des Willens, die durch gegenseitiges Verstehen, gemeinsame Abstammung und eine – stets persönlich bedingte – Gefolgschaft geprägt ist. Zu letzterem Motiv gehört, dass die Leitgans, anders als in der Natur, im Roman eine absolute Autorität besitzt.

Zwar gibt es, wenn Wildgänse fliegen, ein Leittier, das an der Spitze des V unterwegs ist, doch wechseln die Gänse eines Trupps einander ab. Denn wer ganz vorne unterwegs ist, benötigt mehr Kraft, während alle folgenden Tiere zumindest in einem halben Windschatten fliegen. Selma Lagerlöf gibt das praktische Arrangement zugunsten einer feudalen Hierarchie auf. Und noch ein anderes Motiv verweist zurück in die Adelsgesellschaft: Zu der Zeit, in der «Nils Holgerssons wunderbare Reise» spielt, gehören Wildgänse in weiten Teilen Europas zu den aussterbenden Arten. Westlich der Elbe gab es sie nur noch in einzelnen Paaren. Überall waren die Sümpfe trockengelegt, die Flüsse begradigt und Kanäle gezogen worden. Wer die Neugestaltung der Landschaft überlebt hatte, war geschossen und aufgegessen worden. Akka von Kebnekajse und ihre adlige Schar: Sie sind, darin an die «Wild Geese» der irländischen Aristokraten erinnernd, «the last of a dying breed», die Letzten einer verlorenen Art.

Am Ende des Romans treffen sich Nils Holgersson und die wilden Gänse ein letztes Mal, am Strand vom Smygehuk. Der kleine Nils, der jetzt ein großer junger Mann ist, versteht die Sprache der Tiere nicht mehr, Vertrauen und Gemeinsinn der Tiere sind, in großen Teilen wenigstens, dem gegenüber Menschen üblichen Misstrauen gewichen. Nils wird, wie es scheint, zu Hause bleiben, sich um die alternden Eltern und den Hof kümmern und einer prosaischen Zukunft entgegengehen. Die Vögel aber lassen sich auf ihren Wanderungen nicht aufhalten, sie leben in ihrer eigenen Gegenwart, solange die Menschen ihnen nicht den Garaus machen. Dieses Ende, Nils Holgerssons Rückkehr in eine banale Realität, ist der traurigste Moment des Romans.

Schwedisch lernte ich im Winter 1979, in Värnamo, einer Kleinstadt in Småland, an einem alten Schreibtisch, von dem der weiße Lack abblätterte, mit dem Buch «Nils Holgerssons underbara resa genom Sverige» vor mir und einem schwedisch-deutschen Wörterbuch daneben. Die Wörter, die ich nachschlagen musste, trug ich mit einem feinen Bleistift in das Original ein. Der Schreibtisch stand quer zu einem Fenster, das zu einem verschneiten Wildgarten hinausging, in dem hohe Kiefern standen. Eine Abschlussarbeit, die ich für die Universität anzufertigen hatte, war leichter als erwartet von der Hand gegangen, und so hatte ich Zeit, zum letzten Mal für viele Jahre, wie mir heute scheint. Ich kann mich daran erinnern, dass wir Meisen zu füttern versuchten, die Körner aber von Dohlen und Krähen gefressen wurden. Wenn es in dieser Gegend Wildgänse gegeben hatte, werden sie sich im Süden aufgehalten haben.

Die deutschen Übersetzungen las ich erst später. Sie kamen mir so fremd vor, dass ich viele Jahre nach diesem Winter eine Gelegenheit ergriff, das Buch selbst ins Deutsche zu übertragen. Die neue Fassung wurde freundlich aufgenommen, doch schlägt mir, wenn ich in Schweden davon erzähle, stets Unverständnis entgegen. Während das Buch in anderen Ländern, in Frankreich, in Italien, in Japan und vor allem in Deutschland, seine Anziehungskraft behielt, seiner Qualitäten als Jugend- und Erziehungsroman wegen, verlor es im eigenen Land die Bedeutung, angeblich infolge seiner Abnutzung in einem über die Maßen langweiligen Schulunterricht. Es sei veraltet bis zur Unerträglichkeit, heißt es. Mag sein, dass auch das Motiv der sozialen Anpassung stört, die Wandlung des Tunichtguts zu einem braven jungen Mann, wohingegen man es lieber mit dem phantastischen Rebellentum von Pippi Langstrumpf halten will. Das späte 19. Jahrhundert, die bäuerliche Welt, die Wildgänse, die Märchenfigur eines Däumlings, das alles scheint einer Vergangenheit zuzugehören, über die nichts mehr zu sagen ist, während man sich mit ganzer Kraft den Herausforderungen der Gegenwart zu stellen hat.

«Er wusste ja», heißt es am Ende des Buchs über Nils Holgersson, «dass die Trauer der Vögel nie lange währt, und er wollte sich von ihnen trennen, während sie noch betrübt waren, weil sie ihn verloren hatten.» Der Satz widerspricht zwar den Erkenntnissen der Gänseforscher, die übereinstimmend berichten, dass die Tiere zum Beispiel über Tage und Wochen bei ihrem angeschossenen oder gar toten Partner ausharren können und auch noch nach ihm rufen, wenn er bereits verschwunden ist. Aber vielleicht ist es besser, wenn die Gänse im Roman ein kurzes Gedächtnis haben: Sie gleichen darin ihren schwedischen Lesern, denen eines der wichtigsten Bücher ihres 20. Jahrhunderts nichts mehr sagt.

Als sich Selma Lagerlöf im Jahr 1939 ein neues Automobil kaufte, einen Volvo PV 56 in Luxusausstattung, mit besonders weicher Federung, Sechszylindermotor und hinten angesetztem Kofferraum, ließ sie eine kleine Skulptur an die Stelle des serienmäßigen geflügelten Pfeils auf die Kühlerhaube setzen: eine fliegende Gans mit einem Knaben auf dem Rücken, in Bronze gegossen. Die Zipfelmütze scheint stabil im Fahrtwind zu wehen, die Gans zieht flach voran. Fortan fuhr die Schriftstellerin ihrer berühmtesten, längst zu einem Markenzeichen gewordenen literarischen Gestalt hinterher. Sie tat es mit Hilfe einer Maschine, die sie beinahe so schnell über das Land beförderte, wie es die Wildgans mit Nils Holgersson getan hatte: Wildgänse erreichen, wenn sie ziehen, eine durchschnittliche Geschwindigkeit von vierzig bis sechzig Kilometern in der Stunde. So schnell kam damals kein Automobil auf den unbefestigten Straßen Värmlands voran.

Der Norden, sein Charaktertier und die Reise ins Leere

Hildegard Knef ist eine Bekanntschaft aus meiner Jugend, allerdings nur auf große Entfernung und vor allem aus dem Fernsehen. «Die Knef» – oft mit bestimmtem Artikel, als wäre der Mensch zu einem Bild seiner selbst erstarrt – schien in eine Nachkriegswelt zu gehören, zu einem Berliner Proletariat, von dem ich nichts wusste, zu einer Gesellschaft, in der es «Herren» und mehr oder minder gefallene «Damen» gab (was in meiner Umgebung nicht vorkam). Die Sprache dicht und atemlos, die Stimme tief und heiser, und sehr viel Wimperntusche, so sang sie: «Wintersonne über weißem Land / Kalte Wintersonne / Hast die lange Nacht verbannt.» Es vergingen viele Jahre, bis ich zu begreifen begann, wie viel Hellhörigkeit und Selbstironie, wie viel Zeitgeschichte und wie viel Wille zur Apartheit sich in solchen Versen verbirgt.

Der erste Film, in dem Hildegard Knef mitspielte, wurde im Jahr 1944 gedreht, unter der Regie von Helmut Käutner, zum Teil in Berlin, mitten im Krieg, so erstaunlich das heute wirken mag, zu größeren Teilen auf der Elbe, irgendwo im Havelland. «Unter den Brücken» erzählt von zwei jungen Männern, der eine eher zartfühlend, der andere wild und robust. Zusammen betreiben sie einen Lastkahn, der im Verbund mit anderen Kähnen (eine Formation, eine Schar?) auf Flüssen und Kanälen zwischen Oder und Nordsee hin- und hergezogen wird. Nomaden sind die beiden, ständig unterwegs und nirgendwo zu Hause. Irgendwann erreichen sie die Rheinmündung bei Rotterdam, also das offene Meer. Und wenn sich im Film diese Weite auftut, unter einem glorreichen Abendhimmel, weiß der Zuschauer: Ein Ankommen wird es nie geben. Doch sehnen sie sich, selbstverständlich, nach einem anderen Leben, und das heißt vor allem: nach einer Frau. Letztere stellt sich ein, für einen von beiden. Damit aber endet nicht das Wanderleben – fortan sind sie zu dritt unterwegs, ein Paar und der Freund.

Auf dem Lastkahn lebt auch eine Gans, ein weißer, zahmer Vogel namens Vera. Sie beherrscht verschiedene Kunststücke: «Gib Pfötchen, Vera!» Dennoch wird sie im Lauf der Geschichte gebraten: Die junge Frau ist entsetzt, der zartfühlende junge Mann hat Bedenken, sein Freund beißt zu. Natürlich gewinnt der Robuste die Frau.

«Unter den Brücken» ist einer der besten deutschen Filme, die ich je sah. Und auch wenn Hildegard Knef darin nur eine Nebenrolle spielt, als selbstbewusste, mit den Männern kalkulierende Frau, so passt dieser Film zu ihr, in seiner herben Ästhetik, in seinem poetischen Realismus, in der Reduktion der Handlung auf das einzelne Schicksal, mit den ziehenden Wolken und der Allgegenwart des Wassers – und falls die Handlung an die «Liebesgeschichte einer Wildgans» erinnern sollte, erzählt von Bengt Berg (davon wird in einem späteren Kapitel die Rede sein), so kann es sich dabei nur um einen Zufall handeln.

Hildegard Knef hatte das «Ostseelied» zuerst 1966 gesungen, in dem Jahr, in dem Willy Brandt, der über viele Jahre erst im norwegischen, dann im schwedischen Exil gelebt hatte, Außenminister der Bundesrepublik geworden war. Den Text dieser Hymne an den Norden hatte Hildegard Knef selbst verfasst, die im Dreivierteltakt schwingende Musik stammte von

Charly Niessen, einem der erfolgreichsten Schlagerkomponisten der fünfziger und frühen sechziger Jahre, der auch das Lied «Ich kauf' mir lieber einen Tirolerhut» geschrieben hatte. Die erste Strophe des «Ostseelieds» lautet:

Ich hasse die gläserne Bläue des Himmels,
die nie müde Sonne, die alles entdeckt.
Ich hasse die flimmernde Hitze des Südens,
den graslosen Felsen, der lustlos sich streckt.

«Hassen» ist ein starkes Wort, das vom Klang der Mandolinen nicht gemildert wird. Es müsse etwas Schlimmes geschehen sein, denkt man. Was es gewesen war, erfährt der Hörer nicht. Aber er weiß, dass der Hass ein Gefühl der Ohnmacht ist, das den Hassenden verzehrt, während es den Gehassten nur dann trifft, wenn der Hassende ihm mit seinem Hass begegnet. Von einem «Gedränge der Gefühle» schreibt die Publizistin Hannelore Schlaffer in einem Essay, in dem sie erklärt, warum Hildegard Knef eine bedeutende Schriftstellerin war, getragen von einem «lyrischen» Stil, der auf den Entwurf einer einzigartigen (und gebrochenen) Persönlichkeit zielte. So ist es auch im «Ostseelied», einer Selbstinszenierung vor dem Hintergrund einer Landschaft, zu der sich die Wildgans leicht hinzudenken lässt.

Das Gefühl scheint zu groß zu sein, um damit eine Landschaft heimzusuchen, und erst recht: eine Gegend, die von den meisten Menschen als der Inbegriff des Schönen und Angenehmen betrachtet wird. Offenbar sucht die Sängerin den Hass, er soll den Kontrast liefern zu der Gegend, die sie liebt, und so gerät er ihr zu einer dunklen Ouvertüre, bevor das Lied den Rhythmus wechselt und im Walzertakt dem Norden entgegenschaukelt:

Schenk mir die drohenden Farben des Nordens,
die tropfende Stille der schneelosen Nacht.
Schenk mir die ängstlichen Lichter des Morgens,
das Knistern der Dünen, den Sturm, der laut lacht.

Schenk mir den klirrenden Atem der Kälte,
die nahtlosen Schnüre des Regens am Meer.
Schenk mir den Nebel, der alles entstellte,
die tiefschwarzen Nächte und Wolken wie Teer.

Hildegard Knefs «Ostseelied» ist eine Variation auf ein gängiges Thema. Es antwortet zum Beispiel auf einen der berühmtesten Sätze über den Norden. «And North means to all: Reject», schrieb der englische Lyriker Wystan Hugh Auden im Jahr 1936, der Norden bedeute Entsagung. Ein jeder will nun auf dem ungeheizten Deck seines Lebensschiffchens stehen, allein, auf sich gestellt, den Blick in die kalte Urheimat gerichtet. Diesem Existentialismus entspricht Hildegard Knefs heisere, dunkle Stimme, die kein Vibrato kennt, aber den rauen Hals, der vom Rauch vieler Zigaretten kündet. Er zieht sich nicht nur durch die anheimelnde Melodie, sondern auch durch die Unstimmigkeiten im Text: Denn «graslose Felsen» gibt es auch im Norden. Schären bestehen zu großen Teilen aus Granitbrocken, die im Meer liegen. Darauf wächst wenig. Auch dort scheint gelegentlich die Sonne. Sie tut es im Sommer sogar viel länger als im Süden. Und ist nicht die Ostsee ein salzarmes Gewässer?

Gib mir noch einmal den Strand meiner Kindheit,
mit Muscheln und Bernstein auf trockenem Weiß.
Gib mir den salzigen Wind meiner Ostsee,
das Jammern der Möwe, die hoffnungsvoll kreist.

Dem Süden mit seinen klaren Linien stellt Hildegard Knef einen Norden gegenüber, der kein scharfes Licht kennt, keine Menschen, eine Landschaft, in der es nur Natur gibt, in der sich die Linien im Nebel auflösen, in der die dunklen Farben ineinander übergehen wie die Schattierungen von Grau im Federkleid einer Wildgans. Dass diese Beschreibung ein Programm ist, zugunsten einer kulturellen Orientierung, die wider die am meisten verbreiteten Vorlieben der Menschen geht, ist eine Sache. Wie weit diese Beschreibung der Wirklichkeit entspricht, eine andere. Der Norden, lässt Theodor Fontane einen (etwas zwielichtigen) Künstler in seinem letzten Roman «Der Stechlin» sagen, sei «darin bedeutend, dass er nicht bedeutungsvoll sein will».

Den Nebel kenne ich, auch den Nieselregen, wie er auf grauen Feldern niedergeht, das Krächzen der Krähen, die sich auf den kahlen Bäumen niedergelassen haben, und den Verlust des Horizonts. Dunkle Tage gibt es, da der Rest der Menschheit unendlich weit entfernt zu sein scheint.

Für die Sehnsucht nach dem Süden gibt es die Leitformel: «Kennst du das Land, wo die Zitronen blühn?» Die erste Zeile eines Gedichts, das Johann Wolfgang von Goethe im Jahr 1795 in seinem Roman «Wilhelm Meisters Lehrjahre» veröffentlichte, begleitete Millionen Menschen auf dem Weg in den Süden, Deutsche, Holländer, Schweden und Briten. Die Sehnsucht galt der Sonne und einer freundlichen Wärme, der fruchtbaren, milden Landschaft und dem Wein, zugänglichen Menschen und einer angenehmen Lebensart. Im Süden waren die antiken Mythen zu Hause gewesen, dort waren die Grundlagen der westlichen Kultur und Kunst geschaffen worden, und dort lag – und liegt nach wie vor – der Mittelpunkt der katholischen Kirche. So groß war die Begeisterung für den Süden, dass der Norden südlicher zu werden suchte: Schloss Solliden auf Öland, der Sommersitz der schwedischen Königsfamilie, wurde um das Jahr 1905 im Stil einer neapolitanischen Villa gebaut. Und längst gibt es eine Pizzeria in Sunne, der kleinen Stadt in Värmland, die nur wenige Kilometer nördlich von Mårbacka, dem Hof Selma Lagerlöfs, liegt. Auch ich blickte nach Süden, so lange ich mich erinnern kann.

In «Nils Holgerssons wunderbarer Reise» findet sich eine Passage, in der die mittelschwedische Provinz Gästrikland beschrieben wird. Sie kann für weite Teile der Nation stehen: «Dieses Land ist in einen Rock aus Fichtenreisig und eine Joppe aus grauem Stein gekleidet», heißt es. «Aber um seine Mitte trägt es einen Gürtel, der an Kostbarkeit nicht seinesgleichen hat, denn er ist bestickt mit blauen Seen und blühenden Weiden, und die großen Eisenhütten schmücken es wie eine Reihe edler Steine.» Innerhalb von etwa zwanzig Jahren nach Erscheinen der Erstausgabe (1907/08) wurden in Deutschland mehr als hunderttausend Exemplare dieses Buches verkauft, was nicht nur viel ist für jene Zeit, sondern auch ein Zeichen dafür, dass der Blick nach Norden neben die kulturelle Orientierung am Süden getreten war. Zwar ersetzte der Norden den Süden nicht. Aber er stand für eine andere Möglichkeit, und er erhielt seine eigenen Seelenführer: in Richard Wagners Phantasien über die nordischen Götter, in der populären Mythologie, in der Literatur. Zur selben Zeit, in der Lagerlöfs Roman in deutscher Übersetzung erschien, wurden im Harz Stabkirchen nach nordnorwegischem Muster erbaut. Im Jahr 1912 fanden in Dortmund, ein Jahr später auch in Stuttgart «schwedische Musikfeste» statt, zu denen Hugo Alfvén, der Komponist der «Schwedischen Rhapsodie Nr. 1» mit dem Titel «Mittsommerwache», und die meisten anderen bedeutenden Musiker des Landes eingeladen wurden. Das Publikum war begeistert von Klängen, die, über alles Musikalische hinaus, eine nordische Heimat versprachen.

«Das junge Skandinavien» heißt ein Band aus dem Jahr 1891, in dem der damals dreißigjährige, zu jener Zeit in Berlin ansässige schwedische Schriftsteller Ola Hansson ein deutsches Publikum für Autoren aus dem Norden zu interessieren versuchte. Auch er hatte großen Erfolg. «Diese trotzigen, unsteten, neuerungstollen Schweden, verächtlich gegen die landläufigen Rühme», rief Hermann Bahr, in den deutschsprachigen Ländern um die Jahrhundertwende der einflussreichste Propagandist der künstlerischen Moderne: «Strindberg müssen Sie lesen! Das, ja, das ist der neue Dichter, weil es der neue Psychologe ist.» Zugleich wurde das Archaische beschworen, etwa von Graf Philipp Eulenburg in seinen «Skaldengesängen» aus dem Jahr 1898 oder von Kaiser Wilhelm II., der in jedem Sommer zwischen den Jahren 1889 und 1914 auf seiner Jacht zu einer «Nordlandfahrt» aufbrach, um sich selbst in einem erhöhten Germanentum zu begegnen. «Es zieht mich mit magischen Fäden zu diesem Volke», erklärte er bei einer Tischrede in Christiania, der norwegischen Hauptstadt, die seit 1924 Oslo heißt. «Es ist das Volk, welches sich in stetem Kampfe mit den Elementen aus eigener Kraft durchgearbeitet hat, das Volk, welches in seinen Sagen und seiner Götterlehre stets die schönsten Tugenden, die Mannentreue und Königstreue, zum Ausdruck gebracht hat.»

Im Norden liege, so wollte man glauben, ein karges, kühles und dünn besiedeltes Land, in dem sich der Einzelne, der Zivilisation ebenso müde wie möglicherweise seiner selbst, einer überwältigenden Natur zu stellen hatte. Der Norden sei eine Prüfung des Charakters, dort herrsche, nach einer Formulierung Jacob Grimms, ein «unveralteter Sinn», dort finde die Seele zur Landschaft und die Landschaft zur Seele (so wie

Hildegard Knef sich das gedacht hatte). Im Norden führten die «Eingeborenen», wie man sich vorstellte, ein einfaches und gutes Dasein, das einem kalten Klima und einer menschenlosen Schönheit abgewonnen werden müsse. Dieser Norden war das Gegenbild zu den Großstädten, der Geschwindigkeit, der Normierung und der Verzifferung des modernen Daseins, den Fabriken und dem Elend, das die Industrialisierung mit sich gebracht hatte. Er versprach eine Befreiung aus den politischen Kämpfen und den persönlichen Widersprüchen, aus der gesamten Kompliziertheit einer Gesellschaft, in der sich zu viele Menschen mit zu vielen verschiedenen Interessen und zu unterschiedlichen Bedingungen auf zu kleinem Raum zusammendrängten. Wie einfach, schön und klar erschien dagegen das Leben im Norden, mit Blick auf einen Fluss oder einen See, mit dem dunklen Wald dahinter und ohne Nachbarn, so weit das Auge reichte.

In einer Prosaskizze vom Herbst 1894, die den Titel «Auf dem Friedhof» trägt, erzählt August Strindberg von seinen morgendlichen Spaziergängen über den «Cimetière de Montparnasse» in Paris. Er wohnt damals nicht weit von diesem Ort, an dem Charles Baudelaire, Guy de Maupassant oder Pierre-Joseph Proudhon begraben sind, er flaniert durch die Alleen, meint, den Stoff der Seelen einzuatmen, und beobachtet das Wolkenspiel über der Stadt. Eines Tages jedoch ertönen hoch über seinem Kopf «seltsame und dennoch bekannte Laute», die ihn an die Klänge eines Jagdhorns erinnern. «Sie kommen stoßweise, keuchend und klagend.» Sie erinnern an seine Kindheit und an alte, traurige Lieder. «Es sind Wildgänse, die auf dem Flug von Norden sind und mich auf ihrem Zug in wärmere Länder mit weiteren Horizonten grüßen.» Selbstverständlich ist auch er eine solche Wildgans, ein Künstlertier aus dem Norden, das der Erfolg und die Neugier in den Süden getragen hat, und selbstverständlich sind die Wildgänse mehr als nur Vögel, nämlich Teil der wilden Jagd, des Geisterzugs, auf dem Odin die Seelen der Toten und Verlorenen eintreibt. «'Cause they've got to ride forever / On that range up in the sky», wie es in einem amerikanischen Lied heißt.

So kamen August Strindbergs Schriften in den Süden, in denen die neuen Frauen lauter Katastrophen mit sich brachten, und Henrik Ibsens Werke und mit ihnen die Vorstellung einer Frau, die selbst über ihr Leben verfügt, und es folgten Nervenzusammenbrüche und Eifersuchtsszenen und Existenzkrisen aller Art sowie Ernst Didrings Romantrilogie «Erz», in der zur Begeisterung der deutschen Leser vom Bau der Eisenbahnstrecke zwischen Kiruna und Narvik erzählt wurde. Die Publizistin Ellen Key trat auf, um das «Jahrhundert des Kindes» zu verkünden, und der Maler Carl Larsson, der das «Haus in der Sonne» zum Heim einer neuen Familie verklärte, und natürlich auch Selma Lagerlöf mit «Nils Holgerssons wunderbarer Reise», bei der es keineswegs nur um Tiere und Natur geht, sondern auch um Stahlwerke, Dampfschiffe, Minen, die Lebensreform und eine fortschrittliche Pädagogik. «Wie ein ungeheurer Windstoß freier, geistiger Luft war diese literarische Welle von Norden hergekommen», schrieb damals Stefan Zweig, «ein ganzes großes germanisches Geschlecht war, wie zur Zeit der Völkerwanderung, in die deutsche Literatur eingebrochen.» Man fragt sich zwar, welche Literatur die Völkerwanderung hervorgebracht hatte. Doch gleichwohl, es gehören zusammen: ein Zurück-zur-Natur und eine Begeisterung für das Moderne. Darin liegt kein Widerspruch. Vielmehr handelt es sich um die beiden Seiten einer Bewegung. Man könnte sie einen reaktionären Modernismus nennen. Er ist ein Zeichen der Zeit.

Die Wildgans ist das Charaktertier der Begeisterung für

den Norden, mehr als der Elch, den man nur selten sieht, viel mehr als die schäbige Krähe, die es auch im südlichen Binnenland gibt, weitaus mehr als der Wolf, den man fürchtet und dessen verborgene Gegenwart man nicht glaubt ertragen zu können. Ein Charaktertier entsteht durch die Vorstellung, dass ein Wesen die Eigenart eines Lebensraums in reiner Form zum Ausdruck bringt: im Fall der Wildgänse das kühle Klima, die scheinbar sich selbst überlassene Natur, das Ineinander von schlechtem Wetter und Wasserlandschaft, die Genügsamkeit, den Sinn für die kleine Gemeinschaft in weitgehend menschenleeren Verhältnissen. Die Tiere passen sich an ihre Umgebung an, so der Gedanke, und die Umwelt wird von diesen Tieren geformt. Die Wildgans, als Charaktertier betrachtet, ist ein lebendes Naturdenkmal. An ihr trennt sich das Eigene vom Fremden, das Heimatliche vom Andersartigen.

Der Dichter Rainer Maria Rilke hatte von den nordischen Ländern geschwärmt (er schwärmte auch von Paris, Russland und Ägypten, die allgemeine Erregbarkeit gehörte zu seinem Naturell), von ihrer Weite und von der Einsamkeit, die eines jeden Menschen Schicksal sei, ebenso unausweichlich wie traurig und herrlich. Eine Freundin, die erwähnte Pädagogin Ellen Key, hatte ihm schließlich für ein paar Monate ein Obdach auf Borgeby Gård, einer Burg wenige Kilometer nördlich von Malmö, vermittelt, in einem Park am Fluss Lödde mitten auf der großen Ebene gelegen. Der Großbauer Lars Persson von den weiten Feldern hinter Ystad hatte die ursprünglich mittelalterliche, immer wieder umgebaute Anlage im Jahr 1887 für seine Tochter erworben, die dort eine kleine, aber laute Künstlerkolonie zu sich lud. Beherrscht wurde die Gruppe von Ernst Norlind, einem schwedischen Maler, der sich lange in der Künstlerkolonie Dachau aufgehalten hatte und nach Hause zurückgekehrt war, um jetzt auch die heimatliche Ackerlandschaft in dunklen Farben wiederzugeben. Das Jagen gefiel Norlind, auf Fasane und auf Hasen, und das Feiern und das Trinken. Als Rilke in Borgeby Gård angekommen war, soll es Norlind schwergefallen sein, seine Auftritte auf den leiseren, ruhigeren Ton herunterzustimmen, den die Anwesenheit eines Dichters ihm aufzuerlegen schien.

Rilke war, bettelarm wie meistens, aus Rom geflüchtet und hatte gemeint, in den großen, heroischen Norden zu reisen. Aber er war in einem Zwischenreich gelandet. Verse entstanden nur wenige in dieser Zeit. Aber unter seinem Balkon sollen sich, an einem milden Abend, lauter junge Frauen versammelt haben, um ihn in einer Art mediterraner Szene anzuschwärmen. Norlind überredete Rilke zu einer nächtlichen Kahnfahrt mit den Verehrerinnen. Ellen Key befahl die beiden Herren daraufhin in den Park, um ihnen eine Vorlesung über Takt und Anstand zu halten.

Erst am Ende des Aufenthalts, er war fast schon wieder fort, fiel dem Dichter etwas ein, ein Gedicht an den Sturm, das so beginnt: «Wenn die Wolken, von Stürmen geschlagen, / jagen: / Himmel von hundert Tagen / über einem einzigen Tag.» Wie deutlich hier ist, dass Rilke weiß, wo er sich befindet, und wie fern wirken Burg, Park und Apfelgarten von Borgeby Gård – nur Wolken gibt es stattdessen: «Überdunkelt und überschienen / lieg ich flach unter ihnen, / wie Ebenen liegen; meine Augen sind offen wie Teiche, / und in ihnen flüchtet das gleiche / Fliegen.» Wenn es von der Erde wenig zu berichten gibt, das wusste auch Rilke, wird der Himmel wichtiger. Was fliegt, sind die Wolken, und darunter fliegen die Wildgänse.

Die Gans wird zum Welträtseltier und lernt die Ökologie kennen

Die Stadt Köthen liegt in der Mitte einer fruchtbaren Ebene südlich der Elbe, nicht weit von Dessau. Große bäuerliche Betriebe beherrschen hier ein Land, das so gründlich bewirtschaftet wird, dass zwar immer wieder eine Hochspannungsleitung oder ein Windkraftwerk daraus hervorsticht, aber nur selten ein Baum oder gar ein kleiner Wald. Köthen ist eine alte Residenzstadt. In ihrem Zentrum stehen die Reste eines Schlosses, das einst aus einem ganzen Ensemble von Prachtbauten bestand. In den verbliebenen Gebäuden werden heute die historischen Errungenschaften des Herzogtums Anhalt-Köthen ausgestellt. Eine Etage ist Johann Sebastian Bach gewidmet, der hier zwischen 1717 und 1723 als Hofkapellmeister wirkte. Auf einer anderen Etage geht es um die «Fruchtbringende Gesellschaft», die erste deutsche Sprachakademie. Eine weitere Ausstellung erinnert an den Arzt Samuel Hahnemann, der gegen Ende des 18. Jahrhunderts im Selbstversuch die Wirkungen der Chinarinde erschloss und darüber zu einem Begründer der Homöopathie wurde. In einem anderen Stockwerk befindet sich, eigentlich, ein ornithologisches Museum. Es geht zurück auf das Jahr 1835 und ist die älteste noch bestehende Einrichtung dieser Art überhaupt.

Als ich das Museum vor einigen Jahren zum ersten Mal besuchte, war ich allein in der Ausstellung, in der sich fast zweihundert Jahre lang kaum etwas verändert hatte. Dieselben

Vögel, dieselben grauweiß gestrichenen Kiefernholzvitrinen, darin die Vögel, in der einzig möglichen Ordnung aufgestellt, die es im frühen 19. Jahrhundert gegeben hatte: eingeteilt nach morphologischen Merkmalen und nach ihren Lebensumwelten. So kamen die Seetaucher zu den Enten und Pelikanen, weil sie alle echte Schwimmhäute haben, und es folgten die Körner- und die Insektenfresser und schließlich die Eulen und die Greifvögel. In einer eigenen Vitrine waren die Werkzeuge ausgestellt, die der Ornithologe Johann Friedrich Naumann für das Präparieren von Vögeln benutzt hatte. Auch für die meist aus Glas, manchmal aber auch nur aus bemaltem Holz bestehenden Augen, die den Präparaten eingesetzt wurden, gab es einen eigenen Kasten. Ein erstaunliches Bedürfnis nach Echtheit und Vollständigkeit ist in dieser Ausstellung zu erkennen, der Wunsch, ein komplettes Inventar der einheimischen Vogelwelt anzulegen, mit leibhaftig, natürlich wirkenden Tieren.

Neben dem Vogelkabinett schuf Johann Friedrich Naumann, ein Bauernsohn aus der Gegend, zusammen mit seinem Vater Johann Andreas Naumann ein naturkundliches Werk, das zu seiner Zeit und noch lange darüber hinaus den Maßstab für die ornithologische Beschäftigung mit Vögeln im deutschen Sprachraum bildete: die «Naturgeschichte der Vögel Deutschlands», zwischen 1820 und 1844 in zwölf Bänden erschienen, ein dreizehnter Band folgte postum im Jahr 1860. Der Vater hatte das Werk begonnen. Vom Sohn stammen die Bilder, naturgetreue Werke, die offenbar zum größten Teil nicht nach ausgestopften Tieren, sondern nach deren lebendigen Urbildern gestaltet wurden. Der Sohn ergänzte auch die Beschreibungen, denen es ebenfalls an Vitalität nicht fehlt. «Bei gewöhnlichen Beschäftigungen, auch im Fluge», heißt es über die Graugänse, «unterhalten sie sich häufig mit einem nicht sehr weit schallenden Tattattatat, auch wohl Taddaddaddat (sehr schnell zu sprechen), und halten, wo sie sich sicher glauben, ordentliche Gespräche, wo sie aber auf ihrer Hut sein müssen, klüglich das Maul.» Dreierlei geschah hier: Zum ersten bekam jeder Vogel einen verbindlichen Namen, über die damals üblichen regionalen Bezeichnungen hinaus, zum zweiten sicherte das Bild die Unverwechselbarkeit, und zum dritten wurde mit einem auf Vollständigkeit hin angelegten Register dafür gesorgt, dass keine unbekannten Kandidaten mehr die Gegend unsicher machten.

Den Bestand gibt es noch, die Ausstellung nicht mehr. Das Schloss wurde renoviert, als ich zuletzt dort war, und die Sammlung mit ihren weit über tausend Vögeln hatte umziehen müssen, in eine ehemalige Druckerei in einer Seitenstraße. Eng zusammengerückt und aufeinander stehen die Vitrinen dort, von der alten Ordnung ist wenig übrig geblieben. Nun drängt sich eine Schneeeule mit ihren roten, erstaunlich lebendigen gläsernen Pupillen neben den Seeadler, der mit seinem bemalten Holzauge ungleich matter aus seiner Vitrine herausblickt. Hier wird ein Kasten mit zwei Dutzend Finken und Spatzen auf zwei halb gemalten, halb gebauten Ästen verwahrt, dort tummeln sich die Wachteln. In einer hölzernen, nur auf der Vorderseite verglasten Vitrine stehen fünf Gänse: zwei Weißwangengänse, eine Ringelgans und eine Graugans. Neben der Graugans ein noch nicht flugfähiges Gössel. Auch dieses ist eine Graugans, «oder wollte mal eine werden», wie der Kurator anmerkt.

Der Kurator erzählt von den Seen in seiner Umgebung, er berichtet von den Schwierigkeiten der Wildgänse, sich zu orientieren. Manchmal würden sie vom Wind irgendwohin getrieben, wo sie nicht hinwollten und wo es nichts zu fressen gebe. Sie kennten die Elbe und die Autobahn, die Lichter der

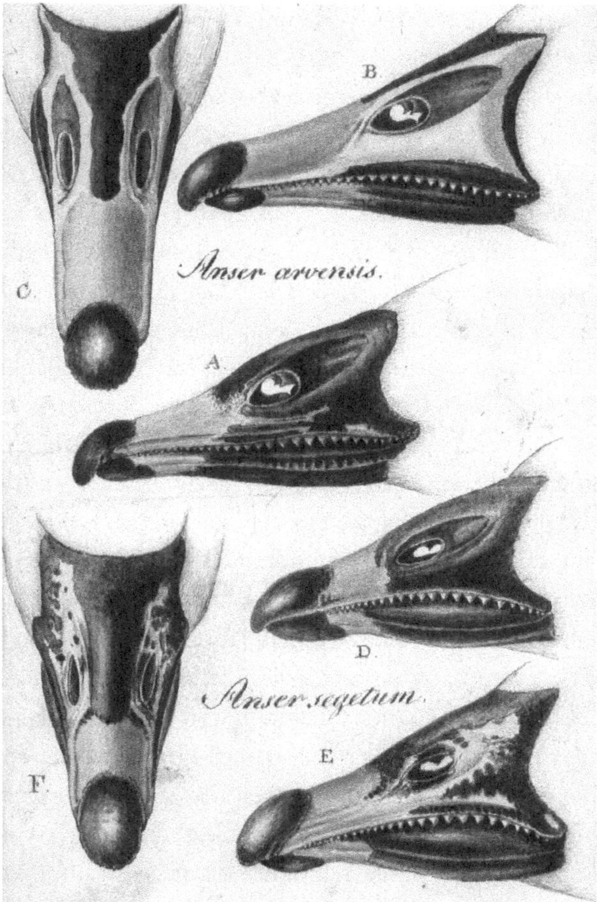

Wildgänse haben keine Zähne, sie tragen stachelartige Hornpapillen an den Schnabelrändern, mit denen sie nicht beißen, sondern rupfen. Johann Friedrich Naumann unterscheidet in der anatomischen Illustration seiner «Naturgeschichte der Vögel Deutschlands» die Ackergans (Anser arvensis) und die Saatgans (Anser segetum), was nicht der heutigen Ordnung entspricht.

Siedlungen. Im Nebel verlören sie manchmal die Orientierung und würden durch die Scheinwerfer der Automobile angezogen. Die toten Tiere in der Sammlung und die durch die Nachbarschaft irrenden Graugänse gehören zur selben Art.

Am Abend des 24. Mai 1907 saß Ernst Haeckel, Professor für Zoologie an der Universität Jena, in seinem Hotelzimmer in Uppsala und schrieb einen Brief. Am Tag zuvor, erzählte er einem Kollegen in seiner thüringischen Heimat, habe er an einem Bankett anlässlich des zweihundertsten Geburtstags Carl von Linnés teilgenommen. Auf dem Ehrenplatz habe er gesessen, direkt gegenüber dem Rektor der Universität. Außerdem habe er den Festvortrag gehalten, über «Linné und die Stellung des Menschen in der Natur». Am selben Tag war er im Rahmen einer Feierstunde, zu der sich mehrere Tausend Menschen im Dom versammelt hatten, zum Jubeldoktor der Medizin erklärt worden: Fünfzig Jahre waren vergangen, seitdem er promoviert worden war, und das Jubiläum wurde nicht in Berlin, wo er studiert hatte, sondern in Uppsala begangen. Außerdem sei bei dieser Gelegenheit hundert weiteren Menschen ein Ehrendoktorat verliehen worden. So, wie er die Geschichte erzählt, bildete diese Hundertschaft eine Gemeinde, in deren Mitte er selber stand. Ernst Haeckels Ruhm erstreckte sich zu dieser Zeit auf die ganze Welt. Er war der Mann, der den Darwinismus in die deutschen Länder getragen hatte. Er war der Prophet einer neuen Universallehre, des sogenannten «Monismus», die von sich behauptete, als die eine und reine Wahrheit an die Stelle der religiösen Illusionen getreten zu sein. Er verkörperte die Überzeugung, dass die Naturwissenschaft in absehbarer Zeit alle Rätsel der Welt lösen werde.

Zu den neuen Ehrendoktoren der Universität Uppsala gehörte auch Selma Lagerlöf. Im Herbst zuvor hatte sie den ersten Teil von «Nils Holgerssons wunderbarer Reise durch Schweden» veröffentlicht. Das Publikum im Dom habe die Schriftstellerin mit heftigem Applaus empfangen, vermerkt die jüngere Kollegin Elin Wägner in ihrer Biographie Selma Lagerlöfs. So laut habe man ansonsten nur für Prinz Eugen geklatscht, den jüngsten Sohn des schwedischen Königs und bekannten Landschaftsmaler, der ebenfalls zum Ehrendoktor ernannt worden war, sowie für Ernst Haeckel. Ferner war der Jäger, Tierpräparator und Museumsmann Gustaf Kolthoff, Autor der Enzyklopädie «Die Vögel des Nordens», ausgezeichnet worden. Kolthoff hatte um das Jahr 1890 im Anatomischen Theater der Universität Uppsala eine ornithologische Ausstellung eingerichtet. Kurze Zeit später war er an der Gründung des Biologischen Museums in Stockholm beteiligt gewesen.

Ernst Haeckels Fachgebiet waren Amöben, Schwämme, Plankton und Nesseltiere, falls er nicht gerade über den Stammbaum des Menschen, versunkene Kontinente oder die Entstehung des Lebens in physikalisch-chemischen Prozessen spekulierte. Er hatte die «biogenetische Grundregel» gefunden, der zufolge jedes Lebewesen in seiner individuellen embryonalen Entwicklung die Stammesentwicklung wiederhole. In den sechziger Jahren des 19. Jahrhunderts hatte er das Konzept der Ökologie entwickelt: die Vorstellung, dass alle Pflanzen und Tiere in definierten Zusammenhängen leben, in denen sie aufeinander reagieren, in fortlaufenden Verschiebungen und Veränderungen. Ökologie sei «die Wissenschaft von den gesamten Beziehungen des Organismus zur umgebenden Außenwelt, zu den organischen und anorganischen Existenzbedingungen», erklärte Haeckel, «die sogenannte ‹Oekonomie der Natur›, die Wechselbeziehungen aller Organismen, welche an einem und demselben Ort miteinander leben, ihre Anpassung an die Umgebung, ihre Umbildung durch den Kampf um's Dasein».

Nie wieder standen die Naturwissenschaften in solcher Herrlichkeit da, nie wieder waren sie in einem solchen Maß davon überzeugt, alles verstehen und alles erreichen zu können: «Die Zahl der Welträtsel hat sich durch die … Fortschritte der wahren Naturerkenntnis im Laufe des neunzehnten Jahrhunderts stetig vermindert», erklärte Haeckel, «sie ist schließlich auf ein einziges allumfassendes Universalrätsel zurückgeführt, auf das Substanz-Problem.» Letzteres war eine Umschreibung für die Schöpfung: Es musste erklärt werden, wie es kommt, dass es überhaupt etwas gibt – ein Gott sollte nicht mehr die Erklärung dafür sein. Vereinheitlichung lautete das Programm. Dazu gehörte die Schaffung des Weltpostvereins, die Durchsetzung des metrischen Systems oder die Veranstaltung von Weltausstellungen. Ab 1851 traten auch Haeckel und der «Monismus» mit der Absicht auf, aus dem vielen eines zu machen. Hermann Bahr, der wichtigste Feuilletonist seiner Zeit, erklärte, Haeckel sei der «deutsche Führer zur Natur». «In diesem der einem jungen Germanenkönig glich, lag immer schon ein zitterndes Verlangen der Ungeduld, Erwartung und Bereitschaft zu den großen Verwegenheiten … Haeckel, jung und schön und hell, … dieser glühende, Jugend ausdampfende, wie der Morgen leuchtende Mensch sprach aus, was Darwin war.»

Haeckel hatte die Idee der Ökologie eher beiläufig ergriffen. Das Konzept entwickelte erst in der Folgezeit seine Ausstrahlungskraft. Er selbst richtete seine Anstrengungen vor allem auf den Monismus, die Entwicklung einer Weltregel. Ökologie und Monismus gehen nur bedingt zusammen, denn wo Letzterer immer nur auf das Eine und Letzte zielt, spricht die Ökologie von den vielen verschiedenen Dingen und Lebewesen, die miteinander, an einem Ort, zwar eine Einheit oder einen Lebenszusammenhang bilden, aber doch in aller Verschiedenheit existieren. Weder Ernst Haeckel noch seinen Zeitgenossen scheint die latente Gegenläufigkeit der Motive aufgefallen zu sein.

Die Geschichte der Wildgans im 20. Jahrhundert lässt sich nicht schreiben, ohne von Ernst Haeckel zu handeln. Sowohl Selma Lagerlöf als auch Gustaf Kolthoff sind in ihren Werken dem Prinzip einer Ökologie im Sinn Haeckels verpflichtet. «Nils Holgerssons wunderbare Reise» ist, wissensgeschichtlich betrachtet, die didaktische Umformung eines ökologischen Konzepts: Zahme und wilde Gänse, Störche und Kraniche, Kühe und Füchse, sie alle sind Teile eines organischen Ganzen. Das gilt für den Roman als Gesamtheit wie auch für dessen einzelne Teile, für den Versuch der eingewanderten grauen Ratten, die Festung der einheimischen schwarzen Ratten zu stürmen, zum Beispiel, oder für die Geschichte über die Verwüstungen, die von Fichtenraupen in den Wäldern von Kolmården angerichtet werden. Auch Kolthoffs Biologisches Museum, das große Panorama, das die nordischen Tiere dreidimensional in einer scheinbar natürlichen Umgebung zeigt, ist – wie jedes solches Diorama – ein Lehrstück in angewandter Ökologie. Gleiches gilt für die Werke des schwedischen Künstlers Bruno Liljefors, des bedeutendsten Tiermalers der Wende zum 20. Jahrhundert, der seine Tiere in ihnen gemäßen Lebenssituationen auftreten ließ.

Johann Friedrich Naumann hatte seine Vögel zwar nach ökologischen Gesichtspunkten, das heißt: praktisch, nach ihren Lebensumwelten geordnet. Ihre Ordnung war folglich in morphologischen Übereinstimmungen begründet – Körnerfresser zum Beispiel gibt es in verschiedenen Umgebungen, während Meisen und Bussarde im selben Terrain auftreten können. Ein ökologisches System nach Haeckel nimmt indessen einen anderen Charakter an: Während Naumanns Systematik kein anderes oder gar höheres Prinzip als die Anschauung kannte, ist eine ökologische Ordnung nach Haeckel in einen historischen Verlauf eingebettet. Naumann gehörte noch in eine religiöse, dorfkirchlich geprägte Welt und stellte seine Inventare so dar, als würden sie für immer bestehen. Für Haeckel hingegen sind die Inventare Momente einer Entwicklung.

Darwin hatte erwogen, die geschichtlich gewordene Natur nach dem Prinzip der Koralle zu begreifen – als jederzeit zur Ausbildung neuer Äste und Zweige fähiges Wesen, vor sich hin wuchernd, teils aktiv, teils abgestorben. Nicht alle Teile des Gebildes erschienen ihm als simultan vorhanden. In einer Koralle, dachte Darwin, gibt es Lücken, entstanden durch das Absterben einzelner Äste. In Gestalt der Koralle betrachtete er die Natur als vielgestaltiges Gebilde ohne festen Grund und Mitte, dem nur bedingt eine eindeutige oder gar aufstrebende Richtung zuzuschreiben war. Doch verfolgte Darwin den Gedanken nicht konsequent und hielt sich später an das Bild des Baums, worin zumindest eine vage Idee von steigender Komplexität eingeschlossen ist. Haeckel nun ließ allein den Baum gelten, am liebsten in Gestalt einer «starken deutschen Eiche»: Die gesamte Natur sollte sich aus einem Entwicklungsprinzip ableiten lassen, vom Grund eines Einen und Einfachen bis zur Krone eines unendlich Vielfachen. Und vor allem: In der Geschichte der Natur sollte, anders als bei Darwin, von Anfang an ein Telos wirksam sein, eine zielgerichtete Bewegung, die von der Wurzel des Stammbaums bis in die höchsten Äußerungen des Geistes führe.

Haeckel hatte erwartet, im Jahr 1908 den Nobelpreis für

Literatur zugesprochen zu bekommen – «Literatur» damals noch in einem weiten Sinn verstanden. Der Kandidat hatte das Gerücht selbst gestreut, aber es wurde nichts daraus. Heute weiß man, dass sich die Akademie nicht hatte entscheiden können, zwischen dem englischen Dichter, Essayisten und Dramatiker Algernon Charles Swinburne auf der einen und Selma Lagerlöf auf der anderen Seite. Wie oft in solchen Situationen fiel die Entscheidung schließlich auf einen Dritten, auf jemanden, mit dem keiner gerechnet hatte. In diesem Fall war es ein Philosoph namens Rudolf Eucken, Professor an der Universität Jena. Im folgenden Jahr oder irgendwann in näherer Zeit einen zweiten Professor derselben Universität auszuzeichnen, wäre unmöglich gewesen. Den Nobelpreis für das Jahr 1909 erhielt dann Selma Lagerlöf, als erste Frau, wobei die Akademie in ihrer Begründung zwar nicht ausdrücklich, aber doch implizit auf «Nils Holgerssons wunderbare Reise» verwies: Ausgezeichnet werde die Schriftstellerin, hieß es, «auf Grund der edlen Idealität» ihres Werkes, des «Reichtums ihrer Phantasie» und der «Beseeltheit der Darstellung».

So wie Haeckel zur Popularität Darwins beitrug, so fand er einen volkstümlichen Vermittler in einem heute vergessenen, seinerzeit aber allgegenwärtigen Schriftsteller namens Wilhelm Bölsche. Für die Wissenschaftsbegeisterung des breiten Lesepublikums war er «die paradigmatische Gestalt schlechthin», vielleicht neben Ludwig Büchner und dessen biologischem Materialismus, der unter dem Titel «Kraft und Stoff» antrat. Schon als Gymnasiast hatte Bölsche naturkundliche Aufsätze geschrieben, für Zeitschriften wie «Die Gefiederte Welt» oder «Isis». In den neunziger Jahren fand er, bekannt geworden durch Arbeiten in der populärwissenschaftlichen Zeitschrift «Kosmos», in Berlin Anschluss an eine Gruppe von Dichtern, die den «Naturalismus» in der Kunst etablieren wollten. Bölsches Werk ist riesig und literaturgeschichtlich kaum erschlossen. Gerhart Hauptmann, der Schriftsteller und Nobelpreisträger des Jahres 1912, hielt ihn für einen Goethe seiner Zeit: «Diese Verbindung von Dichten und Forschen begründet dein naturhaftes Sehertum.» Mit dieser Meinung war Hauptmann bei Weitem nicht allein.

Die Menschen, erklärte Bölsche in einem programmatischen Aufsatz mit dem Titel «Die naturwissenschaftlichen Grundlagen der Poesie», fielen «ins Gebiet der Naturwissenschaften. Ihre Leidenschaften, ihr Reagiren gegen äussere Umstände, das ganze Spiel ihrer Gedanken folgen gewissen Gesetzen, die der Forscher ergründet hat und die der Dichter bei dem freien Experimente so gut zu beachten hat.» In der Folge wurde er, vermittelt vor allem über eine Tätigkeit als Redakteur für die damals bedeutende kulturpolitische Zeitschrift «Freie Bühne» (später und bis heute «Neue Rundschau»), zu einer Zentralfigur der literarischen Moderne. Die Brüder Heinrich und Julius Hart, August Strindberg, Gerhart Hauptmann, mit allen war Bölsche bekannt, wenn nicht befreundet. Mit Haeckel verband ihn eine enge Zusammenarbeit, die nicht nur in die erste Haeckel-Biographie, sondern auch in eine ganze Reihe von Schriften mündete, in denen er die Idee einer monistischen Biologie verbreitete.

Um das Jahr 1894 ließ sich Bölsche in Friedrichshagen am Müggelsee nieder, im Südosten Berlins hinter Köpenick. «Über dem Müggelsee liegt eine ernste Duftstimmung des Frühlings, doch noch ohne starke Farben», notierte er nach einem Spaziergang, der vermutlich um Ostern 1901 stattfand. Die Welt mag still dagelegen haben, und dem Schriftsteller drängten sich von überall her die Adjektive herbei. «Der Himmel wie von leichtem Rauch verdunkelt, in dem die Sonne als gelbweiße Insel mit verwaschenem Umriss schwimmt. Der See gibt das wieder mit einem zartesten Perlmuttergrau, durch das ein Reflexband aus tanzenden Silberpunkten schaukelt. Drüben das Waldufer blassgrau, darauf und über ihm die Müggelberge wie ein blaugrünes Wölkchen, ganz weich, in einen Himmelrauch verfließend.» Zu den Adjektiven gesellen sich bald die gänsischen Attribute: «Ab und zu geht durch die tiefe Feierstille ein singender Ton und ein eigentümlich rhythmisches Rauschen; ein großer Keil von einigen fünfzig Wildgänsen kehrt zu seiner gewohnten Fünfuhrstunde von den Feldern heim auf sein Wasserrevier.» Die Szene ist der erzählende Auftakt zu einer Ermahnung. Der Leser möge sich darauf besinnen, wie wunderbar das Natürliche sei. «Was für ein unsagbar Geheimnisvolles ist diese ‹Gesetzmäßigkeit› der Natur.» Die Wildgänse, versteht man, bedeuten für Bölsche beides, das Geheimnis und das Gesetz. Sie schlagen ihm den Bogen vom romantischen Idealismus zu einer wissenschaftlichen Weltanschauung. Die Wildgans ist ihm das Welträtseltier, der symbolische Vogel der monistischen Lehre.

Man macht sich keine Vorstellungen mehr davon, mit welcher Gewalt und mit welcher Tiefe der Darwinismus in der damaligen Zeit in das Leben der Menschen eindrang. Etwa in Gestalt des dreibändigen Werks «Das Liebesleben in der Natur. Eine Entwicklungsgeschichte der Liebe». Bölsche erzählt darin von der Evolution als einer Geschichte der Paarungsakte. Er streift durch die Stadt und die Natur, besucht naturkundliche Museen und archäologische Stätten, immer auf der Suche nach der kopulierenden Natur, und er tut es zu Zeiten, die im Nachhinein als ausgesprochen prüde gelten. Er kennt den «penetranten Moschusgeruch», der von brünftigen Krokodilen ausgeht. Er weiß, wie der sexuell erregte Ichthyosaurier mit dem Schwanz peitscht, er sieht die Ströme von Samenflüssigkeit, die auf dem Meer treiben, wenn Heringsschwärme von der Paarungswut ergriffen werden. Die Kopulation ist das verbindende Glied zwischen Mensch und Tier. «Sie alle begatten sich regelmäßig.» Es ist das Gegenstück zu «Brehms Tierleben», auf der Seite der Naturfrömmigkeit und der Sexualität.

Im Jahr 1910 veröffentlichte Bölsche ein Büchlein mit dem Titel «Komet und Weltuntergang», anlässlich der Wiederkehr des Halleyschen Kometen im April des Jahres und der mit diesem Ereignis verbundenen Weltuntergangsphantasien. Wenn die Angst zu groß werde, schreibt er, solle man den Blick zum Himmel richten. Der Komet sei wie eine Wildgans. Es müsse «aus den Tiefen des Raumes zu unserer Sonne herauf ein unablässiger Wanderstrom solcher Vögel erfolgen. In dichtem Zuge kommen sie, schweben an, umkreisen die Leuchtklippe unseres Systems halb und entschweben wieder, einer nicht endenden Kette himmlischer Wildgänse gleich.» Was ein Engel ist, was ein Komet und was eine Wildgans: Es ist nicht mehr auseinanderzuhalten.

Mutter Gans und die Idee der «gegenseitigen Hilfe»

Zwischen Rübenäckern und Getreidefeldern, ein paar Kilometer von der Ostsee und unserem Dorf entfernt, steht ein hohes, aus groben Steinen gefügtes Haus mit einem steilen Satteldach und mächtigen Staffelgiebeln. Wenn ich im Herbst oder im Winter dorthin gehe, sehe – und höre – ich Tausende von Wildgänsen auf den Feldern. Die meisten sind Weißwangengänse, aber es gibt auch Gruppen von Grau- und Kanadagänsen. Sie fressen und lärmen. Ein großer Teil dieser Geräusche dient der Vergewisserung von Anwesenheit, wie die Verhaltensforschung weiß. «Ich bin da», bedeutet das Geschnatter, oder auch «Ich weiß, dass du weißt, dass ich da bin». Vielleicht heißt es auch «Hier gibt es etwas zu futtern» oder «Hier bin ich mit meiner Schar». Gänse warnen einander, sie weisen ihren Kameraden die Richtung, sie feuern die jeweiligen Leittiere an, und manchmal quasseln sie vermutlich einfach so, weil es ihnen Vergnügen bereitet, in einer Gemeinschaft zu leben, vielleicht auch, weil sie hören lassen wollen, dass es diese Gemeinschaft gibt.

Das große Haus scheint, abgesehen von einem Graben, in dessen trüber, von Schilf und leuchtend grünen Wasserlinsen überwachsenen Brühe ein paar Enten schwimmen, über keine militärischen Einrichtungen zu verfügen. Doch trügt der Eindruck. Die Werke zur Verteidigung des Gebäudes, die Zugbrücke, Mauern, Pechnasen und Schießscharten, liegen innerhalb des Gebäudes, entlang der Passage, die jeder Eindringling nehmen muss, weil es nur ein Tor und im unteren Teil des Hauses keine Fenster gibt. Auf der Burg Glimmingehus wohnte, wie Selma Lagerlöf in «Nils Holgerssons wunderbarer Reise» erzählt, ein Volk von «Schwarzratten», eine alteingesessene Art, die den alten Bau als ihren angestammten Lebensraum betrachtete und über den Getreidevorräten, die in der Burg gelagert wurden, edel und träge geworden war. Der Futterspeicher hatte es derweil einer Bande von nomadischen «Grauratten» angetan, die erst kurz zuvor von einem Schiff gesprungen waren, das, aus Lübeck kommend, in Malmö angelegt hatte.

Die Wanderratten sammeln sich zum Sturm auf die Burg. Als die Lage bedrohlich wird, entschließt sich Akka, dem bedrohten Rattenadel zu helfen, wobei sie von Nils Holgersson, einem wehleidigen Storch aus Pommern, einem alten Kater sowie zwei verzweifelten Waldkäuzen unterstützt wird. Am Ende sind die unerwünschten Einwanderer vertrieben. Wie lange diese Befreiung währt, erfährt man nicht. Dass der zumindest latent rassistische Charakter dieser Geschichte bislang kaum aufgefallen ist, gehört vermutlich zur Rezeption eines vermeintlichen Kinderbuchs.

Selma Lagerlöf hatte ihrer Leitgans einen programmatischen Namen gegeben: «Akka» soll auf Südsamisch «weise Mutter» bedeuten. Sie führt und schützt ihre Schar. Sie kümmert sich um andere Tiere, sofern diese ihr aus irgendeinem Grund nahestehen. Nachdem der geschrumpfte Nils aufgenommen ist, erklärt sie: «Von der jüngsten Gans bis zur ältesten würden wir gerne unser Leben für ihn geben.» Das Bekenntnis zur Gemeinschaft ergreift den Jungen so sehr, dass es seine Bekehrung zu einem guten Menschen einleitet: «Nie hätte er geglaubt, dass er einmal etwas so Großes hören würde, wie dass jemand sein Leben für ihn riskieren wollte.» Nils ist nicht das erste fremde Wesen, das Akka so behandelt. Etwas Ähnliches hatte sie schon einmal getan, als sie den zum Waisen gewordenen jungen Adler Gorgo unter ihre Fittiche genommen hatte. Sie wacht auch über andere Tiere, über Schwarzratten ebenso wie über die Enten auf dem See Tåkern. Akka ist vielen eine Mutter, nicht nur der eigenen Sippe. Sie ist fürsorglich, verständnisvoll und beschützend, wenn sie es sein kann. Sie kann auch, wenn es darauf ankommt, entschlossen und hart sein. Sie ist die zentrale Figur einer solidarischen Gruppe von Tieren mit einer ausgeprägten Gemeinschaftlichkeit und einer verschwommenen Peripherie.

«Mütterlichkeit», auf Schwedisch: «moderlighet», heißt das Prinzip, unter dem die Gans antritt. Es umfasst nicht nur die praktische Sorge für die eigene Familie, sondern geht auch einher mit einer Idee von Macht: Die Mutter ist die beherrschende Figur einer Gemeinschaft, sie fällt die wichtigen Entscheidungen, schlichtet die Konflikte, sie denkt an den Zusammenhalt und an die Zukunft. Vom «Mutterrecht» sprach der Schweizer Rechtshistoriker Johann Jakob Bachofen, als er im Jahr 1861 die gelehrte Welt mit der Behauptung erregte, vor dem Zeitalter der Männer habe es ein mütterliches Zeitalter gegeben, erdgebunden und mondnah (mit den Helden ist es schwierig, denn wenn sie auf Kriegsfahrt sind, regieren die Frauen das Haus). In der Geschichte der Menschheit habe es eine Zeit des Matriarchats gegeben, meinte auch Friedrich Engels in seinem Traktat «Über den Ursprung der Familie, des Privateigentums und des Staats» aus dem Jahr 1884, eine Zeit, in der noch aller Besitz geteilt wurde und die Gruppe über jedes individuelle Interesse herrschte (ebenfalls schwierig, weil eine Mutter, die über den Rest der Gruppe bestimmt, auch eine Macht ist). In der Mütterlichkeit der Leitgans spiegelt sich eine der großen geistigen Bewegungen jener Zeit, weg von Kopf und Verstand, hin zu einer umfassenden Einheit mit der Natur und dem Leben wie sie, auf anderem, aber benachbartem Terrain auch mit Ernst Haeckels Monismus realisiert werden sollte. Beweisen lässt sich davon wenig. Immerhin fällt auf, dass «die Gans» in der deutschen Sprache eines der wenigen Substantive ist, deren Grundform weiblich ist. «Der Ganter» ist die aus diesem Wort abgeleitete männliche Bezeichnung.

Doch hat die Figur der «Mutter Gans» eine Geschichte, die weit in die Vergangenheit zurückgeht. Sie beginnt spätestens im Jahr 1697, als Charles Perrault, Sekretär des Finanzministers unter Ludwig XIV. und Vorsitzender der Académie française, eine Sammlung volkstümlicher Märchen herausgab, die den Untertitel «Les Contes de ma mère l'Oye» trägt, «Geschichten meiner Mutter, der Gans». Die Antwort auf die Frage, wer oder was mit dieser Gans gemeint gewesen sei, verläuft sich im Dickicht der Überlieferungen. Als Märchenerzählerin wurde die Gänsemutter indessen berühmt, unter anderem in Großbritannien, wo man in ihrem Namen Kinderreime in großer Zahl sammelte. Maurice Ravels Komposition «Ma mère l'oye» aus dem Jahr 1908 ist ein früher, das Lied «Mother Goose», im Jahr 1971 von der britischen Rockgruppe Jethro Tull vorgetragen, ein später, ins Surrealistische gewanderter Abkömmling dieser Tradition: «As I did walk by Hampstead Fair, / I came upon Mother Goose, / So I turned her loose.» Die «Mutter Gans» ist ein zahmes Tier. Doch hat das Mütterliche des Haustiers die Erhebung einer wilden Gans zur «weisen Mutter» sicherlich befördert.

Die «Mütterlichkeit» gehörte zu den Anliegen der Reformpädagogin Ellen Key, der «guten Tante» der schwedischen

Kultur, wie ihre Kritiker sie verächtlich nannten. Sie war mit Selma Lagerlöf zwar nicht befreundet, aber gut bekannt. Berühmt ist sie noch heute, weil sie im Jahr 1900 ein Buch mit dem Titel «Das Jahrhundert des Kindes» veröffentlichte, in dem sie verlangte, Kinder als Wesen eigenen Rechts zu behandeln und auf keinen Fall körperlich zu züchtigen. Um die Jahrhundertwende gehörte Key zu den prominentesten Gestalten einer eher ästhetischen als intellektuellen Avantgarde, die, als wären sie Zugvögel, auf scheinbar willkürlich gewählten, tatsächlich aber eher festen Routen durch Europa reiste, aneinander gebunden nicht nur durch gemeinsame Interessen, Mäzene, Veranstaltungen und Verlage, sondern vor allem durch das Verlangen, auf irgendeine Weise eine neue Zeit herbeizuzwingen. In London begegnete Ellen Key dem Biologen Ernst Haeckel, in Weimar hielt sie Vorträge über Friedrich Nietzsche. Sie war, wie erwähnt, mit Rilke befreundet, wohnte eine Zeitlang in der Künstlerkolonie auf dem Monte Verità bei Ascona und besuchte gelegentlich den russischen Schriftsteller Maxim Gorki auf Capri.

Dem Prinzip «Mütterlichkeit» ging Ellen Key vor allem in einem Essay aus dem Jahr 1897 nach, der unter dem Titel «Missbrauchte Frauenkraft» 1905 auch auf Deutsch erschien. Der Text propagiert eine Emanzipation der Frauen, die – von heute aus betrachtet – auf wunderlichen Wegen vollzogen werden soll: Weiblichkeit, erklärt Key, komme am besten in häuslicher Umgebung zur Geltung, in der Pflege des Heims, in der Sorge für die Familie, in der Weiblichkeit als elementarer Form des Hegens und Kümmerns. Doch nicht nur der Familie sollte diese Art der Mütterlichkeit gewidmet sein: Der gesamten Gesellschaft sollte die Mutter dienen, sie sollte alle Gegensätze aufheben, das Miteinander fördern, den Einzelnen für das Gesamte verantwortlich werden lassen. «Samhällsmodern» nannte sie Key, «die Gesellschaftsmutter». Akka von Kebnekajse, Selma Lagerlöfs Leitgans, verkörpert diesen Gedanken. «Mutter Akka» nennt sie Nils Holgersson, der Däumling.

Das Prinzip «Mütterlichkeit» ist eine Reaktion auf den weltanschaulichen Umbruch, der mit der Ankunft der Evolutionsbiologie in der Mitte der westlichen Gesellschaften einherging. Charles Darwins Idee vom «struggle for existence» war nie so radikal und einfach gewesen, wie sie in ihrer Übersetzung – und vor allem: in ihrer vereinfachenden Überlieferung – als «Kampf ums Dasein» dargestellt wurde. Er verwende die Formel lediglich in einem «weiten und metaphorischen Sinn», hatte Darwin in seinem Werk über den «Ursprung der Arten» erklärt. Zwar gebe es den Kampf, in dem ein Tier sein Leben verliere. Doch sei der Kampf ums Dasein nicht dasselbe wie der Kampf gegen einen anderen. Eine Amsel und ein Maulwurf, so Darwin, könnten durchaus um Regenwürmer konkurrieren, ohne dass sie sich auch nur einmal zu Gesicht bekämen. Zugespitzt zum buchstäblichen Kampf aller gegen alle wurde der «struggle for existence» von Darwins Anhänger Thomas Henry Huxley – und von Ernst Haeckel, dem großen Popularisierer der Darwin'schen Lehre vor allem im deutschsprachigen Raum.

Der Gedanke forderte seine Umkehrung heraus. Wenn im Kampf um die Möglichkeit der Fortpflanzung ein Individuum gewinnt: Was wäre damit über den Fortbestand der Gruppe oder der Art gesagt? Könnte es nicht sein, dass die Spezies größere Chancen haben, sich zu reproduzieren, wenn der «struggle» nicht in Form von Gladiatorenkämpfen ausgetragen würde, sondern durch Gruppen, in denen sich jedes Mitglied dem gemeinsamen Zweck fügte? So argumentierte

Pjotr Alexejewitsch Kropotkin, ein russischer Fürst und einer der führenden Köpfe des internationalen Anarchismus, als er im Londoner Exil in einer Serie von Aufsätzen auf Huxleys Variante der Darwin'schen Lehre reagierte. Sie wurden im Jahr 1902 zu dem Buch «Mutual Aid» zusammengefasst, das kurz darauf unter dem Titel «Gegenseite Hilfe in der Entwickelung» auf Deutsch erschien. Das Kollektiv habe, erklärte Kropotkin, größere Möglichkeiten der Durchsetzung, als dem Einzelnen je zukommen könnten: Man helfe sich selber, wenn man anderen helfe. Infolgedessen sei «the fittest» nicht als «der Stärkste» zu verstehen oder als das «am besten angepasste» Individuum. Das «stärkste» Wesen sei vielmehr das Tier, das die Gemeinschaft zusammenhalten könne – oder besser noch: Das «stärkste» Tier sei die Gruppe, die in einem solidarischen Oberhaupt zusammenfinde. Vielleicht schauen die Wildgänse in «Nils Holgerssons wunderbarer Reise» auch deshalb so verächtlich auf ihre zahmen Verwandten herab: Sie haben Akka.

Im ersten Kapitel seines Buches beschreibt Kropotkin das Prinzip der «gegenseitigen Hilfe» unter Tieren. Strategien der Vermeidung des Wettbewerbs um dieselbe Nahrung findet er von vielen Naturforschern beschrieben, von William Henry Hudson zum Beispiel, der solidarisches Verhalten bei südamerikanischen Baumläufern entdeckt hatte. Oder bei John James Audubon, der beobachtet hatte, wie sich Möwen und Kanadagänse auf einer Insel im Sankt-Lorenz-Strom gegenseitig bei der Brut unterstützten. Kropotkin hatte schon zu Lebzeiten als gutwilliger, aber letztlich harmloser Denker gegolten. Der Eindruck verstärkte sich in späteren Jahren, womöglich, weil sein Werk hauptsächlich über das Hörensagen, also aus zweiter oder dritter Hand wahrgenommen wurde. Kropotkins Lehre fügte sich indessen in eine umfassende Kritik der Lehren Darwins, wie sie sich in den achtziger Jahren des 19. Jahrhunderts verbreitete: Sie hielt den «struggle for existence» für einen Ausdruck eines spezifisch angelsächsischen Individualismus, im Unterschied zu einem Kollektivismus, wie er in Russland zu Hause sei. Kropotkins Gedanken fanden Zustimmung insbesondere in Russland und anderen slawischen Ländern.

Nicht nur Individualismus und Kollektivismus stießen in dieser Kritik am Darwinismus aufeinander, sondern auch unterschiedliche Erfahrungen von Gesellschaft und Natur. Denn das Individuelle bedarf eines Spielraums, um sich zu entwickeln. Diesen gewährt nur eine regulierte, stabile Gemeinschaft. Russland war anders – eine riesige Landmasse, die, wenn überhaupt, agrarisch bewirtschaftet wurde, unter in großen Teilen schwierigen klimatischen Bedingungen, mit Bauern, die der Leibeigenschaft gerade entronnen waren, und in Verhältnissen rohester Gewalt. Nicht die Stadt bildet darin das Muster der Vergesellschaftung, sondern das Dorf. Nicht das Gefressenwerden stellt darin die drängendste Gefahr dar. Schlimmer sind Kälte und Hitze, Trockenheit und übermäßiger Regen sowie mit Härte durchgesetzte Herrschaft. Der Kampf von Individuen gegeneinander, oder auch: die «gegenseitige Hilfe», muss unter veränderten Bedingungen veränderte Verlaufsformen annehmen.

Gleichwohl wurde die Idee der «gegenseitigen Hilfe» auch im Westen Europas beliebt. Sie ging ins Repertoire der vielen Reformbewegungen ein, die damals große Teile der europäischen Intellektuellen ergriffen. Bei Ellen Key tritt sie, wie erwähnt, als «Mütterlichkeit» auf. Sie gehört zum Friedrichshagener Dichterkreis um Wilhelm Bölsche oder Bruno Wille wie zur Künstlerkolonie Monte Verità um Henri Oedenkoven und Ida Hofmann. Sie erscheint bei Karl Kautsky, dem österreichischen Sozialisten, einige Jahre später auch bei Erich Mühsam.

Oder bei Rosa Luxemburg, einer ehemaligen Studentin der Zoologie, die in einem Brief an Sophie Liebknecht, verfasst in einer Breslauer Gefängniszelle, von Zugvögeln träumte, «die sich sonst als Todfeinde befehden und auffressen», aber «friedlich nebeneinander die große Reise südwärts übers Meer machen». So solidarisch seien sie im November 1917, dass «große Vögel viele kleine auf ihrem Rücken transportieren, so hat man Scharen von Kranichen vorüberziehen sehen, auf deren Rücken winzige Zugvögelchen lustig zwitscherten». Zugvögel sollen, so scheint es, vor allem gute Genossen sein, auch wenn ihre Tugenden nicht weiter von der Ornithologie beschrieben sein sollten.

Auch Kropotkin war davon überzeugt, im Dorf ein Modell für das ideale Zusammenleben gefunden zu haben. Man könne es auf die industrielle Produktion übertragen, in Gestalt von Genossenschaften und Syndikaten. Doch sind solche Gemeinschaften nicht verletzliche Gebilde? Reicht nicht das Auftreten eines einzigen Egoisten aus, um sie bis auf den Grund zu erschüttern, eines Individuums, das die Gemeinschaft zu seinen Zwecken nutzt und sich allein über die Vorräte hermacht? Für ihn, den Einzelnen, müssten sich durch eine solche Tat die Chancen zur Reproduktion radikal erhöhen, auf Kosten der anderen. Shere Khan, der Tiger in Rudyard Kiplings «Dschungelbuch», ist von dieser Art, und in «Nils Holgerssons wunderbarer Reise» ist es der Fuchs Smirre, der den Frieden der Tiere während des Kranichtanzes auf Kullaberg bricht. Es bedarf einer starken Mutter, um solche Charaktere zu bändigen und letztlich unschädlich zu machen – aber nicht überall fliegt eine Akka allen anderen Tieren voran. Doch überhaupt: Wem hilft die gegenseitige Hilfe? Dem Kollektiv oder dem Einzelnen? Und was, wenn das Kollektiv überhaupt nur dem berechnenden Einzelnen diente?

Am Abend vor dem ersten Auftritt der deutschen Mannschaft bei der Fußball-Weltmeisterschaft in Katar im Herbst 2022 zeigte der damalige Trainer Hansi Flick den Spielern einen Film über Graugänse. «Lasst uns von den Gänsen lernen und gemeinsam unseren großen Flug machen!», lautete die Botschaft. Die Mannschaft verlor das Spiel gegen Japan und scheiterte in der ersten Runde. Für die Ursachen dieser Niederlage gibt es viele Erklärungen, die man den Fachleuten für den Sport überlassen kann. Die unbeantwortete Frage aber lautet: Wie wurden Gänse zu Fußballlehrern? Und warum?

Nachgemachte Schöpfung und die Tempel der toten Tiere

In der Mitte Stockholms, auf Djurgården, einer felsigen Insel im Mälarsee, steht ein hoher, dunkelbrauner Holzbau. Er birgt das Biologische Museum. Im Stil einer Stabkirche errichtet, mit Drachenköpfen, die, als gäbe es überall Geister abzuweisen, Firste und Traufen zu bewehren, wird die schwedische Nationalromantik mit diesem Tempel auf eine nordgermanische Spitze getrieben. Zugleich gehorcht er der damals weitverbreiteten Mode, die Tierhäuser in den zoologischen Gärten als symbolische Architektur anzulegen, sodass die Elefanten in Pagoden und die Affen in ägyptischen Tempeln lebten. Die Fassade sowie der von unten sichtbare Teil des Daches des Biologischen Museums sind mit geteerten hölzernen Schindeln gedeckt, das gewaltige Portal ist mit Schnitzarbeiten verziert, in denen sich mittelalterliche Motive mit dem floralen Stil des Art nouveau verbinden: Kleine Monster-, Fisch- oder Gänseköpfe sind ins Holz geschnitten, sie entlassen lange, miteinander verflochtene Bänder aus ihren Mäulern oder Schnäbeln. Im Holzbau verbirgt sich indessen eine Glasarchitektur, eine damals hochmoderne Technik, die erlaubte, den Innenraum allein mit dem Tageslicht auszuleuchten.

In der schmalen Eingangshalle des im Jahr 1893 eingeweihten Museums begegnen sich ein hoch aufgerichteter Braunbär, der Kopf eines Wisents und ein Phantasietier, wie es Präparatoren gern schaffen. Es besteht aus dem Vorderteil eines

Hasen, dem man das Unterteil eines Waldkauzes gegeben hatte. Die Luke, durch die einst die Eintrittskarten verkauft wurden, ist noch da. Davor steht ein Drehkreuz aus Messing, das mit einem kleinen mechanischen Zählwerk verbunden ist. Es ist schon einige Zeit her, dass jemand das Zählwerk klappern ließ: Das Haus wurde im Jahr 2017 geschlossen, nachdem Vögel und Eichhörnchen durch das undicht gewordene Dach eingedrungen waren und ein Leben in die tote Welt des Museums trugen, das diese nicht unbeschädigt zurückließ. Je mehr Zeit nun vergeht, desto mehr wird die Stockholmer Einrichtung das Museum eines Museums. Der Verfall ist darin eingeschlossen: Schon lehnt ein Wolf, dem der linke Vorderlauf weggebrochen ist, an einem Pappfelsen. Die eigentlich auf Spitzbergen lebende, nun aber von Insekten angegriffene Kurzschnabelgans zeigt sich in einem löchrigen Federkleid, und die beiden Schwarzstörche sehen auch nicht mehr munter aus.

Das Wort «djurgården» bedeutet Tiergarten. Die Insel diente in früheren Zeiten als Jagdgebiet. Im späten 19. Jahrhundert entstanden dort nicht nur ein Zoo, in dem die Tiere des Nordens lebten und ausgestellt wurden, sondern auch ein ganzes Dorf, zusammengesetzt aus alten Häusern und Hütten, wie sie jeweils für die einzelnen Regionen Schwedens typisch waren. Alle Landschaften sind hier versammelt, und das heißt: die alten, bäuerlichen Landschaften. Gegenüber steht das Nordische Museum, ein gewaltiger Bau der Neorenaissance mit einer Halle, die an das Schiff einer gotischen Kathedrale erinnert und in deren Mitte, in Gestalt einer sechs Meter hohen hölzernen Statue, König Gustav I. Wasa auf seinem Thron sitzt. Herrisch schaut er auf den ankommenden Besucher des Nationalmuseums herunter. Die Insel Djurgården mitsamt ihren vielen, oft von Mäzenen finanzierten Einrichtungen ist Zeugin und Monument einer Zeit, in der es, während die Folgen der massenhaften Auswanderung nach Nordamerika noch spürbar waren, einen ungeheuren ökonomischen Aufschwung mit diesem Land nahm, eine radikale Entfaltung der Geschäftstätigkeit, der Eisen, Wald und Wasser zugrunde lagen. Der ökonomische Erfolg äußerte sich auch darin, dass man das eigene Land symbolisch in Besitz nahm – die schwedische Nationalromantik ist in allen ihren Künsten, von der Architektur bis zur Poesie, Ausdruck dieser ideellen Landnahme. Und die falsche Stabkirche ist das phantastische Zeichen einer über alle Maßen erfolgreichen Akkumulation von Kapital.

Das Biologische Museum in Stockholm ist weniger für die Wissenschaft als vielmehr für die Volksbildung gemacht, das heißt: für die Anschauung. Es birgt ein Diorama, eine so authentisch und umfassend wie möglich gestaltete Darstellung der nordischen Tierwelt – ein Werk der Ökologie im Sinn Ernst Haeckels, auf einen Punkt zusammengezogen, stillgestellt und der Öffentlichkeit dargeboten. In der Halle von knapp vierzig Metern Länge und fünfundzwanzig Metern Breite stehen, liegen, hängen vierhundert ausgestopfte Tiere: Biber, Bären, Füchse und Elche, Möwen, Lummen und Kormorane. Die vorderen Teile dieser Riesenbühne für tote Tiere sind mit Moosen, Gräsern, Erdhaufen, Büschen, Steinen und Bäumen in naturgetreuen Nachbildungen oder Herrichtungen ausgestattet. Das gigantische Landschaftsgemälde dahinter, angefertigt von Bruno Liljefors, dem Tiermaler, erinnert an die Hintergrundbilder des frühen Hollywood-Films, an die «backdrops». Die Ecken sind verborgen, sodass der Besucher in einem Oval zu stehen meint. Aus all diesen Teilen entsteht eine ideale Landschaft, in der die Küste, der Wald und die Tundra ein einziges Panorama bilden, bevölkert mit sämtlichen dazugehörigen Gestalten. Der Stockholmer Bau ist das erste, größte und vielleicht auch das einzige eigens für ein zoologisches Diorama geschaffene Museum der Welt.

Eine Treppe führt in das obere Stockwerk, das nach dem Muster eines Jagdpavillons gestaltet ist. Vor dem Besucher öffnet sich eine nordische Strandlandschaft. Eine kleine Gruppe von Vögeln steht im Vordergrund: ganz vorn, mit einem weißen Fleck über dem Schnabel, vermutlich eine Zwerggans. Dahinter, wie ins Gespräch vertieft, vier Graugänse. Und wiederum dahinter zwei Singschwäne. Sie bewachen die Szene wie Eltern ihre Kinder. Niemals hätte sich eine solche Gruppe in der freien Natur zusammengefunden, nicht in dieser Kombination und nicht in dieser Dichte. Nachdem das Museum dauerhaft geschlossen worden war, muss ein ironischer Konservator die Tiere in dieser Formation dorthin gestellt haben. Jetzt scheinen die Tiere das Empfangskomitee zu bilden: Die Zwerggans hat den Blick schon auf den Besucher gerichtet, die anderen Vögel werden im nächsten Augenblick folgen.

In der Eingangshalle des Gutes Mårbacka, des väterlichen Hofes, den Selma Lagerlöf mit der Preissumme des Nobelpreises zurückkaufte, steht ebenfalls eine präparierte Graugans. Sie macht einen lädierten Eindruck. Die Federn sind struppig, der Hals ist unnatürlich gekrümmt, Schnabel und Füße sind offenbar schon lange nicht mehr korallenfarben, sondern braun. Zwei Knaben aus Schonen hätten, erzählt die Führerin durch das Museum, am Ostseestrand eine tote Gans gefunden und sie per Postpaket nach Mårbacka geschickt, versehen mit einem Zettel «Hier kommt Akka». Die Schriftstellerin sei von dem Geschenk so gerührt gewesen, dass sie die Gans ausstopfen und in ihrem Haus an prominenter Stelle aufstellen ließ. Die Geschichte werde von den Besuchern gern gehört, berichtet die Führerin. In welchem Zustand die Gans war, als sie tot am Strand lag, oder was mit dem Kadaver geschah, als er tagelang in einem Karton unterwegs war, erwähnt sie nicht.

Präparatoren hören das Wort «ausgestopft» nicht gern. Sie verstehen es als Missachtung ihrer handwerklichen und künstlerischen Leistung. Aber wie soll man es nennen, wenn hohle Tierkörper mit fremden Materialien gefüllt werden? Ausgestopfte Tiere in größerer Zahl gibt es jedenfalls seit dem frühen 18. Jahrhundert. Einzelne Präparate sind jedoch älteren Datums. Sie dienten der politischen Repräsentation. Die Bürger von Ingolstadt konservierten den toten Schimmel des schwedischen Königs Gustav II. Adolf, nachdem dieser im Jahr 1632 bei dem Versuch, die Stadt zu erobern, gescheitert war. Später wurde unter Fürsten das gegenseitige Beschenken mit Wappentieren üblich, was insbesondere in Fällen, in denen der Präparation keine Anschauung des lebenden Tiers, sondern allenfalls eine bildliche Überlieferung zugrunde lag, zu mitunter seltsamen Ergebnissen führte. Hinzu kamen das Ausstellen und Verwahren von Jagdtrophäen.

Das im engeren Sinn naturkundliche Interesse an ausgestopften Tieren ist jüngeren Datums. In der Sammlung des Fürsten Friedrich Karl von Schwarzburg-Rudolstadt auf Schloss Heidecksburg in Thüringen habe ich eine ausgestopfte Graugans gesehen. Neben anderen ausgestellten Vögeln wird sie in einem verglasten Kasten verwahrt, dessen Hintergrund mit einer angedeuteten Landschaft und einigen Grashalmen bemalt ist. Sie soll um 1750 präpariert worden sein, als Teil einer ornithologischen Sammlung *avant la lettre*. Ein solcher Kasten war damals, luftdicht versiegelt, die einzige Möglichkeit, mumifizierte Tiere vor Motten und Milben zu bewahren. Diese Gans muss eine Pionierin gewesen sein. Sie war keine

Trophäe. Das eigentlich naturkundliche Sammeln von Tierpräparaten begann aber erst hundert Jahre später.

Viele Tiere lassen sich präparieren, ausgenommen vielleicht Quallen, Würmer und Schmetterlinge (vertieft man sich in die Materie, wird man von den Möglichkeiten des Präparierens überrascht). Man zieht den Tieren die Haut ab, bringt diese auf eine einheitliche Dicke und lässt sie gerben. Danach wird der Körper modelliert, was in früheren Zeiten meist mit Hilfe von Draht, Garn und Holzwolle geschah und später unter Zuhilfenahme von Ton, Holz oder Polyurethan erfolgte. Manchmal werden Teile des Skeletts, der Schädel vor allem, aber auch die langen Röhrenknochen (sie sind für die Feststellung der Proportionen wichtig) für die Rekonstruktion benutzt. Bis ins frühe 19. Jahrhundert gebrauchte man dafür dieselben Techniken, die man auch beim Mumifizieren menschlicher Leichname verwendete. Erst danach verhinderten neue Chemikalien, dass die Präparate von Motten zerfressen, von Museumskäfern durchbohrt oder von Schimmelpilzen befallen wurden: Arsen, Cyanid oder Naphthalin sorgten dafür, dass der Anschein des Lebendigen im Toten erhalten blieb.

In der Folge füllte sich die Welt mit ausgestopften Tieren, die Wohnungen, die Schulen und Bildungseinrichtungen, die öffentlichen Räume, die neuen naturhistorischen Museen sowieso, im Zuge einer Entwicklung, an der überdies die zunehmende Verfügbarkeit von billigen Schusswaffen einen großen Anteil hatte – der Kritiker spricht von einer «Flintenornithologie» (Ferngläser wurden erst später gebräuchlich). Die seelische Nähe zum Tier, die das Entstehen des Darwinismus begleitete und die von ihm befördert wurde, schlug sich in der Besiedlung von Zimmern und Sälen mit toten Exemplaren nieder. Es wurden immer mehr, so als müsste sich die gesamte Fauna in der Obhut einzelner Eigentümer versammeln. Bislang exotische Wesen wurden erreichbar und gegenwärtig, auf Dauer. Was zuvor durch die Wildnis streifte, was lief, schwamm und flog, hing nun im Salon oder im Museum, was durch das Eismeer jagte, diente als Bettvorleger, und ein jedes dieser Objekte war Ausweis einer Bemächtigung.

Alle frühen Zoologen, die Vogelforscher selbstverständlich eingeschlossen, waren Autodidakten. Und wie hätte es auch anders sein können, ging ihnen doch keine Wissenschaft voraus. In einem gewissen Sinn blieben sie auch Autodidakten, obwohl sich ihre Kenntnisse entwickelten und daraus tatsächlich eine akademische Disziplin entstand. Denn immer wieder waren sie in irgendwelchen Expeditionen unterwegs, auf schlecht erschlossenen Wegen einem Unbekannten entgegen, dem man nicht anders als überrascht und erstaunt begegnen konnte. Das Fixieren des Tiers, beginnend in einem Akt der tödlichen Gewalt, begleitete diese Reisen: Zu Hause, nachdem die Häute ausgestopft worden waren, stand dann etwas Festes, Kompaktes vor Augen, zwar immer noch tot, aber verlässlich und bald auch vertraut.

Gegen Ende des 19. Jahrhunderts entwickelten sich Herstellung und Vertrieb von präparierten Tieren zu einer Industrie. Die Werkstatt des Tierpräparators Rowland Ward in London wurde zu einem Weltunternehmen, das nicht nur komplette Präparate für eine anonyme Kundschaft auf den Markt brachte, sondern auch einzelne Körperteile, verwandelt in Trophäen, Schmuck- oder Gebrauchsartikel, vom Bären, der mit offener Pranke Visitenkarten entgegennahm, bis zum Türstopper, der aus einem Pferdehuf geformt war. Am Piccadilly Circus unterhielt Ward ein Ladengeschäft, in dem es solche Dinge in großen Mengen zu kaufen gab. Es wurde erst Mitte der siebziger Jahre des 20. Jahrhunderts geschlossen. In den zwanziger Jahren sprach der amerikanische Jäger, Naturforscher und Tierpräparator Carl Akeley vom Ehrgeiz, das Ausstopfen «von einem Handwerk zu einer Kunst» zu entwickeln. Als Muster diente ihm die Bildhauerei. Ähnliches galt für andere Meisterpräparatoren, für Gustaf Kolthoff in Stockholm etwa, oder für Herman H. ter Meer in Leipzig. Und wenn sich auch ihr Handwerk erhielt, in offenbar beständiger Qualität: Die öffentliche Geltung des ausgestopften Tiers tat es nicht. Es kam, wie das gesamte Interieur des späten 19. und frühen 20. Jahrhunderts, schon vor Jahrzehnten aus der Mode.

Dioramen waren eine der großen kulturellen Errungenschaften des 19. Jahrhunderts. Darin gab es Dinge zu sehen, Gestalten und Ereignisse, die sich mit anderen Mitteln nicht zeigen ließen. Alexander von Humboldt schrieb in seinem Werk «Kosmos», einer um die Jahrhundertmitte veröffentlichten Gesamtschau der Welterforschung, Dioramen könnten «die Wanderung durch verschiedenartige Klimate fast ersetzen». Sie leisteten mehr als das, was mit Bühnentechnik zu erreichen sei, weil der Beschauer, aller störenden Realität entzogen, sich von der fremden Natur selbst umgeben wähne. «Sie lassen Erinnerungen zurück, die nach Jahren sich vor der Seele mit den wirklich gesehenen Naturscenen wundersam täuschend vermengen.» Der Preis für die Entfernung der störenden Realität besteht allerdings darin, dass das Leben darin nur in Gestalt des ausgestopften Tiers gegenwärtig ist. Heute irritiert der Gedanke, zur Bauzeit der Dioramen kam er nicht auf.

Naturgeschichtliche Dioramen sind mehr als nachgemachte Schöpfung. Sie geben Antworten nicht nur auf die vier ersten Fragen der Zoologie: Wie heißt du? Wie siehst du aus? Wo wohnst du? Was frisst du? Dioramen sind vielmehr auch Darstellungen eines Tierparadieses, denn die störende Realität besteht vor allem aus dem Menschen und den Folgen seines

Vollversammlung der präparierten Tiere in imaginärer Landschaft: der Vogelfelsen im Biologischen Museum Stockholm. Die Gänse stehen vorn im Bild.

Handelns. Und weil Dioramen wie die Schöpfung selbst wirken sollen, verlangen sie nach handwerklicher Perfektion, bis zu einem äußersten Punkt, an dem die Arbeit, die sie hervorgebracht hat, nicht mehr zu erkennen ist. Was das Diorama zeigt, soll aussehen, als wäre es aus einer bis dahin unberührten Umgebung entnommen und direkt ins Museum gebracht worden – was umso schwieriger ist, als die Installationen über lange Zeit bestehen sollen und ihr Schöpfer daher mit der bleichenden Wirkung des Lichts und der Sprödigkeit der Stoffe, kurz: mit der Zeit rechnen muss.

Das zoologische Diorama zieht seine Kraft aus einem Widerspruch: Es soll Leben bewahren und zeigen, setzt aber nicht nur den Tod voraus, sondern bleibt in der Erstarrung des Todes stehen, über Jahre, Jahrzehnte und mehr. Viele dieser Dioramen sind mittlerweile historische Einrichtungen, von der Zeit überholt im mehrfachen Sinn. Sie stellen eine Natur und eine Umgebung dar, die es nicht mehr gibt – manche Pflanzen und Tiere sind verschwunden, andere sind gekommen, Sand und Steine reflektieren veränderte Umweltbedingungen. Selbst der Himmel sähe heute vermutlich anders aus. Das Beste an einem naturhistorischen Museum, meint Holden Caulfield, der Held in J. D. Salingers Roman «Der Fänger im Roggen», sei, dass alles immer genau da bleibe, wo es war – man könne tausend Mal hingehen, und die Vögel seien noch immer auf dem Weg nach Süden, und die Hirsche mit «ihren hübschen Geweihen und ihren hübschen dünnen Beinen» tränken immer noch aus demselben Wasserloch. Alles bleibe sich gleich, alles bleibe Museum, im Gegensatz zu den Lebensverhältnissen eines pubertierenden Knaben, bei dem sich permanent alles änderte.

Es ist im Übrigen nicht unwahrscheinlich, dass Holden Caulfield, der verlorene junge Mann im Natural History Museum in New York, nicht weit von der Sammlung ausgestopfter Vögel sitzt, die von Christian Ludwig Brehm, dem Vogelpastor aus Renthendorf, angelegt wurde. Nachdem die Sammlung im Jahr 1896 an Lord Rothschild in London verkauft worden war, siebentausend Exemplare oder mehr, wurde sie 1932 nach New York weitergegeben.

Mit dem Bau von Dioramen, die ganze Landschaften zeigen oder später historische Ereignisse oder noch später Szenen aus der Tierwelt, begann man im frühen 19. Jahrhundert. Zu den Erfindern gehörte Louis Daguerre, ein Schausteller im wahrsten Sinn des Wortes. Im Jahr 1822 ließ er in Paris das erste kommerziell betriebene Diorama der Welt errichten. Kurze Zeit später war er an der Entstehung der Fotografie beteiligt. Zwischen beidem besteht eine Verwandtschaft in der naturgetreuen Abbildung, doch setzt das gemalte Diorama die (womöglich verfälschende) Vermittlung der menschlichen Hand voraus, während die Fotografie keine Nachbildung ist, sondern die technische Spur der Dinge selbst.

Auch für das Biologische Museum in Stockholm gab es einen Pionier: Gustaf Kolthoff, Jäger, Präparator, Entdeckungsreisender, 1845 in einem Dorf in Småland geboren. Bereits in der Schule legte er eine Sammlung ausgestopfter Tiere an, die unter den Naturforschern seiner Umgebung viel bewundert wurde. Schon damals arbeitete er mit Elementen eines Dioramas, mit künstlichen Felsen für die Seevögel zum Beispiel. Er verwendete ganze Bäume für die Waldvögel und deren Nester. Im Jahr 1877 richtete er eine ähnliche Ausstellung in Kalmar an der schwedischen Ostküste ein. Die Universität Uppsala stellte ihn 1879 als Tierpräparator an und gestattete ihm einige Jahre später, das berühmte Anatomische Theater aus dem 17. Jahrhundert zu einer Ausstellung nordischer Vögel umzugestalten – einen Hörsaal mit steil ansteigenden Rängen, der den medizinischen Sektionen gewidmet gewesen war und noch immer (oder besser: wieder) zu den großen Sehenswürdigkeiten der Universität gehört. Systematisch gefördert wurde das Unternehmen hingegen nicht. Kolthoff schenkte dem neuen Museum die meisten Präparate, und Bruno Liljefors malte die Hintergründe, ohne dafür ein Honorar zu nehmen. Allerdings bestand das Biologische Museum in Uppsala nur bis ins Jahr 1902 – es zog so wenige Menschen an, dass es geschlossen werden musste.

Um das Jahr 1890 fand Kolthoff einen Mäzen in Carl Fredrik Liljevalch, einem Jagdgefährten, der ein Vermögen mit nordschwedischen Wäldern, mittelschwedischen Erzgruben und dem Bau von Eisenbahnstrecken verdient hatte. Er ließ das Biologische Museum in Stockholm errichten. «Der Hauptzweck eines biologischen Museums besteht darin», erklärte Kolthoff, «solche Züge aus dem Leben der Tiere zu veranschaulichen, die man in Schriftform nicht zeigen kann; zu zeigen, in welcher Natur die einzelnen Tierformen leben, wie sie sich in Tracht und Form dieser Natur anpassen, wie die Vögel ihre Nester anlegen, wie Eier und Junge aussehen usw.»

Das Biologische Museum ist eine patriotische Einrichtung. «Die gesamte Ausstellung», meldete die Tageszeitung «Svenska Dagbladet» zur Eröffnung 1893, «vermittelt ein anschauliches Bild der Wildnis und der unberührten Natur, wie sie für unser Heimatland so typisch ist.» Gemeint ist ein kleiner, scharf umrissener Ausschnitt aus einer eigenen, offenbar aber noch nicht hinreichend erkannten Welt. Doch wenn eine solche, heimatliche Umwelt geschützt oder gar geschaffen werden soll, stellt sich die Frage nach den typischen, einen Lebensraum charakterisierenden Spezies: Wer gehört hierher und wer nicht? Und was soll mit den Individuen geschehen, die sich anders verhalten, als es die Art eigentlich tun sollte? Die Schwierigkeit, ein Biotop gegen äußere Einflüsse abzugrenzen – ob real oder eingebildet –, begleitet jeden Versuch, ein Stück Natur zu etablieren.

Die große Zeit der Dioramen währte nicht lang. Spätestens in den zwanziger Jahren verblasste ihre Anziehungskraft. Das Biologische Museum in Stockholm war ein ökonomischer Misserfolg, und das große Dioramenmuseum, das der Herzog von Orléans in der Pariser Rue Buffon errichten ließ, versehen mit Exponaten aus der Werkstatt von Rowland Ward, war schon 1929, im Jahr seiner Eröffnung, eine im Grunde genommen anachronistische Angelegenheit. Das Diorama war eine Konsequenz aus der Verbreitung darwinistischer Ideen – aus der Erhebung des Tiers zu einem selbstständigen, fühlenden Wesen, aus der Entfaltung der Biologie sowie aus der Entstehung der Ökologie (der Patriotismus kommt hinzu) –, und es war paradoxerweise zugleich ein Einspruch gegen die neuen Lehren: Auf die Historisierung der Natur durch die Vorstellung von der Veränderbarkeit der Arten folgte eine Idee von Beständigkeit und Reinheit, die das permanente Werden, das die Evolution ausmacht, zu bändigen versuchte.

In die Rumpelkammer der Geschichte befördert wurde das Diorama durch den Film. Im bewegten Bild findet sich das gegenläufige Ineinander von Entwicklung und Festhalten angemessener dargestellt als in der fotografischen Aufnahme: Das Diorama steht in Analogie zur Fotografie, die den Augenblick stillstellt, während der Film den Verlauf festhält und insofern dem lebenden Tier entspricht – so, wie man es im Zirkus oder im Zoo betrachten kann. Kein Zufall daher, dass zur selben Zeit, als die Dioramen groß wurden, der zoologische Garten seinen Charakter veränderte. Im Mai 1907 wurde im Norden Hamburgs der Tierpark Hagenbeck eröffnet, der erste zoologische Garten, in dem der Anschein von Gewalt gemildert war, der bis dahin das Diorama mit dem Zoo verband: der Gewalt, die sich im Diorama darin zeigte, dass alle Tiere tot waren, und die sich im Zoo durch Gitter offenbarte, hinter denen die Tiere eingesperrt waren. Man wollte dem Publikum einen neuen, aufregenden Eindruck bieten, aber eben auch einen natürlicheren, ohne dass der Zwang sichtbar wäre, dem die Tiere unterworfen sind.

Die großen naturkundlichen Museen erfreuen sich heute anhaltenden Zuspruchs, vielleicht vor allem der Kinder wegen, die sich für Dinosaurier begeistern. Die kleineren Sammlungen ausgestopfter Tiere sind weniger erfolgreich – weder an den Schulen noch in der Öffentlichkeit besitzt die

Zoologie heute die Geltung, die sie bis zum Ende des Zweiten Weltkriegs innehatte. Mit den zoologischen Gärten verhält es sich ähnlich: Der Berliner Zoo gehört zu den meistbesuchten musealen Einrichtungen Deutschlands, ebenfalls der Kinder wegen. Erwachsene Menschen hingegen gehen eher in einen botanischen Garten. Reichskanzler Otto von Bismarck, lange Zeit zahlendes Mitglied der Deutschen Ornithologischen Gesellschaft, lud die Teilnehmer des Berliner Kongresses vom Sommer 1878 (er diente der politischen Neuordnung des europäischen Südostens) in den Zoologischen Garten. Unwahrscheinlich, dass ein heutiger Bundeskanzler mit seinen Staatsgästen Gleiches täte: Als Angela Merkel im Juli 2017 mit Staatspräsident Xi Jinping das neue Berliner Pandagehege besichtigte, ging es um ein Tier in diplomatischer Mission, nicht um eine zoologische Einrichtung.

Aus den privaten Wohnungen sind die Tierpräparate verschwunden, und auch in Schulen und anderen Bildungseinrichtungen scheinen sie einen schweren Stand zu haben. Stattdessen bevölkern sie die digitalen Märkte: ein ausgestopfter Auerhahn, «aus altem Jägernachlass», für hundertachtzig Euro, ein ausgestopfter Elch, «Ganzpräparat auf Podest», für dreitausendsiebenhundert Euro. Der amerikanische Künstler Mark Dion, ein obsessiver Sammler, der seine Werke aus mehr oder minder wertlosen Funden zusammenbaut, die er allerorten auftreibt, stieß auf einem Wiener Flohmarkt auf eine ausgestopfte Wildgans. Er setzte den Vogel auf einen weißen Emaille-Eimer, füllte diesen mit ebenfalls auf dem Flohmarkt gefundenen Trödel auf und stellte das nunmehr als Kunstwerk geltende Gebilde auf einen alten Blumenständer. Vielen «Installationen» hat dieses Objekt voraus, dass es auf makabre Weise lustig ist. So, als zeitgenössisches Kunstwerk, existiert die ausgestopfte Gans vielleicht noch ein paar Jahre weiter.

ZWEITER TEIL

DIE GANS
ZIEHT IN DEN KAMPF

Otto Lilienthal studiert Vögel und lernt fliegen

Den Vögeln gilt eine besondere Zuneigung. Alle Säugetiere, die größten eingeschlossen, haben Angst vor den Menschen. Sie ergreifen die Flucht, wenn ein Mensch sich in ihre Umgebung drängt, sie verstecken sich. Bei Vögeln ist es anders. Keine Sorte wilder Tiere lebt weniger verborgen als die Vögel: Sie füllen den Himmel. Jeder kann sie sehen. Kommt man ihnen zu nah, sind zwar auch sie fort. Aber eher, als dass sie geflohen wären, sind sie nur woanders hingeflogen und kehren zurück, wenn der Mensch den Ort verlassen hat. Vögel sind Sehnsuchtstiere, Mittler zwischen irdischen und himmlischen Sphären, sie sind ein Versprechen paradiesischer Verhältnisse. «Hoffnung ist das Ding mit Federn», heißt es in einem berühmten Gedicht der amerikanischen Lyrikerin Emily Dickinson. Aber Menschen können von Natur aus nicht fliegen, so gern sie es auch täten. Sie träumen nur davon, es den Vögeln gleichzutun und sich leicht, schnell und bequem über große Strecken fortzubewegen, über Berge, Flüsse, Wälder, Mauern, Städte, Grenzen.

Die Flugträume einer sich allmählich industrialisierenden Gesellschaft waren von anderer Art. Sie wurden technischer, sie galten Apparaten, die leichter als Luft waren, der Montgolfière und dem Zeppelin, sowie solchen, die schwerer als Luft waren, die Gleiter, aber auch den ersten maschinengetriebenen Fluggeräten, ihrer Neigung zum Absturz zum Trotz. Es ist, als hätte man damals, schon Jahrzehnte bevor das erste Gerät vom Boden abhob, geahnt, dass sich Menschen bald durch die Luft bewegen würden. «Wer die Menschen einst fliegen lehrt, der hat alle Grenzsteine verrückt», schreibt Friedrich Nietzsche, «alle Grenzsteine selber werden ihm in die Luft fliegen, die Erde wird er neu taufen – als ‹die Leichte›.» Verfasst wurden diese Zeilen Mitte der achtziger Jahre des 19. Jahrhunderts. Zu dieser Zeit arbeiteten die Brüder Lilienthal längst an Apparaten, mit denen Otto Lilienthal 1891 tatsächlich abhob, der erste vielleicht unter den «kühnen Vögeln, die in's Weite, Weiteste» hinausflogen, die, Nietzsche zufolge, die freien Geister der Zukunft sein sollten.

Südlich der Insel Usedom liegt ein weites, flaches, in großen Teilen sumpfiges Land, das von einem Fluss namens Peene durchzogen wird. Bis ins späte 20. Jahrhundert wurde dort Torf gestochen, die nasse Ebene drohte zu vertrocknen. Jetzt sind die Pumpen abgestellt, das Wasser ist zurückgekehrt, und mit ihm kamen auch die Zugvögel wieder. Weite Teile sind für Menschen wieder unzugänglich geworden, zumindest in den kälteren Jahreszeiten. Viele der Wildgänse, die sich dort niederlassen, kommen über das Meer geflogen, manche aus Russland, aus dem weiten Osten, andere aus Südschweden.

Eine kleine Stadt liegt in der Mitte dieser amphibischen Landschaft: Anklam, einst der Hanse zugehörig, immer noch sehenswert, vor allem ein paar alter Backsteinbauten wegen, darunter die beiden spätgotischen Kirchen. Vor dem Zweiten Weltkrieg sollen sich über den Treppengiebeln der dicht an dicht stehenden Bürgerhäuser etliche Storchennester befunden haben. Gewaltig ragen die beiden Kirchen noch immer über die Silhouette der Stadt hinaus.

Anklam ist der Geburtsort der Brüder Gustav und Otto Lilienthal, dort wuchsen sie auch auf. Sie waren nicht die einzigen Ingenieure und Bastler, die im späten 19. Jahrhundert mit Geräten, die schwerer als Luft waren, den Menschen zum Fliegen verhelfen wollten. In Frankreich gab es den Arzt, Fotografen und Erfinder Étienne-Jules Marey, in Australien Lawrence Hargrave, der im Jahr 1894 mit einem Kastendrachen abhob, in Russland Alexander Fjodorowitsch Moschaiski, der schon 1884 mit einem dampfgetriebenen Apparat davonzufliegen versucht hatte. Gustav und vor allem Otto Lilienthal brachten es weiter als die anderen Pioniere. Sie schufen die Grundlagen der modernen Flugtechnik, indem sie, mit den Mitteln der Physik und einer avancierten Bautechnik, die Elemente des Vogelflugs erforschten und nachbildeten. «Wie die Halme knarren, wie der Wind in den Spanndrähten singt!», heißt es in einem Lied, das der Chansonnier Reinhard Mey im Jahr 1996 Otto Lilienthals «Traum» widmete. «Wie der Flügel überm Horizont sanft und adlergleich schwingt! / Wie das Auf und Ab der Lüfte seine Flugmaschine wiegt!»

Am Anfang des Menschenfluges stehen drei Modelle. Das erste Modell, entwickelt von den Brüdern Lilienthal, bestand aus einer langen Reihe von Versuchen, die Vögel nachzuahmen, indem man den Menschen Flügel gab: «Die eigenartige Arbeit, welche uns in diesem Werke vorliegt, hebt ein gutes Stück jenes undurchdringlichen Schleiers, der uns seither die wahren Vorgänge des Vogelfluges so geheimnisvoll verhüllte, und gestattet uns einen tiefen Einblick in das grossartige Walten der Natur bei den Wundern des natürlichen Fluges», heißt es in der Besprechung eines Buches über den «Vogelflug als Grundlage der Fliegekunst», das Otto Lilienthal im Jahr 1889 veröffentlichte.

Das zweite Modell war das Luftschiff. Es war vom Heißluftballon abgeleitet (der seinerseits eine Erfindung des späten

18. Jahrhunderts war), aber mit Helium oder Wasserstoff gefüllt, von gewaltiger Größe und im Gegensatz zu den Vorläufern steuerbar, wenn auch nur mit großem Aufwand.

Das dritte Modell war der motorisierte Flug, so wie er zum ersten Mal den Brüdern Wright in Ohio gelang, auf der Grundlage einer Strömungslehre, die Gustav und Otto Lilienthal entwickelt hatten, aber mit den Mitteln einer avancierten Mechanik: Bevor sie sich den Fluggeräten zuwandten, hatten sie Fahrräder gebaut, und Fahrräder nahmen in mancherlei Hinsicht Techniken des Flugzeugbaus vorweg – in Hinsicht auf den Leichtbau, aber auch etwa auf Kettenantriebe. Die Herkunft aus der Metallwerkstatt war diesen Flugzeugen mit den Fahrrädern gemein. Mit den Maschinen der Brüder Wright, schreibt der Philosoph Hans Blumenberg, ende die Nachahmung des Vogelflugs als Modell aller Flugtechnik – die «Luftschraube» sei dagegen «pure Technizität». In Deutschland wurde der Vogelflug übrigens gründlicher und länger nachgeahmt als irgendwo anders, weil die Siegermächte des Ersten Weltkriegs der Verlierernation den Bau von Motorflugzeugen verboten hatten, woraufhin die Konstrukteure und Piloten auf Segelflieger auswichen.

Die Brüder Lilienthal hatten den Flug von Tauben, Gänsen, Störchen studiert, bevor sie sich an die Konstruktion von Menschenflügeln machten. Ihre erste Flugmaschine sollen sie, wie Gustav Lilienthal berichtet, schon als vierzehnjährige Schuljungen gebaut haben, aus «dünnen Buchenspanbrettchen, je zwei Meter lang und ein Meter breit, mit Riemen an den Unterseiten, durch die die Arme gesteckt wurden». Fliegen konnte man damit nicht. Die zweite Maschine, zwei Jahre später entstanden, war aufwendiger. Sie bestand aus unzähligen Gänseschwungfedern, zu deren Beschaffung die Knaben ganz Anklam mobilisiert hatten und die sie auf Stoffstreifen nähten, die auf Holzleisten aus Palisander gespannt wurden. Daidalos, der antike Techniker, soll seine Schwingen in der kretischen Gefangenschaft nicht anders zusammengefügt haben. Später hatten es Otto Lilienthal die Störche angetan, weil diese weniger mit den Flügeln schlagen, als es Gänse tun. Stattdessen gleiten sie häufiger. Wie gründlich sich die Brüder mit dem Vogelflug beschäftigt hatten, davon zeugen die ersten Flugapparate, die in Anklam gebaut wurden, animalisch anmutende Gebilde, bei denen fraglich ist, ob sie überhaupt abheben konnten.

Vielleicht sollten sie gar nicht fliegen. Zunächst ging es, wie es scheint, darum, einen Traum in Technik zu überführen – ein ähnliches Projekt, wenngleich weniger konsequent betrieben, verfolgte der Maler Arnold Böcklin, ebenfalls mit aufwendigen Berechnungen, aus Holz und Leinwand gefertigten Apparaten und kühnen Absprüngen, von denen immer wieder nur Trümmer zurückblieben. Ein solches Unternehmen verlangte zunächst die physikalisch korrekte, theoretisch fundierte Ermittlung des Auftriebs: Vögel können ihre Flügel nicht nur auf und nieder, sondern in viele Richtungen bewegen. Sie können die Fläche ihrer Schwingen verkleinern und vergrößern, sie können sie schräg stellen, sie können die Anstellwinkel verändern und zugleich den Schwanz bewegen. Aus solchen Beobachtungen ging die wichtigste Entdeckung der Brüder Lilienthal hervor: der gewölbte Flügel. Er benötigt weniger Fläche als eine plane Schwinge, um denselben Auftrieb zu gewinnen. Zudem bietet er weniger Luftwiderstand.

Im Jahr 1880 begannen die Brüder Lilienthal, Apparate für den Gleitflug zu konstruieren, also Flugzeuge ohne Motor, in denen ihre Erkenntnisse praktische Bedeutung annahmen. Immer besser wurden diese Geräte, immer höher hinauf gingen die Flüge, und immer größer wurden die zurückgelegten

Strecken. Anfang der neunziger Jahre betrieben sie die erste «Flugzeug»-Fabrik der Welt (Otto Lilienthal hatte das Wort «Flugzeug» in Analogie zu «Fahrzeug» erfunden). Der «Normalsegelapparat», im Jahr 1893 entwickelt, war so ausgereift, dass er in Serienproduktion ging und für fünfhundert Mark an Kunden aus der ganzen Welt verkauft wurde, darunter der amerikanische Verleger William Randolph Hearst, der einige Jahre später einer der großen Mäzene der frühen Luftfahrt wurde und auf seiner kalifornischen Ranch einen eigenen Flugplatz unterhielt.

Mehr als zweitausend Flüge absolvierte Otto Lilienthal, bis er im August 1896 abstürzte. Eine Strecke von zweihundertfünfzig Metern, die er bis zu diesem Zeitpunkt erreicht hatte, erschienen ihm noch nicht genug. Daraufhin vergrößerte er die Anstellwinkel der Flügel. Folglich flog er langsamer, wodurch das Risiko eines Strömungsabrisses größer wurde – der Fall trat ein, der Apparat stürzte steil auf die Erde. «Ein Pilotenfehler», sagt der Leiter des Lilienthal-Museums in Anklam, der das Unglück technisch betrachtet. Otto Lilienthal starb am Tag nach dem Unglück, ob an einem gebrochenen Halswirbel oder an einer Hirnblutung, lässt sich nicht sagen.

Den «Großen Schlagflügelapparat», eine motorgetriebene, mit beweglichen Flügeln ausgestattete Konstruktion, mit dem er dem Vogelflug näherkommen wollte, ließ Otto Lilienthal vermutlich vernichten. Es existiert eine Fotografie, aber es ist unklar, ob das Gerät je erprobt wurde.

Das bekannteste Bild von Otto Lilienthal und einem seiner Apparate zeigt ihn auf den Rhinower Bergen, einer Hügelkette im Nordwesten Berlins. Dort steht er breitbeinig über einem Abhang, die Arme hat er in ein Gerät mit beweglichen Flügeln gespannt, er blickt geradewegs in den vor ihm liegenden Luftraum. Die «Maschine trug … in ihrem Inneren ihren Erbauer, wie das Spinngewebe in sich seine Spinne trägt», heißt es im Roman «Vielleicht – vielleicht auch nicht» des italienischen Schriftstellers Gabriele D'Annunzio aus dem Jahr 1910. Knapp hundert Meter über dem Meeresspiegel misst die höchste Erhebung dieser Endmoräne, der Fotograf war Alex Krajewski, der die Flüge in langen Bilderreihen festhielt.

Schwere Vögel, Höckerschwäne zum Beispiel, wiegen bis zu vierzehn Kilo, männliche Gänsegeier können noch schwerer werden, bis zu zwanzig Kilo. Aber dann hört es mit dem Fliegen auf: Der Wirkungsgrad der Muskeln nimmt mit steigendem Gewicht ab. Versuchen Menschen, trotzdem zu fliegen, sehen sie aus wie unglücklich nachgemachte Vögel. Im späten 19. Jahrhundert müssen sich diese Versuche anders ausgenommen haben: Sie zeigten etwas radikal Neues und bargen eine große Hoffnung. Der Möwen-, Storchen- oder Gänsemann über dem Abhang war Gestalt gewordene Sehnsucht, eine Figur auf der Grenze zwischen Traum und Technik. Einem Menschen, der die Schönheit wahrnehme, wüchsen Flügel, heißt es bei Platon. Er möchte aufsteigen, denn «ein Flügel ist dazu bestimmt, das Schwere nach oben zu tragen». Diesen Augenblick scheint der Fotograf für die Zeitgenossen bewahrt zu haben.

Bekannter als Max Krajewski war der Berliner Fotograf Ottomar Anschütz, der vor allem in den Jahren 1893 und 1894 die Flüge Otto Lilienthals dokumentierte – kennengelernt hatten sich die beiden vermutlich über Bilderserien, die Anschütz von Störchen gemacht hatte. Fast hundertfünfzig Fotografien sind erhalten, die den Ingenieur mit seinen Apparaten zeigen, mehr als hundert Bilder präsentieren ihn fliegend – in Gestalt von «Augenblicksfotografien», die, aufgenommen mit einer handlichen Kamera mit einem von Anschütz selbst konstruierten Schlitzverschluss, damals eine nahezu unglaubliche Errungenschaft bildeten.

Zuletzt verfügte Ottomar Anschütz über einen Satz Kameras, die vierundzwanzig Bilder in 0,72 Sekunden zu liefern vermochten. Zur selben Zeit wurden Fotografien, von denen sich bis dahin nur teure Einzelstücke hatten abziehen lassen, mit geringem Aufwand reproduzierbar, womit die illustrierten Zeitschriften entstanden, Magazine nicht nur wie die «Gartenlaube», das zu jener Zeit erfolgreichste Familienblatt in Deutschland, sondern auch der weithin verbreitete «Prometheus», eine «Illustrierte Wochenschrift über die Fortschritte der angewandten Naturwissenschaften in Deutschland», in der Otto Lilienthal regelmäßig publizierte. Der Traum vom Fliegen wurde eingelöst, indem er fotografiert und zum Medienereignis wurde.

Vögel führen den Menschen vor Augen, dass sie auf dem Boden bleiben müssen. Otto Lilienthal wurde darüber zum Missionar eines buchstäblich höheren Daseins. «Unser Kulturleben krankt daran, dass es sich nur an der Erdoberfläche abspielt», schrieb er im Jahr 1889, und so hoben sich seine Gedanken in die Lüfte. Wenn Menschen fliegen lernen würden, schrieb er einige Jahre später, würden «die Grenzen der Länder verloren gehen, weil sie nicht mehr abgeriegelt werden können». Die Grenzen würden «imaginär» und der «ewige Frieden» wäre immanent. Auch Stefan Zweig, der sich viele Jahre später an die Frühzeit des Fliegens erinnerte, sprach davon, die Grenzen seien damals «sinnlos» erschienen, weil «sie jedes Flugzeug spielhaft leicht überschwingt».

In welchem Maß das Fliegen nicht nur ein technisches, sondern auch ein kulturelles Projekt war, zeigt sich an den

Heroische Flugtechnik, dem Studium von Gänsen und Störchen abgewonnen: Otto Lilienthal mit dem kleinen Schlagflügelapparat 1894 auf dem «Fliegeberg» bei Lichterfelde, aufgenommen von Ottomar Anschütz.

vielfältigen Engagements, in denen Otto Lilienthal als Mann einer umfassenden Lebensreform auftrat. Im Jahr 1892 kaufte er sich in das Berliner Ostend-Theater ein, bald darauf in Nationaltheater umbenannt, in dem der Verein Freie Volksbühne die deutschen Klassiker, aber auch etwa Gerhart Hauptmanns Drama «Die Weber» aufführte – die heutige Volksbühne am Rosa-Luxemburg-Platz ist ein Abkömmling jenes Arbeitertheaters.

In diesen Kreisen, naturverbunden, mystisch, monistisch gesonnen und zu einem großen Teil in der Deutschen Gesellschaft für Ethische Kultur organisiert – einer internationalen humanistischen Bewegung, zu deren Gründern in Deutschland der Soziologe Ferdinand Tönnies gehört hatte –, wird

Lilienthal auf Gesinnungsgenossen wie den Schriftsteller Wilhelm Bölsche gestoßen sein. «Wenn vor dem grauen Nebelhimmel heute eine Schar Wildgänse hoch über uns dahinsteuert», schrieb dieser in einem Buch mit dem Titel «Von Wundern und Tieren», «zu jener charakteristischen Keilform geordnet, von der auch unsere Aviatiker sagen, dass sie bei einer Fliegergruppe hinter einem Leitflieger die einzig richtige zur Vermeidung des Luftwirbels vom Vordermann sei, oder wenn im tiefen grünen Rhein die Pilgerschaft der Lachse still hinauffährt vom fernen Meer bis zum ragenden Alpenfels, so wissen wir wieder, wie sie früh schon bei Aeroplan und Unterseeboot angelangt war, diese proteisch schaffende Natur.» Eng war die frühe Fliegerei mit der Kultur jener Zeit verbunden, die Wildgänse scheinen nie fern gewesen zu sein.

Im Jahr 1909 verfasste der Berliner Publizist Paul Scheerbart einen Essay, der als Satire gilt, sich aber eher als schrille Prophetie liest. Die «Militarisierung der Luft», erklärt er darin, werde zum «totalen Krieg» führen. «Fällt es den Serben mal ein, die Österreicher anzugreifen, so brauchen sie nur drei Lenkbare mit 300 Centner Dynamit nach Wien zu schicken – dort werden die 300 Centner nachts ausgeworfen – und Wien ist ein Trümmerhaufen; der Stephansdom wird nicht stehenbleiben.» Und weil sich dann alle Parteien gegenseitig aus der Luft bombardieren würden und weil man die Nationalfarben der «Lenkbaren» nicht mehr würde unterscheiden können, entstehe ein «Kriegsspiel», an dem schließlich keiner mehr würde teilnehmen wollen. «Dem Dynamitkriege gegenüber bekommt diese Utopie einen durchaus realisierbaren Boden – dem die lächerliche Seite bald fehlen wird.» Der Schriftsteller, ein radikaler Pazifist, soll nach Beginn des Ersten Weltkriegs die Nahrungsaufnahme verweigert haben und verhungert sein. Verbürgt ist die Todesursache nicht, doch starb er im Oktober 1915.

Die Technik des maschinisierten Menschenflugs entwickelte sich mit buchstäblich rasender Geschwindigkeit, nachdem die Brüder Wright in North Carolina im Dezember 1903 zum ersten Mal ihren motorgetriebenen Doppeldecker in die Luft gebracht hatten. Von Beginn an interessierte sich die Armee für die neuen Apparate. In Gestalt von Ballons und Luftschiffen hatte man damals längst schon für eine Militarisierung des Fliegens gesorgt, auch wenn diese Geräte hauptsächlich für die Aufklärung und nur selten für das Abwerfen von Sprengkörpern genutzt wurden – sie waren für die Gewehre und Geschütze des Feindes leicht zu erreichen. Die Pioniere des Menschenflugs schienen jedoch zunächst so sehr mit der Entwicklung der neuen Technik beschäftigt gewesen zu sein, dass der Gedanke an eine Bewaffnung der Fluggeräte nicht aufkam. Im Sommer 1915 wurde dann allerdings der erste Doppeldecker mit einem Maschinengewehr ausgerüstet. «Wie rasch hat das Fliegen, dieser uralte, kostbare Traum, jeden Reiz, jeden Sinn, seine Seele verloren», schrieb Elias Canetti im Jahr 1942. «So erfüllen sich Träume, einer nach dem anderen, zu Tode. Kannst du einen neuen Traum haben?»

Zu dieser Zeit war Anklam bereits einer der wichtigsten Standorte der deutschen Flugzeugindustrie geworden. Die Fabrik lag im Süden der Stadt, in der Nähe des Bahnhofs. Dort wurden der Jäger Focke-Wulf Fw 190, der Bomber Junkers Ju 88 und mehrere andere Kriegsflugzeugtypen gebaut. Im Oktober 1943 wurden die Anlagen von der amerikanischen Luftwaffe angegriffen, wobei die Rauchentwicklung nach der ersten Angriffswelle so stark war, dass die Flugzeuge das Ziel nicht mehr erkennen konnten und stattdessen die Stadt selbst bombardierten. Ein großer Teil der Altstadt Anklams wurde dabei zerstört. Und so liegt sie heute da: einzelne, hohe Gebäude der Backsteingotik, ausgebildet als feine Skulpturen, mit Säulen, Simsen und vielfach gestaffelten Giebeln, und daneben Plattenbauten, Brachland und die Funktionsarchitektur der jüngeren Jahre.

Die Nikolaikirche hatte im Krieg nicht nur ihre Turmspitze verloren. Auch das Dach des Kirchenschiffs war eingestürzt, sodass schon einige Jahre später Büsche und Bäume in ihrem Inneren wuchsen. Seit einigen Jahren wird der Bau rekonstruiert. Ein neues Dach ist aufgesetzt, in der großen Halle sollen eines Tages erhaltene und nachgebaute Flugmaschinen Otto Lilienthals hängen. Dass sich sein Nachleben in einer ehemaligen Kirche abspielen wird, ist den Absichten, die er mit dem Fliegen verfolgte, näher, als die Entwicklungsgeschichte des Flugzeugs ahnen lässt.

Amelie («Melli») Beese, Tochter eines wohlhabenden Berliner Architekten, hatte zu Beginn des 20. Jahrhunderts in Stockholm nicht nur Kunst studiert, sondern auch das Segeln gelernt. Nach Berlin zurückgekehrt, begann sie sich für das Fliegen zu begeistern, nahm Unterricht und erwarb, großen Widerständen zum Trotz, einen Pilotenschein. Später betrieb sie mit ihrem Mann, einem Franzosen, eine eigene Flugschule und fing an, Flugzeuge herstellen zu lassen. Der Erfolg währte nicht lang. Ihrer Ehe wegen wurde sie während des Krieges interniert, ihre Besitztümer wurden beschlagnahmt. Von ihren Unternehmungen war nach dem Krieg nichts mehr übrig.

In dieser Not schrieb Amelie Beese im September 1919 an Selma Lagerlöf, auf Schwedisch, und schlug vor, man könne doch, mit ihrer Hilfe, «Nils Holgerssons wunderbare Reise» verfilmen. Lagerlöf antwortete, doch ist der Brief nicht erhalten. In der Rückantwort wurde Amelie Beese ausführlicher:

«Wäre da keine Möglichkeit für mich, Nils Holgerssons Reise zu verfilmen … zusammen mit dem Schwedischen Biograf-Theater? Das Unternehmen besitzt kaum die Möglichkeiten, so etwas auf eine naturgetreue Weise herzustellen, außer mit einer verkleideten Flugmaschine, so wie ich es zu tun denke.» Das «Svenska Biografteater» war eine schwedische Filmgesellschaft, die einige der frühesten Spielfilme überhaupt produzierte.

Wie das Flugzeug mit den Flügeln hätte schlagen sollen, darauf gibt es keinen Hinweis, doch war der Weg vom Apparat zurück zur Wildgans offenbar versperrt, und zwar nicht nur des technischen Fortschritts wegen: Das Flugzeug hatte durch seinen Einsatz im Krieg eine andere Bedeutung erhalten, als ihm vor seiner Verwandlung in militärisches Gerät zugekommen war. Ob Lagerlöf ein weiteres Mal antwortete, ist nicht überliefert.

Die Gans, Bengt Berg und die Erfindung des Naturschutzgebiets

Das Buch, mit dem Bengt Berg in Deutschland bekannt wurde, ist einem Vogel gewidmet: «Mein Freund der Regenpfeifer», im Jahr 1917 zuerst auf Schwedisch, ein paar Jahre später auch auf Deutsch erschienen. Einen Regenpfeifer ohne nähere Bestimmung gibt es nicht. Die Rede ist vom Mornellregenpfeifer, oft nur Mornell genannt, einem Tier, das auf dem Nordteil der Nordhalbkugel brütet, also etwa in Schottland, im Altaigebirge oder nördlich des Polarkreises. Er überwintert in Nordafrika oder im Nahen Osten. Bergs Buch ist schmal, in der deutschen Ausgabe hat es nur knapp hundertfünfzig Seiten, und diese sind mit vielen schwarz-weißen Bildern versehen. Gemessen an der Geschichte, die es erzählt, ist das Werk indessen lang, denn es geschieht fast nichts. Ein Mann kommt aus dem Süden – unklar, ob es sich dabei um Deutschland oder Schweden handelt – und begibt sich nach Lappland, um einen Vogel zu beobachten. In die Tundra begleitet wird er von einem Samen und einem Finnen. Er besitzt ein Gewehr sowie eine Kamera. Am Ende nimmt der Reisende «behutsam» das Nest eines Mornells in die Hand, in dem der Vogel weiterbrütet und sich mit Würmern füttern lässt.

Bengt Berg, geboren 1885 in Kalmar an der schwedischen Ostküste, war im Jahr 1909 nach Bonn gekommen, um Alexander Koenig, dem Erben eines vor allem in Russland operierenden Zuckerfabrikanten, beim Aufbau eines naturgeschichtlichen Museums zu unterstützen. Zuvor hatte er einige Jahre bei Gustav Kihlén gelernt, einem bekannten Tierpräparator in Göteborg. In Bonn baute er Dioramen, die der nordischen Vogelwelt gewidmet waren. Die Aufgabe schloss ausgedehnte Reisen in den äußersten Norden Europas ein, nicht nur um die benötigten Tiere zu erlegen, sondern auch, um die dazugehörigen Pflanzen, sogar Sand und Steine zu sammeln und ins Museum zu schaffen.

Die Lebensläufe etlicher Tierpräparatoren dieser Zeit ähneln sich. Sie beginnen in der späten Kindheit mit dem Jagen, Erlegen und Präparieren von Tieren. Die Ausstopfer sind Autodidakten. Sie legen Sammlungen an. Das sich rasch entfaltende Interesse an ihrer Arbeit trägt sie in die ebenfalls neu geschaffenen naturhistorischen Museen – und manche noch weiter, auf den Buchmarkt, in die Vortragssäle und in den Film. Sie erfinden sich selbst, buchstäblich, in großem Maßstab und unter den Augen einer weit gespannten Öffentlichkeit. Und wenn sich dann die Entwicklung der Biologie zu einer Leitwissenschaft jener Zeit in ihren Karrieren spiegelt und wenn manche, reich und berühmt geworden, auf ihre Lebenswege zurückblicken, entstehen Künstlerlegenden. So war es bei Bengt Berg und bei seinen Kollegen Rowland Ward oder Carl Ethan Akeley. Begnadete Menschen müssen diese Helden einer belebten Naturkunde gewesen sein, wahre Kenner, fähig, sich in Tiere hineinzuversetzen und manchmal auch, mit ihnen zu sprechen.

Kurz vor Beginn des Ersten Weltkriegs begann Berg, sich neben seiner Tätigkeit als Präparator, Forschungsreisender und Baumeister von Dioramen ein Dasein als Schriftsteller einzurichten, mit zwei Erzählungen aus Lappland («Der Seefall», 1910, und «Genezareth», 1912), die auf Deutsch wie auf Schwedisch erschienen. Im ersten Kriegswinter war er als

Kriegsberichterstatter für die konservative schwedische Tageszeitung «Stockholms Dagblad» an mehreren Teilen der Ostfront unterwegs gewesen, in Litauen wie in Galizien und mit starken Sympathien für die deutsche beziehungsweise die österreichische Seite. Es folgte im Jahr 1916 der Thesenroman «Ein Germane». Das Buch enthält eine Rassenlehre, in der sich Deutsche, Dänen und Schweden zu einer germanischen Gemeinschaft zusammenschließen, mit den Deutschen als redlichen, klugen, überlegenen Arbeitern und den Schweden als reinstem Ausdruck der Rasse, introvertiert, gerecht und ehrlich. Die Geschichte führt in einen Krieg, der sich schicksalhaft aus ethnischen Gegensätzen ergibt.

Das Buch «Mein Freund der Regenpfeifer» schildert die Geschichte einer Annäherung, die sich, was die Wirkung unbedingt befördert, in einer menschenleeren Gegend vollzieht, jenseits der letzten verkrüppelten Birken, nicht weit von den Nistplätzen der Wildgänse, von denen Selma Lagerlöf erzählt. Berg berichtet ohne Absätze, ohne Überschriften oder Kapitel, in einem Zug bis zum letzten Punkt. «Du musst», spricht er den Leser an, «in diese Verlassenheit, hoch oben ins kahle Gebirge hinauf steigen …, um ein solches Vertrauen zu finden.» Bei den Mornells brüten die Männchen, der Reisende gibt sich empört, dass sich das Weibchen davongemacht hat. Langsam wächst das Vertrauen zwischen dem «klugen» Vogel und dem Reisenden, zwischen dem Männchen und dem Mann, zuerst durch körperliche Annäherung, dann durch das Herbeischaffen von Nahrung und schließlich dadurch, dass er das Nest in der Hand hält. Sich einem Tier zu nähern, ohne es erlegen zu wollen, allein um es anzufassen, ihm über die Federn zu streichen, daneben Zigarette auf Zigarette zu rauchen und die Berührung des Vogels fotografisch festzuhalten: Um mehr scheint es in diesem Buch nicht zu gehen. Das Tier bleibt unbeschädigt zurück und ist am Ende davongelaufen, so wie es seine Art ist, wenn das Junge geschlüpft ist. Doch hat die Annäherung noch eine andere Seite: Der Vogel ist zum Lehrer geworden, vor allem in Sachen der Geduld und der Verantwortung.

«Mein Freund der Regenpfeifer» war in den späten Jahren der Weimarer Republik und während des Dritten Reiches ein großer Erfolg, verbreitet in mehr als hunderttausend Exemplaren. Der hohe Norden liefert die Reduktion auf das existentiell Notwendige, die Einheimischen sorgen für das Lokalkolorit, der Vogel erkennt im Forscher den guten Menschen und lässt sich zähmen. Der Band habe im Bücherschrank einer jeden «typisch deutschen Familie» gestanden, heißt es im Jahr 2003 in einer «Geschichte des Vogelschutzes», «in den Nachlässen aus dieser Zeit findet man stets neben den ‹Buddenbrooks› von Thomas Mann als zweithäufigstes Buch Bengt Bergs ‹Mein Freund der Regenpfeifer›». Harte Belege für diese Behauptung werden sich kaum ermitteln lassen. Ich kann mich allerdings daran erinnern, dass ich das Buch als Zehn- oder Zwölfjähriger las. Es stand im schmalen Buchregal meiner Großeltern, neben dem «Wehrwolf» von Hermann Löns, dem Roman über eine Gruppe von Heidebauern, die im Dreißigjährigen Krieg jeden Fremden niedermachen, der sich auf ihr Territorium wagt. Und neben «Sigismund Rüstig», der deutschen Übersetzung eines alten Abenteuerromans von Frederick Marryat über einen Steuermann, der auf einer einsamen Insel eine schiffbrüchige Familie rettet. Hermann Göring, der Reichsjägermeister, las «Mein Freund der Regenpfeifer» während der letzten Stunden vor dem Selbstmord, den er beging, um dem für den Morgen danach geplanten Tod durch den Strang zu entgehen. Er soll es mehrere Male zuvor gelesen haben, ergriffen von der Liebe zum Tier und der Begeisterung für die Natur, was offenbar weder dem Tötungswillen eines Jägers noch dem Alltag eines Massenmörders entgegenstand. Im Jahr 2021 forderte der Politiker Björn Höcke, bekannt als radikaler Verfechter eines ethnisch homogenen Deutschlands, seine Anhänger dazu auf, bei der öffentlichen Wahl des «Vogels des Jahres» für den Goldregenpfeifer zu stimmen, einen mit dem Mornell verwandten, in Deutschland nicht mehr brütenden Vogel.

Über die Gründe, die den Erzähler dazu bewogen, «acht Jahre», wie er behauptet, in Lappland «herumzustreifen», um dort einen Vogel an dessen Brutstätte aufzusuchen, gibt das Buch keine Auskunft. Bengt Berg und seine Begleiter nehmen große Strapazen auf sich, sie ziehen in die Wildnis, kämpfen mit Unwettern und werden von Mücken zerstochen. Der Vogel scheint ein Geheimnis zu bergen. Es versteckt sich vermutlich im Wort «Freund» und steht für ein Dasein, das wie das Leben eines Menschen ist, doch zugleich ganz anders. Vielleicht besteht das Geheimnis auch in einer Vorstellung des Paradieses: Dorthin kommt ein Mensch, der nicht gefährlich ist, und dort trifft er auf ein Tier, das keine Angst hat. In jedem Fall benötigt der sich nähernde Mensch eine nahezu «unmenschliche» Geduld. Sie ist der Ausweis einer gelingenden Annäherung – das ist bei Bengt Berg so, und das ist so bei späteren Vogelforschern, bei Konrad Lorenz zum Beispiel.

Die Abgeschiedenheit, die Trennung von der Zivilisation wie die von den vielen anderen Tieren ist die Voraussetzung für die Möglichkeit eines solchen Paradieses: «Es ist jedenfalls viel dankbarer, freundlich mit einem klugen Tier zu sprechen, als mit einem dummen Menschen.» Eine solche Verbindung von Tierliebe und Misanthropie findet man häufig, sie ist die Bedingung des «Du», mit dem Bengt Berg seine Leser anspricht, als Ausdruck einer Intimität zwischen Autor und Leser, von der die Gesellschaft ausgeschlossen ist (auch wenn es hunderttausend Dus oder mehr geben sollte). Das «Du» verlangt Hingabe und Geduld auf der Seite des Menschen. Auf der Seite des Tiers verlangt es Menschenähnlichkeit.

Man findet diesen Gedanken auch bei Selma Lagerlöf: Nils Holgerssons wunderbare Reise durch Schweden hat ihre letzte Station erreicht. Es ist Herbst. Fast schon ist er am heimatlichen Hof angekommen, an dem Ort, von dem er mehr als ein halbes Jahr zuvor aufgebrochen war. «Wenn du etwas Gutes bei uns gelernt hast, Däumling», spricht ihn Akka an, «dann vielleicht dieses: dass du nicht meinst, die Menschen sollten die Erde allein bewohnen.» Sie fährt fort: «Denk daran, dass ihr ein großes Land besitzt und es euch leicht erlauben könnt, uns armen Tieren ein paar kahle Schären und ein paar seichte Seen und sumpfige Moore und öde Gebirge und entlegene Wälder zu überlassen, wo wir in Frieden leben können. Mein ganzes Leben lang bin ich gejagt und verfolgt worden. Es wäre gut zu wissen, dass es auch für solche wie für mich eine Zuflucht gibt.» Die Leitgans ist ein melancholisches Tier. Sie weiß, dass sie bald zu den verlorenen Existenzen gehören wird. Sie erhält eine Zuflucht, bis auf Weiteres und das auch nur vielleicht.

Historisch betrachtet, sagt Akka die Wahrheit: Wildgänse, vor allem Graugänse, waren gegen Ende des 19. Jahrhunderts im nordwestlichen Europa nahezu ausgestorben. In einer Ballerei, von deren Umfang und Intensität man sich noch einen Eindruck verschaffen kann, wenn man im Frühjahr oder im Herbst durch den südlichen Balkan reist, wurde damals jeder Vogel vom Himmel geholt, den man erreichen konnte. Oder man sieht sich noch einmal Jean Renoirs Film «Die Spielregel» aus dem Jahr 1939 an, mit der wilden Jagd auf alles, was kreucht und fleucht. Außerdem verkleinerten die zunehmende Entwässerung von Feuchtgebieten, das Eindeichen und Ziehen von Gräben die möglichen Lebensräume für Wildgänse – in Schweden gab es ganze Landstriche, in Småland etwa oder in der Provinz Uppsala, die ihren Charakter radikal veränderten, weil Flüsse umgeleitet, der Wasserspiegel von Seen gesenkt und Sümpfe trockengelegt wurden. In Ostfriesland, am Oberrhein oder im Oderbruch ging es nicht anders zu.

Akkas Anliegen wurde erfüllt, wenn auch vermutlich nicht in dem Maße, wie es sich die Gans gewünscht hätte. Im Juni 1909 beschloss der schwedische Reichstag, dass das Land ein Naturschutzgesetz und neun Nationalparks haben sollte. Vier davon liegen seitdem im nördlichsten Teil Schwedens, dort, wo sich die Nistplätze der Nils-Holgersson-Gänse befinden. Nachdem unter anderem Bengt Berg seine Stimme zugunsten der verfolgten Gänse erhoben hatte, wurde im Jahr 1912 ein jährliches Jagdverbot für die Zeit vom 21. April bis zum 31. Juli verfügt. In seinem Buch «Die Liebesgeschichte einer Wildgans» erzählt Berg, wie er in den zwanziger Jahren auf seinem Anwesen am Kalmarsund Graugänse ansiedelte, indem er deren Eier von den Inseln holen und von einer Pute ausbrüten ließ. Er schildert, wie die Gänse sich vermehrten und immer wieder zu ihm zurückkehrten. So schuf er, wie er berichtet, ein Naturschutzgebiet für sich allein. Er wiederholte das Unternehmen, als er im Jahr 1938 ein Gut an der Schärenküste Blekinges erwarb, in der Nähe der Stadt Karlshamn. Berg hatte auch erheblichen Anteil daran, dass die Seeadler in Schweden im Jahr 1924 unter Schutz gestellt wurden. Und ein Gutachten, das er 1922 für die schwedische Regierung verfasste, hatte zur Folge, dass man Teile Ölands zu Naturreservaten erklärte.

Die Natur ist nichts Selbstverständliches. Abgeleitet vom

lateinischen «nasci» (geboren werden, entstehen), bezeichnet das Wort das Geschaffene, das Entsprungene, etwas, das nicht geändert werden kann und also ungeschichtlich sein soll. Solche Vorstellungen von Natur hatte bereits die Antike. «Secundum naturam vivere», gemäß der Natur leben, war ihr Ideal. Unbekannt war ihr hingegen ein Begriff der Natur als von Menschen nicht berührter Landschaft. Dessen Laufbahn beginnt womöglich mit dem italienischen Philosophen Giambattista Vico und dessen «Neuer Wissenschaft» aus dem frühen 18. Jahrhundert, in der zwischen einer vom Menschen gemachten Geschichte und einer von Gott gemachten Natur unterschieden wird. Vielleicht setzt die Trennung auch erst weit später ein, bei Philipp Leopold Martin, dem Naturforscher, der im Jahr 1871 zum ersten Mal von «Naturschutz» sprach und Dioramen zu bauen begann. In diesem Augenblick erst, so scheint es, war eine Natur entstanden, die das Gegenteil zur Kultur bildete. Man sollte sie sogar besuchen können, am liebsten in ihrer «unberührten» Variante. Und der Übergang vom Diorama zum Naturschutz ist fließend: Als Theodore Roosevelt im Jahr 1903 die Pelikaninsel vor der Küste Floridas zum Naturschutzgebiet erklärte (sie war das erste solche Gebiet in den Vereinigten Staaten), ging der Entscheidung ein Besuch des Präsidenten bei den Dioramen des Museum of National History in New York voraus.

«Naturschutz» ist zudem ein mehrdeutiges Wort. Was ist es, das geschützt werden soll: die Natur vor dem Menschen oder die Natur für den Menschen? Und um welche Natur soll es sich handeln, um eine vorhandene, um eine vergangene oder um eine zukünftige? Wenn die Natur sich selbst überlassen bleibt, wird sie sich verändern, die offenen Landschaften werden zuwachsen, bis überall, wo einst Rinder und Schafe weideten, wieder Eichen stehen. Wenn die Natur bleiben soll, wie sie ist, muss der Mensch eingreifen, immer wieder und auf Dauer, er muss die Wölfe fernhalten, sich um das Weidevieh kümmern und die Grenzen sichern. Eine Natur, die erhalten werden soll, kann im strengen Sinn keine Natur sein. Sie wird geplant, mit Hilfe von Maschinen hergerichtet, mit Gräben und Zäunen versehen, um dann, obwohl in permanenter Bewegung befindlich, wie stillgestellt zu erscheinen. So viele Dinge gibt es, die das Wort «Naturschutz» nicht klärt. In Europa sei «Natur» immer Kulturland, meinte der Biologe Hansjörg Küster, weshalb es sinnvoller sei, nicht von Naturschutz, sondern von Landschaftsschutz zu reden. Und es stimmt, eine Landschaft, oder besser: das Bild einer Landschaft lässt sich mit immer wieder neuen Eingriffen schützen. Nicht aber die Natur.

Das Dilemma mit dem Wort «Naturschutz» setzt sich fort, wenn es um Naturparks oder Naturschutzgebiete gehen soll. Nicht alle Tiere können und sollen gerettet werden, sondern nur so viele, wie es zur Erhaltung einer Art braucht. Für mehr Tiere findet sich kein Platz. Als Archen scheinen diese Parks angelegt zu sein, als letzte Residuen, in denen jeweils nur wenige, ausgewählte Exemplare untergehender Arten Unterschlupf finden können. Das späte 19. Jahrhundert baute neugotische Rathäuser, antikisierende Museumstempel, zinnenbewehrte Fabrikhallen – und auch die Naturparks sind Zeugen einer Vergangenheit, die es nie gab. Sie sind Dioramen, ins Lebendige übertragen: Nicht um eine einzelne Sensation geht es darin, um einen einzelnen Eisbären oder Elch, sondern um ein Lebensbild. Der renaturierte Bachlauf gehört dazu, ganz so wie die in der zweiten Hälfte des 19. Jahrhunderts neu errichtete Burg Hohenzollern auf der Schwäbischen Alb.

Begonnen hatte man mit dem Einrichten von Naturparks in den Vereinigten Staaten um 1870, als das Quellgebiet des Yellowstone River zur Schutzzone erklärt wurde, eine spektakuläre Landschaft weit jenseits der zu jener Zeit von weißen Siedlern erschlossenen Gebiete, eine Gegend der Naturwunder, der Geysire und monumentalen Felsen. Dort, wo nur wenige Menschen gewesen waren (und wenn es welche gegeben hatte, dann waren es Nomaden), sollte die Natur erhalten werden, wie sie vorhanden war, dem amerikanischen Volk zur Erholung und zum Vergnügen – sofern dieses einen gewissen Abstand zu den Tieren hielt, denn ein Moment des Bedrohlichen, sogar der Gefahr ist der Wildnis immanent (für beide Seiten, die Menschen wie die Tiere). Die Idee des Naturparks wurde bald danach in Europa aufgegriffen, und zwar weniger in der dicht besiedelten, industrialisierten Mitte des Kontinents als vielmehr in abgelegenen Regionen des Nordens, in denen die Natur scheinbar mit sich allein war, in einem Land, das unberührt wirkte und bereit, zur Erneuerung der gesamten Nation genutzt zu werden, einschließlich der samischen Bevölkerung und abzüglich der Grubenindustrie.

Man mochte noch so tief in die böhmischen Wälder vordringen, mit Adalbert Stifter in den «Hochwald» (so der Titel einer Erzählung aus dem Jahr 1842) stapfen oder es bleiben lassen: Der Natur war die Geschichte anzusehen. Auch aus diesem Grund wurden die europäischen Nationalparks zu historistischen Unternehmungen. Und zwar nicht nur, weil man um hundert oder tausend Jahre zurückgehen wollte, in Verhältnisse, in denen der Mensch die Natur noch nicht unterworfen hatte, sondern vor allem, weil man gleichsam in eine Zeit jenseits aller Zeit strebte, dorthin, wo alles, was danach geschah, sich nicht einmal in Ansätzen hätte erkennen lassen. Die meisten Naturschützer waren Darwinisten. Was hätten sie auch anderes sein sollen? Dabei ist ihr Darwinismus in dieser Hinsicht widersprüchlich: Die mit künstlichen Mitteln erzwungene Erhaltung selten gewordener Arten verträgt sich nicht mit dem Kampf ums Dasein. Die Naturschützer kannten solche Bedenken nicht. «Naturrurkunden» lautete die Bezeichnung, die Ludwig Heck, Direktor des Berliner Zoos, den Fotografien Carl Georg Schillings' gab, auf denen aussterbende Tiere festgehalten wurden. Der Ausdruck historisierte die Tiere noch zu Lebzeiten. Sie mussten als «Naturdenkmäler» durch die Wildnis laufen und Stoff für die illustrierten Wochenschriften liefern.

Vor den Naturparks hatte es die fürstlichen Jagdgründe gegeben – eingehegte Gebiete, oft Tier- oder Hirschgarten genannt, in denen Tiere als lebende Zielscheiben gehalten wurden. Die Schorfheide war ein solches Areal gewesen. Dort jagte der letzte deutsche Kaiser (und später Erich Honecker). Macht und Rang eines Fürsten erwies sich auch an der Größe und am Zustand seiner Reviere. Dieses Verhältnis blieb in den Naturparks moderner Staaten erhalten: Dass es den Yellowstone Park gab, bewies nicht nur eine Rücksichtnahme auf die Natur oder die Fürsorge für erholungsbedürftige Bürger, sondern dokumentierte auch die absolute Gewalt eines Staates. Eine Nation braucht Grenzen, nach außen wie nach innen. Naturschutzgebiete mögen paradiesisch wirken, doch auch sie setzen Grenzen voraus, und diese müssen staatlich garantiert werden. Dass es innerhalb eines Staates ein Reservat für Lebewesen gibt, denen alles Staatliche fremd zu sein scheint, beweist zuallererst die Geltung und Reichweite des Staatlichen.

Der Schriftsteller Hermann Löns hatte im Jahr 1906 die Parole «Naturschutz ist Rasseschutz» ausgegeben und 1912 für einen «Heimatpark Harz» geworben, der auf fünfhundert Hektar südlich von Bad Harzburg hätte eingerichtet werden sollen. Auch ehemals heimische, aber verschwundene Tiere sollten dort angesiedelt werden. Es wurde nichts daraus. In den zwanziger Jahren wurden in Deutschland Hunderte von Naturschutzgebieten ausgewiesen, «wider die rationelle Bewirtschaftung» des Landes, doch waren die dafür geltenden Regeln eher vage. Bengt Berg besuchte im Jahr 1931 den Darß, eine herbe Landschaft, die hauptsächlich aus Dünen, Kiefernwald und Sumpf besteht, nach der Jahrhundertwende eine Künstlerkolonie beherbergte und später ein bevorzugtes Urlaubsgebiet Berliner Nationalsozialisten wurde.

Angeregt von Franz Mueller, dem lokalen Forstmeister (der im Dritten Reich eine steile Karriere machte, zum Reichshundeführer und Generalmajor der Waffen-SS), schlug Bengt Berg Anfang Februar 1931 in der Berliner Zeitung «Grüne Post» vor, an diesem Ort einen Wildtierpark einzurichten. Mit Elchen, die vor Jahrhunderten schon aus dieser Gegend verschwunden waren, sowie mit Wisenten, «urgermanischen Tieren», die aus Züchtungen des Berliner Zoos, des Boizenburger Tiergartens oder des «Schutzparks» Springe bei Hannover herbeigeholt werden sollten. Berg musste einige Jahre warten, bis sein Vorschlag realisiert werden sollte, mit Hilfe Hermann Görings. «Das ist gut, das mache ich», soll dieser laut «Berliner Nachtausgabe» vom 24. Juli 1934 gesagt haben. Im Jahr darauf ließ sich der Reichsjägermeister an der Westküste des Darß eine Jagdhütte bauen (sie soll mittlerweile in die Ostsee gekippt sein). Dass der Plan dennoch nicht verwirklicht wurde, lag unter anderem daran, dass die Luftwaffe einen Teil der Halbinsel als Übungsgelände für das Abwerfen von Bomben benötigte.

Der Elch musste, wenn nicht aus Schweden oder Finnland, so doch zumindest von der Kurischen Nehrung geholt werden, der Wisent war allenfalls noch in tiefen Wäldern im Osten Polens zu Hause gewesen, bevor er auf dem Darß oder in der Schorfheide angesiedelt wurde. Doch wenn man Graugänse, Elche und Wisente aus dem Reich der fast schon verschwundenen Tiere zurückholen konnte: Warum sollte man, da man nun schon einmal Herr über die Natur war und nach eigenem Gutdünken darin waltete, nicht auch andere, neue oder neue alte Arten darin aufnehmen? Über Bengt Berg kam die Kanadagans in den europäischen Norden, zum späteren Verdruss der Bauern. Auch Kormoranen und Wildschweinen soll er eine neue Heimat gegeben haben, mit Erfolg, gewiss, wenn auch von zweifelhafter Art. Und er experimentierte mit halbwilden Rindern, von denen er einige aus fernen Weltgegenden herbeiholen ließ.

Was es mit dem Auerochsen auf sich hat, verrät der zweite Name dieses Tiers: «Ur». Das Wort geht zwar auf das lateinische «urus» zurück (das wiederum die lateinische Form eines germanischen Wortes ist), bildet aber selbst eine Rückzüchtung. Die mittelhochdeutsche Form wurde zu «auer», hinzu kam der «-ochse» als verdeutlichendem Zusatz. Hervorgeholt wurde das «Ur» in dieser Gestalt erst von den Dichtern des 18. Jahrhunderts.

Einem Auerochsen oder «Ur», den Lutz Heck, Sohn Ludwig Hecks und wie dieser Direktor des Berliner Zoos, zusammen mit seinem Bruder Heinz Heck, dem Direktor des Münchner Zoos, zu züchten trachtete, war also schon lange keiner mehr begegnet. Das letzte Exemplar soll im frühen 17. Jahrhundert in Schlesien gestorben sein. Die versuchte Rückholung des Auerochsen, begonnen in den zwanziger Jahren, gehorchte einem Historismus, der aus dem Geist des Naturschutzes hervorgegangen war. Mit diesem Unternehmen ging die Bewahrung einer bedrohten Natur über in die Herstellung einer neuen Natur – aus dem Naturschutz wurde Schöpfung. Ein ähnliches Projekt verfolgte Lutz Heck im Naturschutzgebiet Askanija-Nowa in der Ukraine. Von dort ließ er während des Krieges Przewalski-Pferde, eine seltene, fast ausgestorbene Art, die man damals für urtümliche Wildpferde hielt, nach Deutschland bringen. Sie überlebten ihre Umsiedlung nicht.

Zwar behauptete Lutz Heck: «Der ausgestorbene Auerochse ist als deutsche Wildart im Dritten Reich wiedererstanden.» Tatsächlich aber brachten die Kreuzungsversuche der Brüder keine Auerochsen hervor, sondern Tiere, wie es sie nie gegeben hatte. Die ersten Exemplare wurden in der Rominter Heide in Ostpreußen ausgesetzt. Nach dem Krieg verschwanden diese Züchtungen, genauer: Sie wurden aufgelöst in weitere, andere Züchtungen, die als «Taurusrinder» bezeichnet werden. Mag sein, dass die technischen Möglichkeiten, verschwundene Arten ins Leben zurückzuholen wie Lazarus von den Toten, heute größer sind. Aber wozu der Aufwand? Graugänse jedenfalls gibt es wieder, in großer Zahl und in Gegenden, in denen man sie vor hundertfünfzig Jahren nie angetroffen hätte, im Voralpenland zum Beispiel.

Der Kamerajäger in seiner Landschaft

Bis in die zwanziger Jahre gab es keine gesicherten, in Standards gefassten Methoden zur wissenschaftlichen Beobachtung von Tieren. Wer mehr erfahren wollte, als man über ihre Anatomie und Taxonomie in Erfahrung bringen konnte, musste hinausgehen in die Natur und sich dort zum Privatgelehrten bilden – einen Amateur hätte man eine solche Gestalt nicht nennen können, denn diesem hätte ja ein Professioneller gegenüberstehen müssen. Bis heute ist die Ornithologie eine Wissenschaft, in der ein Amateur einen institutionell anerkannten Status als «citizen scientist» erwerben kann und die Übergänge zwischen Berufenen und Laien fließend sind. Die Männer, die sich früh für die Vogelkunde begeistern konnten, waren jedenfalls zumeist Jäger gewesen, und sie blieben es auch, wenn sie Forscher wurden. Sie wussten, wie die Tiere aussahen, wie sie sich bewegten, wo sie sich aufhielten, wovon sie lebten, sie verstanden sich auf das Finden, Lauschen, Anpirschen und Sich-verbergen. «In Wirklichkeit», versicherte Bengt Berg in einer programmatischen Erklärung das eigene Werk betreffend, «ist der Kamerajäger zumeist ein leidenschaftlicher Weidmann, der zur Kamera griff, um auch diese schwierige Form von Jagd zu erleben.»

Und wie Jäger sahen diese Zoologen, Ornithologen, Präparatoren (und ihre Mäzene) aus. Gern schlüpften sie in die Kleider der Abenteurer, Carl Georg Schillings zum Beispiel, der im Jahr 1905 mit großem Erfolg das Buch «Mit Blitzlicht und Büchse» veröffentlichte (aus der Kombination «guns and camera» wurde ein Genre, im deutschsprachigen Raum in umgekehrter Reihenfolge der Geräte). Aber auch Ernst Haeckel, Rowland Ward, Gustaf Kolthoff, der Tiermaler Bruno Liljefors, Bengt Berg: Wenn sie sich fotografieren ließen, glichen sie dem Bild, das Karl May von sich verbreitete, die Waffe in der Hand, in einer festen Joppe mit großen Taschen, auf dem Kopf einen praktischen Hut, die Füße in Stiefeln. Manchmal lag das erlegte Tier unter ihnen. Von Bengt Berg gibt es eine Fotografie, auf der er sich zwei tote Rehe über die Schultern gehängt hat, während er eine Pfeife raucht und schmunzelnd in die Kamera schaut. Die Ähnlichkeit der Bilder beruht darauf, dass sie ihren Beruf, der scheinbar außerhalb aller bürgerlichen Tätigkeiten ausgeübt wurde, selbst erfunden hatten und damit berühmt geworden waren – zur Jagd gehört die Jagdgeschichte, die zuverlässig den anekdotischen Bericht mit der freien Phantasie verbindet. Der Beruf brachte offenbar eigene Figurenentwürfe hervor, Bilder wilder Männer, die zugleich brave Autoren und fleißige Vortragskünstler waren. Wie alle Abenteurer glaubten sie, das Glück zum natürlichen Verbündeten zu haben.

Im Jahr 1912 hatte Bengt Berg begonnen, mit einer Spiegelreflexkamera, die er sich aus dem Museum Koenig ausgeliehen hatte, Vögel in freier Natur zu fotografieren. «Ist das Ergebnis gut», schrieb Berg, «kann er (der Fotograf) die Freude daran mit Tausenden teilen, während die gebratene Schnepfe nur für zwei Teller reicht. Der Reiz bei dieser unblutigen Jagd umfasst aber viel mehr, vor allem Spannung.» Ein Tier lässt sich nur einmal erschießen, aber unendlich oft abbilden. Mit der Fotografie, so ließe sich sagen, zieht ein demokratisches Motiv in eine traditionell feudale Tätigkeit ein, auch wenn

Fotojäger wie Berg den aristokratischen Habitus noch lange pflegten. Dabei sind das Jagen und das Fotografieren in freier Wildbahn verwandte Tätigkeiten: Man muss sich heranpirschen und das Tier überlisten, man muss Glück haben, es wird etwas «geschossen» oder «getroffen», mit einer Technik, deren Erfolg sich beim Fotografieren genauso wie beim Schießen in einem Sekundenbruchteil entscheidet, wenn der Abzug oder der Auslöser betätigt wird.

Bengt Berg bevorzugte, wie der ihm gut bekannte Hermann Göring, Gewehre des Herstellers BSW aus dem thüringischen Suhl – eines Unternehmens, das bis in die frühen Tage des Dritten Reichs einer jüdischen Familie gehört und «Simson» geheißen hatte. Einige dieser Waffen wurden, ausweislich der Gravierung, eigens für Berg und dessen Frau angefertigt. Während die Schusswaffen jedoch technisch ausgereift waren, galt Gleiches nicht für die Kameras: Die Lichtempfindlichkeit des fotografischen Materials war gering (vor allem bei Glasplatten), die Brennweiten der Objektive waren kurz, die Verschlusszeiten lang. Zum Blitzen wurde Magnesiumpulver verwendet, weshalb immer nur ein Versuch möglich war. Berg verwendete viel Aufmerksamkeit auf seine Ausrüstung: «Meine 9 x 12-Zentimeter-Spiegelkamera mit einem Voigtländer Heliat 1:4,5 holte bei 24 Zentimeter Brennweite einen auf zwanzig Meter vorbeifliegenden Schwan oder Kranich nicht nahe genug heran.» In der Folge habe er, wie er sagt, selbst zu einem Erfinder werden müssen.

Überhaupt ging die Begeisterung des Publikums für die Einblicke in eine vermeintlich unberührte Natur Hand in Hand mit der Bewunderung für die Technik, mit der diese Natur in Bildern festgehalten und für Millionen Betrachter aufbereitet wurde. Das Wunder dieser Filme bestand in der Nähe zu den Tieren, die sich offenbar unbeobachtet fühlten, worauf sich der Zuschauer fragte, wie denn dergleichen überhaupt möglich gewesen sei. Für den Film «Die letzten Adler», der im Jahr 1929 in die Kinos kam, montierte Berg eine Rund-um-Kamera auf einen Doppeldecker der französischen Firma Farman und kreiste damit über der Region Södermanland. Später, für das Buch «Tiger und Mensch», veröffentlicht im Jahr 1934, benutzte er Fotofallen, was zum ersten Mal in der Tierfotografie geschah. Damals müssen seine Bilder überwältigend gewirkt haben.

Mit der Fotografie entstehen Möglichkeiten zu sehen, was keiner, auch kein Jäger, je zuvor sah oder auch nur hätte sehen können, mit Hilfe von Teleobjektiven, extrem kurzen Verschlusszeiten, Chronofotografien (Serien, bei denen die einzelnen Bilder kurz nacheinander aufgenommen werden, wider die Langsamkeit des Sehens), Fernbedienungen, versteckten Kameras und vielen anderen Mitteln mehr. Und das nicht nur im Fall von Tieren, die sich etwa so schnell bewegen, dass ein menschliches Auge ihnen kaum zu folgen vermag. Denn was sich unter solchen Voraussetzungen dem Auge darbietet, ist eine gesteigerte und meist auch von äußeren Einflüssen gereinigte Wirklichkeit: wahrer und eindrücklicher als das Leben selbst, in einer bis dahin unglaublichen Nähe und Vergrößerung, während zugleich alle Spuren einer äußeren Bedingtheit, sei diese nun politisch, kulturell oder ökonomisch, ausgelöscht zu sein scheinen. Oder anders gesagt: Die reine, ganz bei sich seiende Natur, die der Betrachter zu sehen meint, ist eine durch Fotografie und Film ermöglichte.

Eine solche Natur nimmt der Betrachter als authentisch wahr. Er denkt nicht an die Gegenwart eines Fotografen und an dessen Mühen, er sieht (und hört) nicht die Technik, das Flugzeug, das Luftaufnahmen macht, die Setzung von Rahmen und Perspektive nimmt er nicht wahr. Und selbst das im Film Offensichtliche, den Zeitraffer, die Zeitlupe oder die verdichtete Erzählzeit erkennt er nicht als etwas Künstliches, sondern allenfalls als eine intensivierte Form der Treue zur Realität. Doch weil den Menschen solche Bilder inzwischen längst vertraut sind und weil das Publikum längst weiß, wie es aussieht, wenn die Eier einer Wildgans im Nest liegen oder ein Eisvogel auf der Jagd nach einem Fisch steil ins Wasser taucht, verkehrt sich das Verhältnis zur Natur. Anstatt sie zu betrachten, wie sie ist, ohne technische Hilfsmittel, wird sie an den außerordentlichen Bildern gemessen, die, in vielfacher Zahl und Gestalt, von ihr verbreitet werden. So etwas habe man noch nie gesehen, lautet der staunende Ausruf, der mit solchen Fotografien und Filmen einhergeht, und tatsächlich sind sie einzigartig. Zugleich erwartet man das Spektakuläre. Die außerordentliche Nähe, der unglaubliche Augenblick, die in einer entscheidenden Sekunde festgehaltene Bewegung: Was man unter diesen Voraussetzungen für Natur hält, war vom ersten Anblick an von Bewusstsein durchwirkt.

Die Verbindung zwischen Jagd und Fotografie, oder besser: die Verwandtschaft zwischen Waffe und Kamera, brachte eigene Geräte hervor. Das gilt vor allem für ein Instrument, das «Gewehrkamera» genannt wurde. Es diente dem mehrmaligen Fotografieren oder Filmen sich schnell bewegender Objekte und wurde offenbar drei- oder viermal erfunden, zuerst vermutlich schon um das Jahr 1882 von Étienne-Jules Marey, dann noch einmal dreißig Jahre später in Bonn von Robert Fendler, einem Kollegen Bergs im Museum Koenig. Berg kaufte ihm die Erfindung ab und verwendete sie unter eigenem Namen. Auch in New York wurde sie erdacht, in Gestalt einer Filmkamera, von Carl Akeley, dessen Gerät im Ersten Weltkrieg auch für Luftaufnahmen und später in Hollywood bei Kampfszenen benutzt wurde. Getrennt wurden Jagen und

Fotografieren oder Filmen erst nach dem Zweiten Weltkrieg, bei den großen Tieren, doch auch dann, man denke an die Safaris der fünfziger und sechziger Jahre, nur partiell.

Das Buch über den Mornellregenpfeifer war das erfolgreichste literarische Werk Bengt Bergs, das Buch über die letzten Adler aus dem Jahr 1923 hatte den sensationellsten Gegenstand. «Die Liebesgeschichte einer Wildgans», veröffentlicht 1930, dürfte demgegenüber die folgenreichste Geschichte gewesen sein – vor allem, weil Konrad Lorenz sie las. Sie beginnt, wie die Bekenntnisse vieler Ornithologen, mit einer Liebeserklärung: «Solange ich mich aus meiner Kindheit an der Ostseeküste der unzähligen Zugvögel erinnern kann, die im Herbst und Frühling über meinem Kopf nach fernen Gestaden zogen, habe ich die Sehnsucht im Herzen getragen, dass einmal doch ein solcher Vogel mit silbernen Flügeln aus den Wolken herunterschweben würde, um aus meiner Hand Brot zu nehmen. Bisweilen erscheint es mir, als müsse ich mit diesem Wunsch geboren sein.» Im Folgenden erzählt Berg, wie er die so gut wie ausgestorbene Graugans an eine Küste zurückbrachte, «von der sie seit hundert Jahren verschwunden» war.

Die Geschichte wird sich so oder ähnlich zugetragen haben. Der Wahrheitsgehalt wird durch zahlreiche Fotografien beglaubigt. Kein Zweifel auch, dass die Tiere klug und umsichtig sind, dass sie Lachmöwen zum Schutz ihrer Eier und Gössel einsetzen (weil Lachmöwen keine Krähen in ihre Nähe lassen). Die Erzählung wird darüber erbaulich: «Wie herzergreifend war nicht ihre Vaterlandsliebe – vielleicht ebenso wertvoll wie die laut gepriesene menschliche –, die sie dazu bewog, so zäh an dieser armseligen Schäre festzuhalten und jeden Frühling dorthin zurückzukehren, obwohl die ganze weite Welt ihren Flügeln offen lag.» Und nicht nur die Liebe für das Vaterland wird herzergreifend: Es gelingt dem Erzähler, vier kleine Wildgänse auf sich zu prägen. «Ich darf getrost sagen, ich habe nie so gehorsame Kinder erzogen. Nach einer Stunde Gackerns folgten sie mir überall hin. Ging ich eine Stufe hinauf oder versuchte sie zu verlassen, piepsten sie und wollten mit.» Eine Gans erweist sich als besonders zutraulich. Sie erhält den Namen «Nr. 5» und wird zur Stammmutter einer Kolonie, die ihren Sommerwohnsitz auf dem Grundstück des Erzählers nimmt. Der Anfang der Geschichte soll sich im Sommer 1926 zugetragen haben, veröffentlicht wurde sie vier Jahre später, lange bevor Konrad Lorenz in der Rolle als «Gänsevater» berühmt wurde.

Dramatisch wird die Geschichte, als sich erweist, dass die Tiere ihrem Partner keineswegs so treu sind, wie sie einer volkstümlichen Überlieferung gemäß sein sollen. «Nr. 5» lebt bald in einem Dreiecksverhältnis, mit einem «flügellahmen», an einen Ort gebundenen Ganter auf der einen Seite, mit einem virilen kanadischen Riesenganter auf der anderen. Ähnliche Verwirrungen stellen sich auch unter anderen Paaren ein – «es war genau wie unter Menschen», und das Mitleid des Gänsevaters erstreckt sich auf beide Ganter, je nachdem, wer gerade als der Verlassene dasteht. «Es ist keine Sentimentalität und keine ‹Vermenschlichung› nötig, um mit der armen Seele zu fühlen.» Es kommt dann aber zu einer Verbindung, in der einer der beiden Ganter zum Befruchter eines Geleges wird, das vom anderen Ganter betreut wird.

Die Geschichte endet mit der Ankunft des Herbstes. Die Gänse werden nach Süden fliegen, und ein langer Winter wird folgen. «Wie leicht könnten wir eure starken Schwungfedern beschneiden und euch, sicher vor allen Gefahren, hier bei uns behalten», sagt Berg, wobei er mit «wir» wohl nur sich selbst und seine Frau meint. «Das kommt uns aber nicht in den

Sinn. Denn euch und uns beseelt derselbe Glaube – lieber bluten und früh sterben, als nie die Flügel zu dem großen Abenteuer spannen.» Die Natur erobern und doch nicht berühren, diese beiden Motive kommen in diesen Sätzen zusammen – und das Verlangen nach einem Heroismus, der sich zuletzt im Kampf verwirklichen soll.

So, wie die Wildgans ihren Schriftsteller und Fotografen fand, so bekam sie ihren Maler. Bruno Liljefors, im Jahr 1860 in Uppsala geboren, war einer von zahlreichen Tiermalern, die es in dieser Zeit gab, und doch anders, ein Naturalist, dem auch das grausame Detail nicht entging. Viele Tiere ließ Liljefors auf seinen Bildern auftreten, Füchse, Katzen, Enten, Schneehasen, Bekassinen, Habichte, Auerhähne, Adler, Mäuse – aber nur wenige große Tiere, manchmal ein Elch, keine Pferde. Während seiner Lehrzeit an der Königlichen Kunstakademie in Stockholm malte er häufig Spatzen, nicht nur, weil sie vor seinem Fenster herumschwirrten und bislang von der akademischen Malerei kaum wahrgenommene Tiere waren. Sondern auch, weil die Spatzen zu jener Zeit in der Literatur Furore gemacht hatten, als plebejische Vögel im Eingangskapitel zu August Strindbergs Roman «Das rote Zimmer», einem Sensationserfolg, mit dem die ästhetische Moderne in Schweden begann: Diese Spatzen «sahen alles». Das Tier, das Liljefors danach und bis an das Ende seines langen Lebens am häufigsten und wohl auch am aufmerksamsten malte, war indessen die Wildgans.

Liljefors war um 1900 der berühmteste Tiermaler Europas. In der Anthologie «Die Tiere der Welt», die der Münchner Verleger und Kunsthistoriker Reinhard Piper 1910 verlegte und die für etliche Jahre den Stand der Dinge in diesem Genre dokumentierte, setzte er den Maßstab. Die Neue Pinakothek in München erwarb sein Monumentalgemälde «Auerhahnbalz», die Berliner Akademie der Künste machte ihn zu ihrem Mitglied, obwohl er dort nicht ausgebildet worden war, und noch in den späten siebziger Jahren galt er der amerikanischen Zeitschrift «Audubon» als der Maler mit dem «unvergleichlichen Auge» («the peerless eye»). Und auch im Dritten Reich war der Maler beliebt: Zu den mindestens fünf Liljefors-Gemälden, die Hermann Göring besaß, gehören die «Wildgänse in Winterlandschaft», die Robert Ley, Reichsleiter der NSDAP, im Januar 1940 dem Reichsjägermeister schenkte.

Liljefors galt, mehr als alle anderen Maler seiner Zeit, als der Künstler, der den Tieren in der Natur ein Bild gab – wobei seine «Natur» eine nordische Wald- und Küstenlandschaft ist, die Gegend, in der er zu Hause war. Liljefors besaß den Blick des Jägers, einen untrüglichen Sinn für die Proportionen eines Körpers und die Fähigkeit, schnellste Bewegungen zu erfassen. Er war ein Meister im Umgang mit dem Licht, er ließ das Sonnenlicht aufflammen, er kannte das Blau, mit dem die Abendkühle vom Erdreich aufzieht, er wusste, wie es aussieht, wenn ein mattes Winterlicht durch das Geäst junger Fichten zieht, was Nebel oder Schnee bewirken, wie die Schatten fallen und die Farben sich ändern.

In den späten neunziger Jahren hatte er die Meeresküste für sich erschlossen, eine Landschaft, die anders war als das zivilisierte Gelände, in dem die Freiluftmalerei ihren Ausgang genommen hatte, roh, von Wind und Wellen zerrissen, dem Menschen fern. Die dort lebenden Vögel waren bislang kaum wahrgenommen worden. «Fällande gäss» heißt das bekannteste Bild von Wildgänsen, das Liljefors malte. Es ist mehr als sechs Quadratmeter groß und zeigt eine Gruppe von Saatgänsen, die in einem Bogen «niedergehen» oder «einfallen», um auf moorigen, von Grasbüscheln durchsetzten Wasserflecken

Am Rand der Welt, in amphibischer Landschaft, kurz vor dem Sonnenuntergang im Winter: Saatgänse im Landeanflug. Bruno Liljefors' «Fällande gäss», 1907.

zu landen. Die Schnäbel einiger Tiere sind geöffnet, ihre Hälse gestreckt: Sie scheinen zu rufen. Das monumentale Gemälde stammt aus dem Jahr 1907, gehörte zum Bestand des Stockholmer Nationalmuseums und wurde 1990 aus dem Rahmen geschnitten, zusammengerollt und mitgenommen, als es vorübergehend im staatlichen schwedischen Institut für Veterinärmedizin in Uppsala ausgestellt wurde.

Einen Horizont gibt es nicht, feuchtkalter Nebel liegt über der Landschaft, Grasbüschel oder Schilfhöcker wachsen aus dem Sumpf empor. Es dämmert. Eigentlicher Gegenstand des Bildes scheinen die feinen Bewegungen der Flügel und Federn zu sein, ihr Gewicht und die Kraft, die sie in ihre Schwingen legen, der Luftwiderstand, auf den die Vögel mit ihren Flügeln stoßen, während sie ihren Flug verlangsamen und niedergehen. Ob es sich bei all diesen Gänsen nicht in Wirklichkeit um eine einzelne Gans in verschiedenen Phasen handelt, wird indessen um so unsicherer, je gründlicher man das Bild studiert. Die Tiere scheinen Momente ein und derselben Bewegung darzustellen, jeweils festgehalten in chronologischer Folge, von der hintersten, sich noch hoch in der Luft befindenden Gans, bis zur größten, vordersten Gans, deren ausgestreckte Füße fast schon die Wasseroberfläche berühren. Sollte das Gemälde nicht mit Hilfe der Chronofotografie entstanden sein, so kommt es den mit technischen Hilfsmitteln hergestellten Werken doch erstaunlich nahe.

Wildgänse rauschen durch die Nacht

Das Buch «Der Wanderer zwischen beiden Welten» aus dem Jahr 1916, «Ein Kriegserlebnis von Walter Flex» im Untertitel, war eines der meistgelesenen Werke der deutschen Literatur zwischen dem Ersten und dem Ende des Zweiten Weltkriegs. Auf dem Umschlag der damaligen Ausgaben sind sechs Gänse in Umrissen zu sehen, wie in Keilform aus dem Buch hinausfliegend, daneben ein paar Sterne, die einen Nachthimmel andeuten. Auf der zweiten Seite, nach einer kurzen Hinführung, steht ein Gedicht, das noch berühmter ist als das Buch selbst, vor allem die erste Zeile:

Wildgänse rauschen durch die Nacht
Mit schrillem Schrei nach Norden –
Unstäte Fahrt! Habt acht, habt acht!
Die Welt ist voller Morden.

Fahrt durch die nachtdurchwogte Welt,
Graureisige Geschwader!
Fahlhelle zuckt, und Schlachtruf gellt,
Weit wallt und wogt der Hader.

Rausch' zu, fahr' zu, du graues Heer!
Rauscht zu, fahrt zu nach Norden!
Fahrt ihr nach Süden übers Meer –
Was ist aus uns geworden!

Wir sind wie ihr ein graues Heer
Und fahr'n in Kaisers Namen,
Und fahr'n wir ohne Wiederkehr,
Rauscht uns im Herbst ein Amen!

In einer dunklen Vorfrühlingsnacht, erzählt Walter Flex zu Beginn des Buches, habe er sich als Horchposten einem «feindlichen Heerhaufen» gegenüber befunden, tief in Lothringen, südlich von Nancy. Vor ihm habe eine Kette von Spähern im Dreck gelegen. Der Sturm habe getobt, Suchscheinwerfer hätten ihr Licht über die verwüstete Landschaft geschickt, Leuchtraketen seien aufgestiegen. Da habe er am Himmel einen Schwarm «wandernder Graugänse» gesehen. Mit «messerscharfem Schrei» seien sie über das Schlachtfeld geflogen. Jeder Vogel mag in einer solchen Umgebung als das Erstaunliche schlechthin erscheinen. Diese Vögel aber waren nicht nur einfach Boten aus einer anderen, friedlicheren Welt. Sie waren von tiefer Zweideutigkeit. «Das wandernde Heer der wilden Gänse strich gespensterhaft über uns alle dahin» – keine Schar, wie unter Vögeln üblich, sondern ein Heer, begriffen in einer kriegerischen Aktivität, wie sie Gänsen gewiss fernlag. In diesem Augenblick, behauptet Walter Flex, habe er, von einer plötzlichen Eingebung ergriffen und ohne hinsehen zu können, die Verse auf einen Fetzen Papier geschrieben. Ob sie gut oder schlecht sind, ist durch Vergleiche nicht zu ermitteln. Sie bilden in ihrer scheinbaren Schlichtheit und in ihrer Ambivalenz eines der eindrücklichsten Gedichte deutscher Sprache.

Das Gedicht wurde mehrmals vertont. Durchgesetzt hat sich nur eine Fassung, ein Marsch mit einer einfachen Melodie, kurz nach der Veröffentlichung des Romans komponiert von Robert Götz, einem ehemaligen Wandervogel und späteren Redakteur für Volksmusik beim Reichssender Köln. So ziehen die Wildgänse seit mehr als hundert Jahren durch den schwarzgrauen Himmel, in einer fast unheimlichen Verbindung von Empfindsamkeit und Hingabe an die Gewalt, von Sehnsucht und Militär. Ein Kriegsgesang soll «Wildgänse rauschen durch die Nacht» sein, und so wurde das Lied über Generationen verstanden. Seltsam aber sind kriegerische Verse, die, inmitten der Hassgesänge des Ersten Weltkriegs, ohne Aggressivität daherkommen: «Und fahr'n wir ohne Wiederkehr.» Der Feind wird nicht einmal erwähnt. Wo er sein müsste, ist nur Trauer und Todeserwartung.

Walter Flex, im Jahr 1887 geboren, wuchs als Sohn eines deutschnational gesinnten Gymnasiallehrers in Eisenach auf. Er studierte Germanistik und Geschichte in Straßburg und Erlangen. Ein verkümmerter rechter Arm hinderte ihn nicht daran, sich als Mitglied einer schlagenden Burschenschaft zu behaupten. Eine Stelle als Hauslehrer bei der Familie Bismarck verließ er, weil er sich mit deren vertrautem Umgang mit Hamburger Kaufleuten nicht abfinden wollte. Er stieß sich an ihrem mondänen Leben, an ihrer Anglophilie. Der Behinderung wegen war er vom Wehrdienst befreit worden, doch meldete er sich bei Beginn des Kriegs freiwillig zum Militär. Bald war er mit dem Eisernen Kreuz Erster und Zweiter Klasse, dem Roten Adlerorden sowie dem Hausorden der Wachsamkeit oder vom Weißen Falken dekoriert.

Den «ganz kalten, hartbegrenzten Willen», den Konrad Flex in seiner späteren Biographie über den Bruder dem deutschen Soldaten schlechthin zusprach, besaß dieser Walter Flex offenbar in hohem Grade – oder genauer: den Willen zum Willen, denn ein solcher stellt sich nicht von allein ein, er muss gewollt und geübt werden. In den Lebenslehren des frühen 20. Jahrhunderts war oft davon die Rede, der Wille sei wie ein Muskel, den man trainieren müsse.

Walter Flex war selbst kein Wandervogel gewesen. Er hatte aber dieser Bewegung deutscher Gymnasiasten nahegestanden, ihrer völkischen Gesinnung ebenso wie ihrem Antimodernismus. Einige seiner Kriegsgedichte wurden in der «Täglichen Rundschau», der «Zeitung für Nichtpolitiker», veröffentlicht. Und es ging ihm offenbar ähnlich wie vielen Gleichgesinnten – die Kriegsbegeisterung hatte weite Kreise der Bevölkerung erfasst, die naturbegeisterten jungen Männer zogen ihnen voran. Von den sonntäglichen Ausflügen der Wandervögel ins Gelände, vom Kult eines modernen Nomadentums, der Besitzlosigkeit, der vorbehaltlosen Begegnung mit der Natur, des Lagerfeuers, des gemeinsamen Gesangs und des Übernachtens unter freiem Himmel führt ein Weg in den Schützengraben. Viele der jungen Männer, die aus den Städten zogen, um ein Leben in der Natur zu führen, fanden sich als Leutnants in der Armee wieder. Zehntausend Wandervögel sollen in die Schlacht gezogen sein. Mehr als die Hälfte kehrte nicht zurück.

Als Walter Flex im Spätwinter 1915 als Gefreiter an der Front in Lothringen lag, waren von den großen Laubwäldern, die noch ein halbes Jahr zuvor das Gebiet bedeckt hatten, nicht einmal mehr die nackten Stämme übrig geblieben. Tiefe Gräben durchzogen die Landschaft, die Granaten hatten den gesamten Boden zerwühlt. «Durch eure Macht, durch euer Mühn / Bin ich ergraut / Einst war ich grün. / Seht meine jetzige Gestalt. / Ich war ein Wald. Ich war ein Wald», heißt es bei Karl Kraus. In dieser verwüsteten Gegend lernte Walter Flex den sieben Jahre jüngeren Ernst Wurche kennen, einen ehemaligen Theologiestudenten, der zu der Berliner Wandervogelgruppe «Skuld» gehört hatte, benannt nach der Norne der Zukunft, einer nordischen Schicksalsgöttin, deren Name «das, was sein soll» bedeutet. Gemeinsam absolvierten sie einen Offizierslehrgang in Posen. Danach wurden sie an die baltische Front geschickt.

Während eines nächtlichen Patrouillengangs im Süden Litauens wurde Ernst Wurche verwundet. Er starb am 23. August 1915 im Alter von zwanzig Jahren. Ihm ist der «Wanderer zwischen beiden Welten» gewidmet, als ein Buch der Feier, der Bewunderung und der Huldigung. Es enthält weder eine ausführliche Geschichte dieser Freundschaft noch einen verlässlichen Abriss der Ereignisse des ersten Kriegsjahres. Stattdessen wird in einzelnen Episoden aus dem eigenen Erleben eine Gegenwelt entfaltet, ein Bild des Rausches und eines neuen Menschen, die Schilderung eines exzessiven romantischen Willens unter den Bedingungen des Kriegs.

Im Frühherbst 1917 hatten deutsche Truppen Riga eingenommen. Danach sicherten sie die weitere Umgebung. Bei der Besetzung der estnischen Insel Saaremaa (sie hieß früher Ösel) im Oktober 1917 soll Walter Flex, mittlerweile Leutnant, sich auf ein «Beutepferd» geschwungen, einen noch am Tier hängenden Säbel ergriffen haben und einem Trupp unschlüssig herumstehender russischer Soldaten entgegengesprengt sein. Sie legten die Gewehre an. Walter Flex wurde in den Bauch getroffen und starb am Tag danach, am 15. Oktober 1917. In seiner Tasche fand man, von Kugeln durchbohrt, das unvollendete Manuskript zu einem weiteren Roman. Die Mutter, erzählt der Bruder Konrad Flex, habe dem Heldensohn an diesem Tag noch einen Brief geschrieben, in dem von den Graugänsen die Rede war, die Walter Flex nach Süden hatte ziehen sehen.

Die erste Zeile des Gedichts liefert ein vollständiges Bild. Die Wildgänse, mit ihrem Akzent auf der ersten Silbe, welche die beiden folgenden beinahe in sich verschlingt, sind schon als bloßes Wort ein Emblem der Freiheit. Ihnen folgt ein zweites starkes Wort, das «Rauschen». Es bezeichnet nicht nur ein Geräusch, sondern klingt nach «Rausch». «Rauschen» auf «lauschen», das war ein Lieblingsreim der Romantik – «Hörst du nicht die Bäume rauschen», heißt es bei Joseph von Eichendorff, «lockt's dich nicht hinabzulauschen?» Zwar kommt das Verb «lauschen» bei Walter Flex nicht vor. Man hört es trotzdem. Dabei «rauschen» die Wildgänse nicht wirklich. Wenn sie über das Haus ziehen, höre ich eher ein mattes Klingeln der Flügel. Und natürlich die Rufe. In diesem Gedicht aber müssen sie rauschen, denn was dann kommt, ist die «Nacht». Auch sie ist ein Zitat aus der Romantik, mit erheblichem Akzent als Reimwort am Zeilenende («Nacht» – «acht»). Aber es stellt sich zwanglos ein, wie selbstverständlich. Diese erste Zeile allein, sie könnte den Ruhm des Gedichts begründen.

Und dann die zweite Zeile: «Mit schrillem Schrei nach Norden». Der Stabreim – «schrill», «Schrei» – verschärft das Grelle, Schneidende des Kontrastes zwischen den Soldaten in ihren Gräben und den Wildgänsen, die in die einzige Richtung fliegen, in der die Achsenmächte während des Ersten Weltkriegs nicht kämpften, die einzige Richtung einer Befreiung mithin, oder, wenn man die Ereignisse theologisch betrachten wollte, einer Erlösung. Ich bin mir aber nicht sicher: Von Lothringen aus betrachtet, liegt dort die Nordsee, und in der Nordsee liegt die britische Flotte. Von Walter Flex' Heimat, von Eisenach aus gesehen, gerät man eher nach Skandinavien. Vielleicht aber führt die Geographie hier in die Irre, und der Sinn dieses Wortes ist vager, weiter. Denn es ist ja Vorfrühling, und dort, wohin die Gänse fliegen, werden sie Nester bauen, sich paaren, Junge aufziehen, kurz: Dinge tun, die es für die Soldaten nicht (mehr) gibt. Und auch von der Rückkehr der Gänse wird gesprochen: «Fahrt ihr nach Süden übers Meer». Dann wird der Sommer zu Ende gegangen sein. «Was ist aus uns geworden!» Leichen womöglich.

Aus zwei mal fünf Wörtern bestehen die ersten beiden Zeilen dieses Gedichts oder Lieds, und jedes zweite Wort reißt einen ebenso weiten wie tiefen Hintergrund auf. Und dann reimt sich «Norden» auf «Morden», womit die Gefahren der Natur wie die Gefahren der Geschichte gleichermaßen bezeichnet sind. «Habt acht, habt acht!», ruft der im Schützengraben liegende Dichter den vorüberfliegenden Gänsen zu. Der Appell ist das irdische Echo des Gänserufs, schwächer, weil vom Boden aus nach oben gerichtet, aber mit einer den Gänsen fremden Besonnenheit und Angst vorgetragen. Denn die Gänse haben keineswegs «acht». Sie sind, wie alle Zugvögel, von einer besinnungslosen Tapferkeit und Entschlossenheit, die den an den Erdboden gebundenen Menschen in jeder Hinsicht verwehrt bleiben.

Die Wildgänse fliegen nicht, sondern «fahren». Bergleute «fahren» in den Schacht. Auch die Wandervögel «fuhren», wenn sie wanderten. Das «Fahren» ist das Leitmotiv dieses Gedichts, es kommt auf sechzehn Zeilen acht Mal vor. Es lässt die «Gefahr» anklingen und ist insofern sowohl Gegenteil als auch Entsprechung des Daseins der Soldaten, die nicht fahren, vielmehr im Schlamm feststecken, aber von steter Gefahr begleitet sind. Die zweite und die dritte Strophe entfalten den Vergleich zwischen den Wildgänsen und den Soldaten, durch Vokabeln, die den Wortschatz des Krieges auf die Vögel übertragen: Geschwader, Schlachtruf, Hader, dann das «graue Heer», das auf das Gefieder der Gänse ebenso anspielt wie auf die Uniform der Soldaten (obwohl die Gänse niemals ein

«Heer» bilden würden). Das Wort «Hader» liefert den Schlüssel für solche Verbindungen: Es stellt den Kampf als zugleich natürliches wie historisches Ereignis dar. Man könnte den Hader als Verharmlosung des Kriegs deuten. Aber so ist es nicht: Das Wort bringt die unterschiedlichen Arten der Gefährdung für Gänse und Soldaten zusammen. Daraus ergibt sich der selbstlose Gruß der im Zustand der Unfreiheit Gefährdeten an die in Freiheit Gefährdeten, die freundschaftliche Verbindung mit den Unerreichbaren. Dieser Gruß ist ein Ausbruch nach oben. In ihm scheint auch für die Unfreien eine Idee von Freiheit auf.

«Wir sind wie ihr»: Der Satz spricht von Identifikation und Sehnsucht zugleich, und beides geht nicht ohne Widerspruch zusammen. Denn Identifikation bedeutet Nähe, Sehnsucht aber Ferne. Vereint wird das Gegensätzliche im «Erlebnis», das weit mehr war als die Begeisterung, die in den ersten Wochen des Kriegs junge Männer in großen Scharen an die Front getragen haben soll. Zum «Erlebnis» gehört auch die Hölle von Verdun oder Ypern, es gehört eine Faszination des Schrecklichen dazu, das Gefühl eines intensivierten Lebens angesichts einer übergroßen Gefahr. Und ein Bewusstsein von Kameradschaft: «Was ist aus uns geworden!» – oder: Wer von uns wird im Herbst noch am Leben sein?

«Graureisig» ist ein seltsames Wort und eine Erfindung des Dichters. Es bezieht sich zurück auf die «Reisigen», die Landsknechte im 16. Jahrhundert. Sie trugen Kleidung in bunten Farben. Das Attribut «grau» aktualisiert sie für die Gegenwart des Ersten Weltkriegs, «grau» und «gefährlich» gehören zusammen. Vollends vollzogen wird diese Verbindung durch die Vertonung: Die Komposition von Robert Götz variiert eine Melodie aus dem Bauernkrieg, also ebenfalls aus dem 16. Jahrhundert. Sie gehört zu einem Lied, das mit der Zeile

«Die Bauern wollten Freie sein» beginnt. In der dritten Strophe finden sich die Zeilen: «Feldhacke g'zuckt und Schlachtruf gellt, / Es weilt und wogt der Hader.» Walter Flex scheint, als ihn im Schützengraben eine Eingebung überfiel, eine lange Geschichte im Kopf gehabt zu haben. Sie verschwand im Ersten Weltkrieg, mit der Verblüffung angesichts einer anonymen Kriegsführung, mit der Industrialisierung des Tötens. Im Ersten Weltkrieg war das «Grau» etwas Neues, im Unterschied zu den farbigen Uniformen früherer Zeiten. Im Zweiten wurde das Grau nicht mehr beachtet.

Der Erste Weltkrieg brachte den todesverfallenen Soldatengesang hervor. Das Lied «Als wir nach Frankreich zogen» des Offiziers und Dichters Joseph von Lauff zum Beispiel, an dessen Ende sich, nach allen Kameraden, auch der Fahnenträger beim «himmlischen Appell» einfindet. Oder «Es klappert der Huf am Stege» des Pfadfinders Hans Riedel: «Die Sehnsucht will uns bezwingen / Doch wir reiten die Sehnsucht tot.» Es gibt solche dunklen, traurigen Lieder nicht nur in Deutschland. Der «Tod in Flandern» zum Beispiel geht auf ein ursprünglich niederländisches Gedicht zurück, das vermutlich aus dem Jahr 1915 stammt: «Gestorben, gestorben, gestorben muss sein / Flandern in Not! In Flandern reitet der Tod.» Und auch das berühmteste britische Kriegsgedicht aus jener Zeit nennt keinen Feind: «We are the dead. Short days ago / We lived, felt dawn, saw sunset glow, / Loved, and were loved, and now we lie / In Flanders fields», heißt es darin. Diese Zeilen sollen nach dem Tod eines Freundes entstanden sein.

Die Wildgänse gehören zum Ersten Weltkrieg. Sie ziehen zum Beispiel durch Erich Maria Remarques «Der Weg zurück», durch den Anfang des Romans, der in den letzten Tagen des Krieges in einem Schützengraben spielt, in dem ein paar geschundene Soldaten bis zum Waffenstillstand durchzuhalten versuchen: «Wir lauschen. Das Zischen und Pfeifen der unsichtbaren Granatenbogen wird unterbrochen durch einen sonderbaren, langgezogenen Laut, der so seltsam und neu ist, dass mir die Haut schauert.» Dann ziehen die Gänse vor einem roten Mond vorbei, «deutlich sind die schwarzen Schatten zu sehen, ein Winkel von vielen Flügeln, ein Zug mit quarrenden, fremden, wilden Rufen, der sich in der Ferne verliert». Eine jähe Idee von Freiheit und Leben ergreift die Soldaten, dann schießt einer, angeblich in der Hoffnung auf einen Braten, tatsächlich, weil er das Gegenüber von Schützengraben und Gänseflug nicht erträgt. Der Schuss geht ins Leere.

Auch in Joseph Roths Roman «Radetzkymarsch» aus dem Jahr 1932 sind die Gänse unterwegs. Es ist noch Sommer, der letzte vor dem Krieg. Doch überall ist schon eine Ahnung der furchtbaren Dinge, die da kommen werden. Die Wildgänse sind ihre Boten: «Wilde Gänse! Sie verlassen uns früh. Es ist noch mitten im Sommer. Sie hören schon die Schüsse. Sie wissen, was sie tun!» Und wieder ziehen sie am Himmel in die Ferne: «Man sah in diesem Augenblick den winzigen, weißen Schatten der wilden Gänse unter dem kobaltenen Blau. Zwischen den Sternen wehten sie dahin, ein kleiner, heller Schleier.» Es kommen auch die Raben. Aber sie bleiben. Unbeweglich sitzen sie auf den Bäumen, als wären sie angewachsen. Dann holt jemand das Gewehr und legt an. Die getroffenen Raben fallen herunter, und die anderen rühren sich nicht.

Das Lied «Wildgänse rauschen durch die Nacht» wurde in der Hitlerjugend gesungen. Es wird von den Häftlingen in den Konzentrationslagern (man wüsste gern als was: als Vorzeichen der Freiheit?) und von Studenten in ihren schlagenden und nicht schlagenden Verbindungen angestimmt, es begleitete (auf Französisch, mit der ersten Strophe auf Deutsch) die

Märsche der Fremdenlegion, es ist in der «Mundorgel» verzeichnet, dem Liederbuch des Christlichen Vereins Junger Männer, und es stand im Liederbuch der Bundeswehr «Kameraden singt!», bis dieses im Jahr 2017 aus dem Verkehr gezogen wurde. Es gehört zum Repertoire der gemischten Chöre, mit denen der schwäbische Volksschullehrer Gotthilf Fischer jahrzehntelang durch Deutschland zog. Es erduldete die Verwandlung ins expressionistische Kunstlied mit Waldzither. Es gibt, selbstverständlich, eine Variante mit brüllendem Gesang, verzerrten Gitarren und hämmerndem Schlagzeug, eingespielt von einer Band namens Gryphacker.

Mehr als jeder andere Interpret jedoch war es Heino, der dafür sorgte, dass das Lied «Wildgänse rauschen durch die Nacht» nicht aus dem spärlichen Restbestand deutscher Volkslieder verschwand, so wie es mit den anderen Soldatenliedern aus dem Ersten Weltkrieg geschah. Soweit sich ermitteln lässt, nahm Heino das Lied zum ersten Mal im Jahr 1966 auf, damals trug er noch keine schwarze Brille. Danach scheint es bei Auftritten zu seinem festen Repertoire gehört zu haben. Man findet verschiedene Versionen, doch alle sind von der tiefen Zweideutigkeit, die den Mann mit den blonden Haaren kennzeichnet. Der Bariton ist tief und fest, die Haltung aufrecht, die Frisur gleicht einem Helm, und die Bewegungen sind eckig. Der Vortrag gleicht einem Kommando, die sonore Stimme trägt über jeden Zweifel hinweg, das rollende «R» kommt aus früheren Zeiten, aus dem Wiener Burgtheater, der Tradition der großen deutschsprachigen Bühnen. «Dieser Musikant wäre eine singende Miele-Waschmaschine, gäbe es nicht zugleich Elemente von verhaltener Weichheit und spröder Zerbrechlichkeit in seinem Habitus wie in seinem Singen», meinte der Schriftsteller Georg Klein. Heino ist etwas Schwieriges. Man kommt damit schlecht zurecht, sowohl mit der Heimat, die er besingt, als auch mit der Tradition des volkstümlichen Liedes, die er auf seine nur scheinbar robuste Weise fortsetzt.

Eine Aufnahme aus den siebziger Jahren zeigt Heino in einem von zwei Pferden gezogenen Wagen, der mit frischen Birkenzweigen geschmückt ist und durch eine Heidelandschaft fährt. Heino sitzt neben dem Kutscher, auf den Bänken hinter ihnen hat sich ein gemischter Chor aufgereiht. Wie Urlaubsgäste werden die Sänger durch die Heide geführt, danach wackelt die Gruppe auf Fahrrädern durch die Landschaft. Die letzte Strophe, die Passage, die vom Kaiser und vom letzten Amen handelt, ist weggelassen. Stattdessen wird die erste wiederholt. Von Krieg und Mord, von Schlachten und Sterben ist zwar zu hören, aber nichts zu sehen, an ihre Stelle tritt ein deutsches Idyll. «Die Welt ist voller Morden», singt Heino in freundlicher Umgebung und gehobener Stimmung, in einem absurd anmutenden Widerspruch zwischen den satten, freundlichen Verhältnissen eines Ferienfilms und der tödlichen Gefahr des Lieds, zwischen Sesshaftigkeit und Nomadentum.

Die Verbindung der Wildgänse mit dem Krieg scheint beständig zu sein. Der französische Schriftsteller Michel Tournier lässt am Ende seines Romans «Der Erlkönig» aus dem Jahr 1970 die Zöglinge einer nationalsozialistischen Eliteschule mit der Flak auf ziehende Wildgänse schießen. Der Krieg ist verloren, die Schule von der Roten Armee eingekesselt, und nun geht es den Tieren der immerwährenden Wiederkehr an den Kragen: «Wenn ein Geschoss inmitten eines geschlossenen Pulks detonierte, löste sich die ganze Vogelgruppe in einer Wolke von Federn auf, die von den Schützen mit Freudengeheul begrüßt wurde.»

In seinem Buch über den 30. April 1945, den «Tag, an dem Hitler sich erschoss und die Westbindung der Deutschen begann», beschreibt Alexander Kluge Ereignisse, die sich auf Burg Wildenstein im Oberen Donautal am Rand der Schwäbischen Alb zutrugen. Dorthin hatte sich, unter Führung Martin Heideggers, die Philosophische Fakultät der Universität Freiburg zurückgezogen. Die Einträge beginnen mit dem Satz: «Graugänse strichen über das Land. Darüber in Gegenrichtung Jagdbomber auf dem morgendlichen Kontrollflug, unhörbar weit oben. Das Tal lag still zwischen Berg und Gegenberg. Der Strom, der das Gelände teilte, war unter der weißlichen Decke des Frühnebels nicht zu erkennen. Hier wohnten einmal die Götter, sagt Hölderlin.» Das alles hat etwas Unwirkliches, die Festung des Geistes in einer fast schon irrealen Landschaft, durch die, an eben diesem Tag, dem 30. April 1945, eine französische Armee zum Exilsitz der Vichy-Regierung in Sigmaringen vordrang.

Der Krieg, die Sehnsucht und etwas ganz und gar Uneindeutiges im Verhältnis zum Tod: Auf diesen Motiven speist sich die Kraft eines Liedes von Walter Flex, das nicht verstummt.

Projekte der Nähe: Liebesgeschichten mit Wasservögeln

Im März 1927 ging Kurt Tucholsky ins Kino. Im Berliner Gloria-Palast sah er «Abu Markub», einen Tierfilm von mehr als eineinhalb Stunden Länge, den Bengt Berg mit Hilfe eines britischen Majors auf einer Reise in Bahr al-Ghazal, einer Region im heutigen Südsudan, aufgenommen hatte. Berg begleitete seine Stummfilme gewöhnlich mit einem Vortrag. Tucholsky fand die Darbietung «sympathisch», wie er in einem Artikel für die Wochenzeitschrift «Weltbühne» erklärte: «Er spricht zu den Bildern, die also ohne Musik laufen, was stellenweise, wenn man den Apparat schnurren hört, unheimlich ist. Die Aufnahmen sind schön, zum Teil wahrscheinlich unter unendlichen Mühen, mit sorgsamster Liebe, sicherlich auch unter Gefahren gemacht. Schade, dass Text und Redner die lästige Sehnsucht haben, provinziell zu verniedlichen, durch dumme anthropozentrische Betrachtungen die Tiere in der Wüste den Tieren im Parkett ‹näher zu bringen›, was man besser unterlassen sollte.» Ein Abu Markub, ein Schuhschnabel, ist das einzige Tier nicht nur seiner Art, sondern auch seiner Familie. Er lebt in Sumpfgebieten, ist sehr scheu und in seinem Bestand gefährdet, darin ein afrikanisches Gegenstück zur Wildgans, so wie sie damals war.

«Kulturfilme» nannte man in der frühen Zeit des deutschen Kinos Werke, denen keine fiktive Handlung zugrunde lag. Sie zeigten Menschen, Landschaften und Tiere, in Umgebungen und aus Perspektiven, in denen das Publikum diese Dinge nicht kannte. Vor allem die Tiere hatten es den Menschen angetan, die heimischen wie der Storch, die Eiderente, die Graugans und der Adler, und die exotischen wie der Tiger, der Elefant oder jener «Abu Markub». Die Filme waren zunächst kurz, nicht länger als eine halbe Stunde, und wurden im Vorprogramm der beliebtesten Filme gezeigt. Sie entwickelten sich aber schnell zu großen Formaten. «Alles, was Bengt Berg macht, ist in höchstem Maße von einer begeisternden Liebe und Wärme geprägt», heißt es in einer schwedischen Zeitung in den zwanziger Jahren. «Sie müsste sogar solche Menschen in Bann schlagen, die den Wundern der Natur gegenüber Augen und Sinne verschließen.»

Die Filme traten neben Bücher, die, nicht nur den Rezensionen, sondern auch den Bekenntnissen vieler Leser zufolge, verschlungen wurden. «Ich» sagt der Erzähler, und oft verwendet er, wenn er sich an den Leser wendet, das Wort «Du». Das «Ich» steht, ähnlich wie bei Karl May, für eine eigene Welt, die dem Erzähler gehört. Wenn der Leser hinzutritt, will er sich in das Erzählte mischen, ein Vertrauter und Gefährte des Erzählers sein.

Getragen von dem Ehrgeiz, die Vorbilder so getreu wie möglich nachzubilden, war Bengt Berg zu einem Meister der Tierpräparation geworden. So waren seine Dioramen entstanden. Das Verlangen nach einem authentischen Bild wurde dadurch nicht gestillt, weder bei ihm noch bei seinem Publikum. Er suchte noch überzeugendere Darstellungsformen und fand sie einerseits in der Literatur, andererseits in der Fotografie, deren Anspruch auf Wirklichkeit dann im Film gesteigert wurde. So entstanden die ersten Tierbücher, das kleine Werk über den Regenpfeifer, eine Schilderung des Vogelzugs nach Afrika, die «Liebesgeschichte einer Wildgans». Daneben wurde Berg ein Pionier der Tierfotografie und des Tierfilms, was so weit ging, dass er, der größeren Nähe zum Objekt wegen, zum Erfinder wurde. Der Übergang zum Techniker war dabei nichts Nebensächliches, sondern ermöglichte das Gesamtkunstwerk.

Entdeckertum, Forschergeist und moderne Medien, das Zeitungswesen, die Fotografie und der Film kommen zusammen, um solche Werke entstehen zu lassen. Wo sie waren, gibt es keine unentdeckten Länder mehr. Die letzten Augenblicke vor dem Verschwinden des Unbekannten werden festgehalten. Was immer beschrieben oder gezeigt wird, steht im Zeichen des «Noch» und des impliziten, aber nicht zu erfüllenden Aufrufs, das Verschwinden dieser Welten aufzuhalten. Indem die schreibenden, fotografierenden, filmenden Abenteurer den Lebensraum der Tiere zugänglich machen, sind sie Vorboten ihrer Ausrottung. Zugleich werden sie zu Agenten des schlechten Gewissens. In zwei Richtungen treiben diese Entdecker daher. Die eine ist kolonialistisch, sie zielt auf die zumindest ideelle, oft auch praktische Beherrschung der geschilderten Landstriche und ihrer Bewohner, der Menschen wie der Tiere. In diese Absicht eingeschlossen ist zweitens ein hohes Maß an Missionarismus: Er strebt nach Erlösung, nach einem Frieden zwischen Mensch und Tier.

Bengt Berg war kein einsamer Held, im Gegenteil. Eine Vielzahl von Autoren, Forschern und Entdeckern war im Interesse eines großen Publikums unterwegs, die seltensten Tiere und geheimnisvollsten Landschaften ins Licht der Öffentlichkeit zu ziehen. Vorausgegangen war etwa der bereits erwähnte Jäger, Forschungsreisende und Fotograf Carl Georg Schillings, der zwischen 1896 und 1904 vier Mal in die Kolonie Deutsch-Ostafrika reiste. Aus den Fotografien stellte er ein fotografisches Archiv der ostafrikanischen «Großtierwelt» zusammen, das etwa zweitausend Aufnahmen enthielt und die Grundlage für ein Programm der «Naturkunden» bildete, mit denen Carl Georg Schillings jahrelang als Vortragsreisender durch die deutschsprachigen Länder zog. Über zwei Jahre hinweg, immer wieder, wurde in der «Urania», dem wichtigsten Vortragssaal in Berlin, ein Lichtbildervortrag der afrikanischen Tierwelt gezeigt, der aus Schillings' Bildern zusammengestellt war. Und in den Jahren 1905 und 1906, also deutlich bevor Bengt Berg mit seinen Tierbüchern auftrat, veröffentlichte er zwei erfolgreiche Bücher: «Mit Blitzlicht und Büchse» und «Der Zauber des Eleléscho». Darüber hinaus inspirierte Schillings zahlreiche Nachahmer in kleineren, heimatlichen Verhältnissen: Rudolf Voigtländer, sein Verleger, setzte wiederholt Preise aus für die gelungensten «Naturkunden» aus der Heimat. Eine halbe Armee von Freizeitfotografen scheint danach auf die Wiesen und Äcker, in die Wälder und Berge gezogen zu sein, um mit möglichst erstaunlichen Tierfotografien zurückzukehren.

Nur einen Tonfilm gibt es von Bengt Berg: «Sehnsucht nach Afrika», der dritte abendfüllende Film. Produziert wurde er von der Tobis Filmkunst, dem wichtigsten Filmunternehmen der Nationalsozialisten. Die Handlung besteht aus einem eher losen Arrangement: Fünf Berliner Hitlerjungen lernen auf Eriksberg, dem Gut Bengt Bergs in der südschwedischen Provinz Blekinge, nicht nur eine vermeintlich unverfälschte Natur kennen, sondern bekommen auch Filme über den Vogelzug und die afrikanische Wildnis zu sehen. Uraufgeführt wurde der Film im Januar 1939 im «Marmorhaus» am Berliner Kurfürstendamm, in Deutschland kam er auf zweihundertsiebzehn Vorführungen. Auch Adolf Hitler zählte zu den Zuschauern.

Die britischen Brüder Richard und Cherry Kearton hatten im Jahr 1898 das Buch «With Nature and a Camera» publiziert, das hundertsechzig Fotografien enthielt. Diesem Werk folgten nicht nur ein Dutzend ähnliche Publikationen, sondern mehr als dreißig Dokumentarfilme, die tierisches Leben in fernen Ländern festhielten. In einem kleineren, heimatlichen Rahmen wirkte etwa der dänische Schriftsteller Svend Fleuron, Autor von auch in Deutschland beliebten Büchern über Kälber, Dackel, Schwäne und Füchse sowie eines Romans «von den dänischen Feldern», der «Meister Lampe» gewidmet ist. Und es gehörte der immens erfolgreiche Zeichner und Redakteur Paul Eipper zu diesem Kreis von Autoren. Eippers Satz «Tiere sehen dich an», der Titel eines im Jahr 1928 erschienenen Buches, wurde zu einem geflügelten Wort, das noch heute lebendig ist. Das Werk handelt von Tieren im Zoo, wobei der Erzähler von Gehege zu Gehege geht, die Tiere betrachtet und dabei allerhand Menschliches assoziiert. Das Buch wird zu einer Lehrstunde in Dingen der Moral: Die Tiere sollen mit «Demut und Andacht» betrachtet werden, in der gesamten Natur wird «die gleiche Schöpferkraft» erkannt. Die beigefügten Fotografien stammen nicht von Eipper selbst; drei Jahre später wurde das Buch verfilmt.

In einer Rezension des Films hieß es, es sei nun «zum ersten Male gelungen, Tiere so aufzunehmen, dass sie interessiert in das Objektiv sehen. Es zeigt sich wieder, dass der Film besonders geeignet ist, die dunklen Gebiete des Tiererlebens von den Triebformen bis zu den hochentwickelten Stufen eines zweckmäßigen Handelns aufzuhellen.» Zum ersten Mal? Die Tierfotografie wie auch der Tierfilm jener Jahre war voller «erster Male», vor allem, wenn es um die technische Reproduktion von Begegnungen mit Tieren ging. Was über dieses Buch geschrieben wurde, hätte mit ähnlichen Worten auch in der Rezension eines Films von Bengt Berg stehen können – was zur Folge hatte, dass dieser den Kollegen Paul Eipper nicht nur als einen Freund wahrnahm, in dessen Berliner Wohnung er hin und wieder übernachtete, sondern auch als Konkurrenten, zumal ihre Bücher im selben Verlag erschienen.

Konrad Lorenz begann in den dreißiger Jahren, also mit Beginn seiner zoologischen Forschungen, das Verhalten seiner Vögel in Filmen festzuhalten. Dies geschah zum Zweck der wissenschaftlichen Dokumentation – Lorenz benutzte Filme bei seinen akademischen Vorträgen –, aber auch, weil er mit Filmen ein weites Publikum erreichen konnte. «Der Film ist ja für den Verhaltensforscher das, was für den Anatomen das Präparat ist», erklärte er seinem ehemaligen Anatomielehrer. Und als nach dem Zweiten Weltkrieg die Idee aufkam, eine umfassende Bestandsaufnahme tierischen Verhaltens mit den Mitteln des Films zu schaffen, war er dabei: Gotthard Wolf, einer der Pioniere des Unterrichtsfilms, gründete im Jahr 1952 die «Encyclopaedia Cinematographica», ein Unternehmen, das zuletzt etwa zweitausend Filme umfasste, ohne Kommentar, ohne Musik und ohne dramatische Schnitte, bevor es Anfang der neunziger Jahre bedeutungslos wurde, weil die physischen Speichermedien durch digitale abgelöst wurden. Etwa gleichen Alters ist das Tierstimmenarchiv, heute ein Teil des Museums für Naturkunde in Berlin. Doch auch wenn es längst andere Techniken gibt, das Leben der Tiere in jeder Regung, mit jedem Ton aufzuzeichnen: Es ist von vornherein der Film, der die Nähe zum Tier schafft, die nur wenigen Menschen physisch möglich, aber doch so ungeheuer verlockend ist.

In den späten zwanziger Jahren hegte Gerhart Hauptmann, zwar nicht mehr so erfolgreich wie in den Jahrzehnten zuvor, doch noch immer die glanzvollste Verkörperung eines deutschen Dichters, den Plan, ein «Vogelepos» oder «Vogelmärchen» zu schreiben. Mehr als ein paar Zeilen aus einem Entwurf sind dazu nicht bekannt. Vielleicht wies ihn deshalb Paul Eipper an einem Dienstag im November 1927 darauf hin, dass am Abend Bengt Bergs Film «Abu Markub» in Dresden gezeigt werde, wiederum begleitet von einem Vortrag des Filmemachers selbst. Hauptmann hielt sich in diesen Tagen in der sächsischen Hauptstadt auf. Er ging hin, am Tag darauf war er noch einmal dort, und drei Tage später lernten sich der Dichter und der Vogelforscher in einem Dresdner Hotel kennen. Die Begegnung muss ein gegenseitiges Sich-erkennen gewesen sein. So gut verstand man sich, die Ehefrauen eingeschlossen, dass man umgehend einen Besuch in Schweden vereinbarte.

Bengt Berg wandert durch die Lebenserinnerungen, Tagebücher und publizistischen Beiträge jener Zeit. Bei Rudolf Carnap, einem der Begründer des logischen Empirismus, findet sich die Notiz: «Bengt Berg spricht selbst in sympathischer, naiver Art über die afrikanische Expedition, Elefanten und Vögel.» Die Schauspielerin Asta Nielsen, der erste weibliche Filmstar überhaupt, schrieb in einem Aufsatz über Bergs Film «Mit den Zugvögeln nach dem Süden», dies sei «ein Meisterwerk nicht nur optischer, sondern auch filmischer Kunst, das immer wieder durch die Fülle und Schönheit des Gezeigten seinen Beschauer in Bann schlägt». Der spätere Regisseur Billy Wilder beschäftigte sich mit Berg in seinen journalistischen Arbeiten, der Filmkritiker Hans Sahl bezeichnete ihn als «nordischen Magier», und anlässlich der im Jahr 1930 erscheinenden «Liebesgeschichte einer Wildgans» meinte der Dortmunder «General-Anzeiger», damals die größte deutsche Tageszeitung außerhalb Berlins: «Es ist eines jener Bücher, die man besitzen muß, so wie man Goethe, Shakespeare oder die Bibel besitzt.»

Nachdem Bengt Berg und Gerhart Hauptmann sich in Dresden kennengelernt hatten, sah man einander häufiger. Die Bergs besuchten die Hauptmanns in deren Haus in Agnetendorf, im schlesischen Teil des Riesengebirges, sie trafen sich auf Rügen, besuchten im August 1928 gemeinsam die UFA-Studios in Neubabelsberg und die «Somalineger» auf der «Völkerschau» in Berlin. Ein paar Wochen später nahmen Margarete und Gerhart Hauptmann das Schiff von Sassnitz nach Trelleborg. In Malmö wurden sie von Bengt Berg im Cadillac abgeholt und nach Blekinge gefahren. Drei Tage verbrachten sie in Värnanäs bei Kalmar, in «unserem einfachen Heim an der Ostsee», zu dem Berg sein Domizil erklärt hatte – ein hölzernes Herrenhaus und fünfundvierzig Hektar Wald und Küste, die Berg gepachtet hatte, um jagen und fotografieren zu können. Das Wetter war schön, der Gastgeber schoss ein «Wasserhuhn», es wurde reichlich getrunken und sogar getanzt. Berg ließ sich mit dem Nobelpreisträger des Jahres 1912 filmen und fotografieren. Zum Abschied schenkte Berg dem Gast sein Buch, «Birds of the North», erschienen 1925 in Stockholm. Die Widmung lautete: «an Gerhart Hauptmann zum freundlichen Gedenken seines lieben Besuches unter den Wildgänsen und Schwänen auf Bokenäs September 1928.» Die Presse berichtete.

Hauptmann scheint ein Moment von Kulturindustrie erkannt und ein Unbehagen mit nach Hause genommen zu haben. Es hatte sich schon nach dem Besuch in Babelsberg angekündigt: «Gehe noch mehr abseits», hatte er in seinem Tagebuch notiert. «Die Unverwendbarkeit der Producte für Kino Theater und Buchmarkt beweist ihre große Echtheit, Wahrheit und Tiefe.» Er meinte die eigenen literarischen Arbeiten. Bald nach der Rückkehr schrieb er ein Theaterstück, das etwas Einzigartiges in seinem Werk darstellt, einen Einakter, der nicht nur in den Klamauk übergeht, sondern auch in die Kolportage: Das Stück zeigt zwei betrunkene Entenjäger, die eine Nacht in einem Spukschloss auf einer Insel vor der schwedischen Ostküste verbringen. Lars Anderdal, die Hauptfigur des Dramas, ist Bengt Berg nachgebildet: «Ich bin ein gesundes, starkes Tier», ruft er in die Welt. Peter Lerch, der deutsche Kumpan, trägt Züge Paul Eippers, eines eher zaghaften Stadtmenschen, der vermutlich lieber in den Zoo als in den Wald geht. Die dritte Figur, eine Spukgestalt namens «der Marquis», ist André Germain nachempfunden, einem zu jener Zeit in deutschnational gesinnten Kreisen allgegenwärtigen französischen Journalisten. Uraufgeführt wurde das Stück im Dezember 1929 am Wiener Burgtheater unter der Regie von John Brahm, der später in Hollywood bei zwölf Folgen der Fernsehserie «Twilight Zone» Regie führen sollte.

Ein «Mysterienspiel» nannte Hauptmann das kleine Werk, dessen Erfolg nicht über die Uraufführung hinausreichte. «Gespensterstück» würde die Sache besser treffen. Mobilisiert wird das esoterische Repertoire jener Zeit, so wie es auch in Thomas Manns Essay «Okkulte Erlebnisse» aus dem Jahr 1924 erscheint – komplett mit Klopfgeistern, fliegenden Besen und lebenden Toten. Der Held Lars Anderdal ist ein vitaler Verwandter Dr. Caligaris: ein Schamane, dessen Geist weite Reisen unternimmt, während der Körper auf dem Teppich liegt, einer, der sich in den Landschaften der Seele frei bewegen und Geister beschwören kann. Ferner werden die damals populärsten wissenschaftlichen Lehren aufgeboten, die Relativitätstheorie, die Psychoanalyse, eine Verjüngungstherapie.

Doch ist das kleine Drama mehr als nur ein Spiel mit landläufigen Obsessionen. Es ist auch eine Auseinandersetzung mit den technischen Medien, dem Film im Allgemeinen und mit der medialen Präsenz im Besonderen. Und schließlich ist es eine Reflexion der Behauptung, die Bengt Berg in jedem seiner Werke erhebt: des «Ich war da», das die Geschichte vom Regenpfeifer ebenso prägt wie die Schilderung des Lebens mit den Graugänsen – «Ich war da», so unwahrscheinlich und abenteuerlich das Erzählte auch wirken mag. Und besteht nicht auch die besondere Leistung der Fotografie und des Films darin, längst vergangene Gestalten und Ereignisse so zeigen zu können, als wären sie unmittelbar gegenwärtig? In einer Überwältigung, die den Körper wie tot auf dem Tep-

Den Vögeln ist eher zu trauen als den Menschen. Bengt Berg im Kreis seiner Graugänse auf seinem Gut in Värnanäs 1928.

pich liegen lässt, während der Geist davonzieht? Am Ende des kleinen Dramas rappeln sich die beiden Helden zwar wieder auf und ziehen davon. An ihrer Präsenz aber sind längst ernsthafte Zweifel aufgekommen.

Bengt Berg hatte den Besuch des Schriftstellers als ein Schauspiel der Nähe inszeniert, so wie er seine Begegnungen mit Wildgänsen, Adlern und Schuhschnäbeln in Szene gesetzt hatte, als Darbietung unerwarteter und oft unglaublicher Intimität. Die Kamera ist das Mittel, das die Nähe überhaupt erst schafft. Vor dem Aufenthalt in Värnanäs hatte Berg seinem künftigen Gast ein anderes seiner Bücher geschenkt: «Tookern. Der See der wilden Schwäne». Während des Aufenthalts legte Berg seinem Besucher, vielleicht in Ermangelung einer Wildgans, einen Schwan in die Arme (wobei der Dichter einen eher misstrauischen, sogar gequälten Eindruck macht), drückte auf den Auslöser und stellte die Fotografie daraufhin Paul Eipper zur Verfügung, der sie wiederum an die «Frankfurter Zeitung» weitergab – wo sie als Titelbild für die monatlich erscheinende Beilage «Für die Frau» erschien.

Ungefähr zur gleichen Zeit, als Hauptmann mit seiner Arbeit an dem Einakter begann, entwarf er einen enthusiastischen Brief an seinen Gastgeber: «Sie sind ein Leben, Sie sind eine Entschlossenheit, sie (sic) sind ein Mensch, der die herrliche Einheit mit der Welt der großen Vögel hat (auch Engel sind große Vögel!) und ich erkläre Sie für einen Naturalisten, den Goethe auf das tiefste geliebt haben würde.» Doch war Hauptmann offenbar schon dabei, sich aus der gerade noch gefeierten Freundschaft zurückziehen: eine Begegnung noch, dann nurmehr Geburtstagsgrüße – und ein unveröffentlichtes Gedicht aus dem Jahr 1935, in dem er Bengt Berg und den Entdeckungsreisenden Sven Hedin des politischen Opportunismus zeiht. Das Gedicht beginnt mit den Zeilen: «Die

Deutschen lieben Conjuncturisten / Sven Hedin und andere Christen – / Bengt Berg und andere Schweden / man liebt, befohlen, allen und jeden.» Zum Ende erscheint Berg als ein «Abenteurer ohne Sinn»: «Ich weiss nicht, bester, was du bist / du magst solches und solches verdienen / Mir bist du ein Bienenstock ohne Bienen / Ein leeres schwedisches Vogelgenist.» Nicht nur, dass man hier einen Opportunisten einen Opportunisten einen Opportunisten einen Opportunisten schelten hört. Vielmehr ist an dieser Freundschaft und an ihrem bitteren Ende zu erkennen, in welchem Maß die Leidenschaft für die Natur und den Norden, mit der Wildgans als Symboltier, in ein ideologisch geprägtes Spektakel übergeht, dem auch die unmittelbar an dessen Verbreitung Beteiligten nicht entrinnen – selbst wenn sie es wollten.

Die Gans, die Nationalsozialisten und die Germanisierung des Ostens

Den 30. Juni 1929, einen Sonntag, verbrachte der Reichstagsabgeordnete Joseph Goebbels zusammen mit einem Freund, dem Karikaturisten Hans Herbert Schweitzer, und einer «flatterhaften» Geliebten, der ukrainischen Schauspielerin Xenia Desni, deren Karriere kurz zuvor, mit dem Ende des deutschen Stummfilms, ausgelöscht worden war. Zusammen ging man ins Kino. Der Eintrag im Tagebuch lautet: «Bengt Berg ‹Die letzten Adler›. Ein königlicher Film. Ein hohes Lied auf die Aristokratie. Gegen den Massenwahn. Bengt Berg ganz unser Mann. Er sprach uns allen aus dem Herzen. Der Adler als bewußter, stolzer Räuber, erhaben über die Anwürfe ‹feiger Möven der öffentlichen Meinung und Moral›. Es war groß und herzerfrischend. Dabei Aufnahmen von einer Pracht und Schönheit, wie sie eben nur die reine, unberührte Mutter Natur noch aufweist. Wir kamen heraus, erquickt und innerlich gestärkt. Das Leben ist hart und grausam, unter Menschen und unter Tieren. Wohl dem, der's zwingt.» Bengt Berg hatte den Film Bruno Liljefors gewidmet, dem Maler- und Jagdfreund, der nicht nur das Kinoplakat, sondern auch das Motiv für den Buchumschlag gestaltet hatte.

Im Juni 1935 unterzeichnete Adolf Hitler im Namen der deutschen Reichsregierung das «Reichsnaturschutzgesetz», damals das am weitesten gehende Naturschutzgesetz der Welt. Es sollte nicht nur die Pflanzen- und Tierwelt vor den Eingriffen des Menschen schützen. In einem Kommentar, der bald danach veröffentlicht wurde, ist vielmehr auch davon die Rede, das Gesetz sei der «Anwendungsfall der nationalsozialistischen Grundideen von den engen Wechselbeziehungen zwischen Blut und Boden als den Grundgegebenheiten unseres völkischen Seins». Naturschutz in diesem Sinn: Das musste weit mehr sein als ein ökologisches Regime auf begrenzten Flächen. Die Geltung des neuen Gesetzes erstreckte sich nunmehr potentiell auf die gesamte Nation, in jederlei Hinsicht und weit über die schutzbedürftige Tierwelt hinaus.

Der «Lebensraum» ist eine verfängliche Idee. Sie hat unangenehme Verwandte und noch unangenehmere Vorfahren. Lebewesen hängen von Lebensräumen ab, weshalb die bloße Feststellung, dass der rote amerikanische Sumpfkrebs in europäischen Gewässern nicht nur einheimische Krebsarten verdrängt, sondern ganze Gruppen von Amphibien aussterben lässt, noch kein Ausdruck von Fremdenfeindlichkeit ist, auch wenn hier in der Veränderung vor allem eine Beschädigung erkannt wird. Der Fehlschluss von der Natur auf die Moral – verbreitet etwa in der Vorstellung, dass es einen spezifisch deutschen Lebensraum geben soll – wird nicht richtiger, wenn man ihn umdreht und das bislang «Fremde» willkommen heißt, nur weil es von außen kommt.

Bengt Berg war einer der ersten Zoologen, der mit der Aufhebung aller Grenzen für den Naturschutz Ernst zu machen suchte: Die Gefangenschaft von «Wildtieren» in Zoos sei «orientalisch», erklärte er ungefähr zur selben Zeit. Man solle dem tierischen Begehren nach Freiheit möglichst großen Raum geben, in vielen, ebenso großen wie stadtnahen Wildparks nach dem Vorbild der Schorfheide bei Berlin: Es unterliege keinem Zweifel, sagte er im «Deutschlandsender», dass «eine große Zahl solcher Parkanlagen besonders für die Jugend der Industriestädte segensreich wäre und zur Stärkung der instinktiven Naturverbundenheit dieser Jugend in gesunder Weise beitragen würde». Adolf Hitler nahm die Anregung auf, empfing Bengt Berg im Dezember 1935 in der Reichskanzlei und scheint sich angehört zu haben, was dieser über die Befreiung der Tiere zu sagen hatte. Die zoologischen Gärten bestanden weiter.

Die Universität Bonn verlieh Bengt Berg, der nie eine Schule abgeschlossen, geschweige denn studiert hatte, im Jahr 1935 die Würde eines Ehrendoktors. Im Jahr darauf ernannte ihn die Stadt zum Ehrenbürger. Zwischendurch empfing er den Boxer Max Schmeling zur Elchjagd auf seinem Hof in Värnanäs, was von der deutschen Presse breit dokumentiert wurde. Von einem «auferstandenen Deutschland» sprach Berg vor der Kamera des «Aktuellen Bilderdienstes», als er im September 1936 den Schlafwagen der Mitropa verließ, mit dem die ausländischen Ehrengäste zum Reichsparteitag in Nürnberg gebracht worden waren. Man habe nunmehr einzusehen, «daß die Führung des Idealisten Adolf Hitler nicht nur für Deutschland, sondern für die ganze Welt ein Segen ist». Als der britische Baron Brocket im September 1939 auf eigene Faust einen Frieden zwischen Großbritannien und Deutschland herbeiführen wollte, suchte er die Vermittlung Bengt Bergs, der bekanntermaßen gute Beziehungen zu Hermann Göring unterhielt.

Am 6. August 1940, wenige Monate nach der Besetzung Dänemarks und Norwegens, trug Goebbels ein Gespräch mit Berg in sein Tagebuch ein: «Aussprache mit Bengt Berg. Ich entwickle ihm unsere Pläne zur Neuordnung Europas unter Deutschlands Führung. In Schweden steht man jetzt vor schweren Entschlüssen. Das Volk ist vollkommen verhetzt. Die Intelligenz möchte schon mit uns, aber hat noch nicht den

Mut dazu. Norwegen besitzt nur wenig Sympathien. Über die nationale Zukunft hat man keine klare Vorstellung. Ich mache Berg genaue Aufklärung über unsere Absichten. Man kann jetzt mit den Neutralen ziemlich offen reden. Er versteht mich und wird dementsprechend reden und schreiben. Mittags beim Führer … Ich gebe ihm Bengt Bergs scharfes Urteil über den schwedischen König wieder. Da stimmt der Führer mir zu.» Das Treffen wurde nicht nur in der gesamten deutschsprachigen Presse, sondern auch in schwedischen Blättern gemeldet.

Dazu passende Äußerungen Bergs finden sich in größerer Zahl in der deutschen Presse. Das «Großdeutsche Reich», das nach dem Krieg durch die Eingliederung des europäischen Nordens geschaffen werden sollte, wird darin zwar nicht direkt angesprochen, ist aber als Bezugsgröße gegenwärtig – in diesem Reich sollte sich, wie Carl Schmitt in seiner Schrift «Land und Meer» meinte, der «Großraum» als «zusammenhängender Leistungsraum» gegen den «Streubesitz» des britischen Empires behaupten. Im November 1942, nach einer deutlichen Verschärfung der Besatzungsregeln, saß Berg zwischen den Ministern, als die «Nordische Verbindungsstelle» in Berlin die Repräsentanten Dänemarks zum Essen bat – die «Verbindungsstelle» war eine Abteilung innerhalb des Propagandaministeriums, die sich vor allem um die skandinavischen Länder zu kümmern hatte. Und als Berg ungefähr um dieselbe Zeit beim deutschen Reichsstatthalter in Kopenhagen eingeladen war, traf er dort nicht nur den dänischen Kollegen Svend Fleuron, sondern auch Bernhard Grzimek, damals Regierungsrat im Reichsministerium für Ernährung und Landwirtschaft und dort unter anderem mit der Haltbarkeit von Hühnereiern beschäftigt. Nach dem Krieg wurde er Direktor des Frankfurter Zoos und, als Tierfilmer deutlich beeinflusst von Bengt Berg, eine der Heldengestalten des frühen deutschen Fernsehens.

Im Winter 1941/42 sendete der «Deutschlandsender» den Appell «Schont Bengt Bergs Wildgänse!». Die Hörer wurden aufgerufen, die Vögel nicht mehr zu jagen, die Inschriften der Ringe zu notieren und jeden Fund zu melden. Was Berg in dieser offenbar mehrmals ausgestrahlten Sendung wörtlich sagte, weiß man nicht, da es keine Tonkonserven gibt. Dass es diesen Aufruf gab, ist allerdings gewiss. Etliche Zeitungsartikel berichteten davon, auch in Gebieten jenseits der alten Reichsgrenzen, in Estland und Böhmen zum Beispiel.

Am 4. September 1942 gab Berg der «Revaler Zeitung» ein Interview. Der Journalist beginnt das Gespräch mit den Worten: «Wir haben im Winter alle den Notruf über den deutschen Rundfunk gehört.» Daraufhin erzählt Berg, er habe nach seinen Sendungen Hunderte von Briefen erhalten. In den meisten Fällen seien ihm Saatgänse gemeldet worden, sie überwinterten in Deutschland. «Die interessanteste Nachricht kam mit einem liebenswürdigen Brief vom Stabsleiter des Reichsprotektorats von Böhmen und Mähren, Jägermeister von Zenetti, der mitteilte, dass die Forstverwaltung bei einem Dorf in Südböhmen drei meiner dort heruntergeflogenen Wildgänse habe einfangen lassen, damit die Bevölkerung aus Unwissenheit ihnen keinen Schaden zufügen sollte.» Bald kam eine ähnliche Meldung von dem Kreishauptmann von Tomaschow. «Auch dort hatte man eine meiner Wildgänse eingefangen.» Es gibt zwei Städte mit dem Namen Tomaszów, beide liegen in Polen, die eine nahe Lublin im äußersten Südosten, die andere in der Woiwodschaft Łódź in der Mitte des Landes. Um welche Stadt es geht, ist gleichgültig: Das «Großdeutsche Reich», zu dem Schweden nicht gehörte, aber als künftiges Terrain hinzugerechnet wurde, galt Berg offenbar als natürliche Ausdehnung seiner gänsepolitischen Interessen.

«Man soll Tiere nicht quälen», hatte die schwedische Zeitung «Oskarshamns Nyheter» schon im Februar 1936 in einem offenen Brief an Berg geschrieben, «aber Menschen? Haben Sie sich je damit beschäftigt, dass Ihr Beschützer Göring Hunderttausende von Menschen, die ebenso unschuldig sind wie die gefangenen Tiere, ... in seine Menschenparks gesperrt hat, in die Konzentrationslager ... wo sie schweren Grausamkeiten ausgesetzt sind, ja sogar teuflischer und tödlicher Folter?» Diesen offenen Brief hätten seine Autoren in den folgenden Jahren immer wieder schreiben können, unter sich permanent verschärfenden Bedingungen. In den Jahren 1941 und 1942 gab es zum Beispiel eine ornithologische Forschungsstation in der Umgebung des Konzentrationslagers Auschwitz, die, wenn auch eher aus persönlichen denn aus politischen Gründen, betrieben wurde von Günther Niethammer, nach dem Krieg Leiter der ornithologischen Abteilung im Museum Koenig und Präsident der Deutschen Ornithologen-Gesellschaft.

Auch Berg werden die Menschen in den Lagern nicht gekümmert haben. Er war Evolutionstheoretiker, wenngleich, wie man einwenden mag, die Einrichtung von Naturparks der natürlichen Zuchtwahl ins Handwerk pfuschen musste. Auf die Unterscheidung zwischen Mensch und Tier kam es ihm weniger an als auf die zwischen guten und schlechten Rassen, zwischen gutem und schlechtem Erbgut. Noch in einem Lebensbericht, der im Jahr 1955 unter dem Titel «Meine Abenteuer unter Tieren» erschien, erklärt Berg, man solle die wilden Tiere Bengalens auch dann schützen, wenn sie dem Menschen gefährlich werden. Sie seien selten. Bei sechs Tigern unter sechzig Millionen Menschen könne es auf ein paar aufgefressene Ureinwohner nicht ankommen.

So erfolgreich war Berg, vor allem in Deutschland, dass er im Jahr 1938 das Gut Eriksberg in der Provinz Blekinge erwerben konnte, nicht weit von der Kleinstadt Karlshamn, an einer felsigen Küste gelegen, die mit langen, schmalen Halbinseln weit ins Meer hinausreicht und von zahlreichen kleineren und größeren Inseln gesäumt ist. Das alte Haus in Värnanäs am ungleich sanfteren Kalmarsund behielt er, und während er sich zum Leben zunächst hauptsächlich dort aufgehalten zu haben scheint, entwickelte er Eriksberg zu einem Naturschutzgebiet in Privatbesitz. In Värnanäs hatte Bengt Berg zu rekonstruieren versucht, was vor nicht langer Zeit vorhanden gewesen war und mit einem leichten Anstoß in die Gegenwart zurückbefördert werden konnte, die Wildgänse, die Hirsche und die Elche. Mit Eriksberg hatte er Größeres im Sinn, inspiriert von den Unternehmungen auf dem Darß, in der Schorfheide oder in Rominten, beflügelt vom Anblick einer Landschaft, die mit ihren grauen Felsen, ihren Kiefern und ihren von Schilf und Moos überwachsenen Sumpfflächen archaisch anmutet.

Ein Zaun wurde gezogen, um den neuen Park vom ungeschützten Teil der Welt zu trennen. Die Kätner, die auf dem Areal gewohnt hatten, wurden dazu gedrängt, ihre kleinen Holzhäuser aufzugeben – Naturschutzgebiete müssen von Menschen befreit werden, so war es im Yellowstone-Nationalpark gewesen, so machte man es im Dritten Reich im Białowieża-Park im Osten Polens und später, in den fünfziger Jahren, in der Serengeti. Bergs Neuordnung des Tierreiches folgte dem bekannten Programm: Wildgänse, Hirsche, Elche, Wisente sowie Mufflons. Nun wurden Tiere aus fernen Ländern herbeigeholt, eines Züchtungsprogramms wegen, dessen eigentliches Ziel die Schaffung eines Paradieses gewesen sein muss, das ideell viele geographische Zonen umfasste – dass Berg in den zwanziger und dreißiger Jahren sowohl Teile Ostafrikas als auch Indiens kennengelernt hatte, spiegelte sich in seinem privaten Park wider.

Im Interview, das Berg der «Revaler Zeitung» gab, erklärte er, es werde bald große «Zugvogelstationen» auf dem gesamten Kontinent geben. Als Versuchsanlage und Vorgriff habe er sein Gut an der schwedischen Küste eingerichtet. Dort ziehe er die «schönsten Wildgansarten» aus der ganzen Welt auf. Geblieben sind zumindest die Kanadagänse, die heute in vielen Gebieten Schwedens als Schädlinge gelten. Eine Versuchsanlage, erklärte Berg weiter, sei Eriksberg auch im Hinblick auf die weitere Zukunft des Großdeutschen Reiches im Osten Europas. Solche Einrichtungen, versicherte er, würden «Abertausenden von hart arbeitenden Volksgenossen als lieber Aufenthalt an freien Tagen dienen, was sich alles in den Rahmen eines europäischen Freizeitplans einfügen kann, der mit dem nach diesem Kriege auferstehenden Europa kommen wird. Für dieses nicht mehr ferne Ziel sind meine Versuche mit über Europa freifliegenden Wildgänsen ein bescheidener, aber vielleicht segensreicher Dienst am Volke.» Dass Berg sich in solchen Phantasien auf die Idee des «Lebensraums» bezog, musste er wahrscheinlich nicht erklären.

Gesinnungsgenossen gab es viele. Lutz Heck, der bereits erwähnte Direktor des Berliner Zoos, betrachtete gar den gesamten Krieg gegen die Sowjetunion als Fortsetzung der «Landschaftspflege». Er erläuterte: «Als zum Ausbau des Ostens der Reichsführer SS als Kommissar für die Festigung deutschen Volkstums eingesetzt wurde, hat er in großzügiger Weise nicht nur an ein Entstehen deutscher Dörfer und Städte gedacht, sondern auch an die Gestaltung der Landschaft, die zur neuen Heimat für viele Deutsche werden soll. Der Reichsführer SS sah mit scharfem Blick, dass die Wandlung des Landschaftsbildes die Grundlage für die Schaffung eines artgemäßen deutschen Ostraums bilde.» «In dreihundert Jahren», hatte Adolf Hitler versprochen, werde der europäische Osten «eine blühende Parklandschaft von ungewöhnlicher Schönheit sein».

Bergs Verbindungen zu führenden Nationalsozialisten gingen so weit, dass die schwedische Regierung sich genötigt sah, ihn von November 1939 bis Kriegsende von der Sicherheitspolizei überwachen zu lassen, mit der Begründung, er sei «ein sehr enger Freund des Generalfeldmarschalls usw. Göhring (sic)». Was der Geheimdienst beobachtete, scheint jedoch gemischter Natur gewesen zu sein: Die Polizeibehörde in Karlskrona glaubte, einen Kommunisten gefunden zu haben. Andere schwedische Agenten bemerkten, dass Berg viel Post aus Deutschland bekam, etwa einmal pro Woche «Staatsanrufe» aus Deutschland erhielt und eine Liebesaffäre mit einer Angestellten des Arbeitsamtes in Kalmar hatte. Und es fiel auf, dass Berg Informationen über Verteidigungsanlagen in der Nähe von Eriksberg sammelte (die Küste von Blekinge war damals größtenteils militärisches Schutzgebiet). Außerdem las er Fachbücher zum Militär- und Kriegswesen und fragte die Fischer der Gegend, ob die Gewässer um Eriksberg tief genug seien, dass Korvetten dort anlegen könnten: «Die Landemöglichkeiten für ausländische Truppen» seien leider «ziemlich groß», stellte die Polizeibehörde in Karlshamn fest. Die Pläne für eine «Schulkolonie für deutsche Kinder» sowie für die Einrichtung einer Vogelstation seien vermutlich nur «Tarnung» für eine Spionagemission. Das Fazit des Sicherheitsdienstes vom Februar 1946 fiel allerdings nur scheinbar milde aus: «Berg ist (war) prodeutsch, aber er scheint keine illegalen Aktionen unternommen zu haben – zumindest keine bekannten.»

Berg starb im Jahr 1967. Das Gut Eriksberg besteht noch

immer. Nach seinem Tod erbte es sein Sohn Iens, der es 1987 verkaufte. Nach mehreren Wechseln ist es in den Besitz eines Konzerns gelangt. Das Gutshaus wird heute als luxuriöses Hotel betrieben, die einzelnen Zimmer sind Themen aus Bergs Büchern gewidmet, im Konferenzsaal lassen sich die Gerätschaften betrachten, mit denen er Tiere fotografierte oder filmte. Die Ländereien werden als Safaripark genutzt: Dort lebt, neben Scharen von Gänsen, die größte eingezäunte Wisentherde Europas, in einem Vorzeigeprojekt der Organisation «Rewilding Europe». Man kann mit dem eigenen Auto hindurchfahren, auf der letzten Klippe dürfen die Passagiere aussteigen. Könnte man fliegen, wie die Graugans fliegt, geradewegs nach Süden, erreichte man zuerst die schwedische Südküste, danach die dänische Insel Bornholm und schließlich Rügen. Irgendwo dort unten, nordwestlich von Rügen, erreicht man Hiddensee.

Mit seiner großen, aus schweren Feldsteinen gefügten Halle, mit der Terrasse über einer eigens angelegten Wasserstelle, an der sich abends die Tiere versammeln, in seiner von der Ostsee, den Schären und dem Wald umgrenzten Abgeschiedenheit ist Gut Eriksberg ein «Resort», das umso befremdlicher wird, je mehr man darüber weiß und je länger man darüber nachdenkt – eine gebaute Weltordnungsphantasie, deren Grund und Anfang der Krieg war.

Der Schriftsteller Lutz Seiler erzählt in seinem Roman «Kruso» aus dem Jahr 2014 von einem jungen Mann, der im letzten Jahr der Deutschen Demokratischen Republik als Tellerwäscher in einem Restaurant auf der Insel Hiddensee arbeitet. Zusammen mit einem älteren Kollegen bricht er zu einer Expedition in ein Dickicht im Norden der Insel auf, das als Vogelschutzgebiet ausgeschildert und als militärische Zone eingezäunt war. Die Nationale Volksarmee patrouilliert. Bei ihrem Ausflug stoßen die beiden jungen Männer immer wieder «auf Vogelkadaver im Unterholz und allerlei Federzeug, das wie versprengt und weit verstreut in den Zweigen hing. Es war leicht zu erkennen, dass die Tiere ihr Leben im Kampf verloren hatten.» Die meisten dieser Vögel scheinen Wildgänse gewesen zu sein. Doch halten sich Gänse nicht in Dickichten auf, und gewiss schlafen sie dort nicht. Sie leben im Offenen – die Kadaver waren wahrscheinlich die Reste von Vögeln, die von Füchsen erbeutet und ins Unterholz geschleppt worden waren.

Von den zurückgebliebenen Füßen ziehen die Wanderer die Ringe ab, um sie danach mit Dentaldraht zu verbinden und den Touristen als Schmuck zu verkaufen. «Manchmal findet man einen wirklich alten Vogel. Ich meine Kadaver, die noch die alten Ringe tragen. Helgolandringe oder Ringe von Radolfzell oder Rossittener Ringe, unglaublich wertvolle Dinge.» Die Vogelwarte Rossitten, auf der Kurischen Nehrung gelegen, im Jahr 1901 gegründet und 1944 aufgegeben, war die erste ornithologische Forschungsstation der Welt. Das Ende der Deutschen Demokratischen Republik und der Übergang der ostdeutschen Länder zur freien Marktwirtschaft kündigte sich offenbar auch im Umgang mit toten Wildgänsen an.

DRITTER TEIL

DIE GANS ERLÖST DIE WELT

Die haltbare Graugans, die weisen Tiere und die Wunder des Kinos

Am Ende von William Shakespeares Drama «Der Sturm» werden zwei ungeschickte Verschwörer ermahnt, sich still zu verhalten, anderenfalls sie in Weißwangengänse verzaubert würden – die «barnacle geese» galten als Meister der Verwandlung. «Baumgänse» heißen sie in August Wilhelm Schlegels Übersetzung, die ornithologisch nicht weniger mangelhaft ist als das Original. Weil man die Vögel nicht nisten sah, glaubte man, sie seien aus Entenmuscheln («barnacles») geschlüpft und daher eigentlich Fische (während Entenmuscheln in Wahrheit weder Fische noch Muscheln, sondern Krebse sind). Gerolamo Cardano, ein italienischer Mathematiker des 16. Jahrhunderts, war davon überzeugt, die Vögel ließen ihre Eier ins Meer fallen, woraufhin sie von den Wellen zu Meerschaum geschlagen wurden, aus dem sich Muscheln bildeten, aus denen wiederum Gänse hervorgingen. Andere Gelehrte meinten, die Gänse entwickelten sich aus faulendem Treibholz, und wieder andere hatten wiederum andere Ansichten. Dass Wildgänse Medien, wenn nicht Agenten der Verwandlung sind, dieses Motiv kehrt in der Literaturgeschichte immer wieder.

Nils Holgersson macht diese Erfahrung mehrmals: Das Leben mit den Wildgänsen lehrt ihn die Tugenden der Gemeinschaft und die Achtung vor der Natur, auf der Reise in den Norden wird er zu einem erwachsenen, verantwortungsvollen

Menschen: «Der Nils Holgersson, der im Frühjahr aufgebrochen war, hatte einen schweren langsamen Gang gehabt, eine schleppende Stimme und schläfrige Augen», bemerkt nicht nur die Kuh bei der Rückkehr des Däumlings auf den heimatlichen Hof. «Doch der, der zurückgekommen war, war leicht und flink, er redete schnell und hatte Augen, die leuchteten und blitzten. Er hatte eine so kecke Haltung, dass man Respekt vor ihm haben musste, so klein er auch war, und obwohl er selbst nicht froh war, wurde man froh, wenn man ihn sah.» Nils Holgersson kann nicht leichten Sinnes sein: Er weiß, dass er eine Verantwortung für den Hof und seine Eltern zu tragen haben wird. Er weiß auch, dass die Trennung von den Wildgänsen bevorsteht. Wie sollte er froh sein? Außerdem hat er eine weitere Verwandlung zu erwarten.

Verwandlung ist nicht Veränderung. Bei der Veränderung bleibt ein Wesen mehr oder weniger, was es war, bei einer Verwandlung hingegen wird es ein anderes. Aber ist es der Geist, der sich wandelt, oder ist es der Körper? Das eine geschieht nicht ohne das andere, was daran liegt, dass ein verwandelter Körper den Raum auf andere Weise erfährt. Und umgekehrt: In einem verwandelten Raum verhält sich der Körper anders. In Virginia Woolfs Roman «Orlando» aus dem Jahr 1928 bildet die Wildgans das finale Symbol einer immerwährenden Verwandlung, die als Motiv das gesamte Buch durchzieht: Selbstgleichheit, erfährt der Held – oder die Heldin –, ist eine Frage der (im besten Fall selbst gewählten) Umstände, und die «barnacle goose» ist ein Muster gelingender Identitätspolitik. Am Ende fliegt Kapitän Shelmerdine, der Gatte Orlandos, ein Wanderer durch die Zeiten und Geschlechter auch er, mit seinem Flugzeug über das Landhaus der Heldin hinweg und landet «rotwangig und munter» auf der Erde. Als er aus seinem Gerät steigt, fliegt eine Wildgans auf: «‹It is the goose!›,

Orlando cried. ‹The wild goose …›» Die Gans ist Versprechen, Vorzeichen einer glücklichen Zukunft.

In den dreißiger und vierziger Jahren macht die Wildgans im Deutschland der Nationalsozialisten Karriere. Sie führt vom Naturschutz zur Eroberung und Neugestaltung des europäischen Ostens. Zugleich aber wird sie ein Tier des Exils, zur Trägerin eines kulturellen Erbes unter den Bedingungen der Flucht und der erzwungenen Tradition – und ein Hoffnungstier, seiner Kraft und Zähigkeit, aber auch seiner Fähigkeit zur Wandlung wegen.

Als der amerikanische Sänger und Gitarrist Leadbelly, aus Louisiana stammend und eine der Gründergestalten des Blues, in den frühen dreißiger Jahren das Lied «Grey Goose» auf Schallplatte aufnahm, stellte er ihm eine kurze Geschichte voran. Er erzählte von «dort, wo ich zu Hause bin», genauer: vom Pfarrer einer Baptistengemeinde, der am Sonntag, anstatt zur Kirche zu gehen, lieber Graugänse jagen wollte. Damit beginnt die Geschichte eines Fluches. Der Prediger schießt und trifft. Dann ist er aus dem Lied entlassen, und es geht nur noch um die Gans. Sechs Wochen lang fällt sie zu Boden. Sechs Wochen wird sie gerupft und sechs Wochen gekocht, und danach ist sie immer noch nicht essbar. Auch der wiederum sechs Wochen währende Versuch, sie in einer Sägemühle zu zerteilen, scheitert. Am Ende fliegt sie über den Ozean, gefolgt von ihren Nachkommen. «Und sie alle riefen quack, quack.» Am eisernen Charakter dieser Gans gehen alle Anstrengungen zugrunde, sie in einen Braten zu verwandeln.

Als Bertolt Brecht das Lied kennenlernte, kurz nach dem Ende des Zweiten Weltkriegs, befand er sich noch im amerikanischen Exil. Stets hatte er sich für amerikanische Volkslieder interessiert, für die Musik der Schwarzen, für die Songs der Arbeiter. Naomi Replansky, eine junge amerikanische Lyrikerin, hatte ihm eine Schallplatte mit Aufnahmen Leadbellys vorgespielt, vermutlich in Santa Monica. Das Lied von der unzerstörbaren Gans leuchtete ihm so sehr ein, dass er es übersetzte: «Der Herr ist aufs Feld gegangen / In der Luft hat er herumgeschossen / Heruntergekommen ist die Graugans. Ja, ja.» Der Pfarrer war verschwunden, die Anrufung Gottvaters gab es nicht mehr. Die Unüberwindbarkeit der Gans, des grauen Tiers und Vertreters aller Unterdrückten und Geknechteten, blieb erhalten. Sie bleibt, was sie ist, auch wenn man sie mit Maschinen zu schreddern versucht. Zuletzt, als wahre Heldin des Widerstands, zieht sie davon: «Wie sie ganz zuletzt ist gesehen worden, / ostwärts ist sie losgeflogen / hinterdrein sechs Junge / ostwärts mit quong quong. / Ja, ja, ja, ja, ja, ja, ja, ja, ja!» In den Vereinigten Staaten waren die Helden westwärts gezogen.

Das Leben im amerikanischen Exil: Für Brecht bedeutete es, Teil einer kleinen Gruppe von geflüchteten Autoren, Regisseuren, Schauspielern zu sein, einer der Geretteten in einer zerschlagenen Linken, unter denen jeder fürchten musste, nie wieder auf die Beine zu kommen, in intellektuellen Dingen nicht, auch nicht in den Angelegenheiten des praktischen Lebens. Aus den sechs Wochen, während derer die Gans im amerikanischen Original geschossen, gerupft, gekocht und zerteilt wird, werden bei Brecht sechs Jahre, die Zeit, die der Zweite Weltkrieg währte. Das Lied von der unverwüstlichen Graugans handelt also vermutlich nicht nur von der Arbeiterklasse und der historischen Notwendigkeit der Revolution, sondern auch vom eigenen Schicksal des Dichters und vom Wunsch, nach Osten, also zurück nach Europa zu ziehen. So beständig, so unbrauchbar, so unzerstörbar wie die Graugans, so wäre man gern gewesen, oder so würde man gern sein.

Brecht kannte das Werk Selma Lagerlöfs. In jungen Jahren hatte er damit begonnen, ihren Roman «Gösta Berling» zu einem Drama umzuarbeiten. Das Fragment ging in einem bösen Streit um die Rechte an der deutschen Übersetzung unter. Auch Bengt Berg wurde von Brecht wahrgenommen. Zu den Büchern, die er im Jahr 1939 in Schweden zurückließ, als er ins sowjetische Exil weiterzog, gehörte «Abu Markub». Von «Nils Holgerssons wunderbarer Reise» oder Bergs «Liebesgeschichte einer Wildgans» wird er ebenfalls gewusst haben. So verbreitet waren diese Werke in Deutschland, dass man sich darüber wundern müsste, wenn er von ihnen nicht zumindest gehört oder gelesen hätte. Und längst war die Wildgans zu einem vertrauten Bild geworden, auf das man nur zeigen musste, um ein ganzes Register allgemein bekannter Bilder und Geschichten zu öffnen.

Im Jahr 2013 veröffentlichte der amerikanische Schriftsteller Jonathan Lethem einen Roman mit dem Titel «Der Garten der Dissidenten», der vom Heranwachsen einer jungen Frau namens Miriam erzählt. Sie ist die Tochter eines deutschen Juden und Kommunisten, der das Leben in den Vereinigten Staaten nicht ertrug und bald nach dem Krieg nach Deutschland zurückkehrte, und einer jüdischen, aus Polen stammenden Linken, die das Kind allein aufzieht. Fünfziger Jahre, Brooklyn. Sie kennt das Lied von der grauen Gans, aber nicht von Leadbelly. Für sie stammt es von Burl Ives, einem weißen Folksänger und ehemaligen Linken, der zum Verräter an seinen Genossen wurde, weil er in der Zeit McCarthys deren Namen preisgab. Mit Brechts Adaptation aber scheint sie vertraut zu sein: Sie verblüfft ihre Clique damit, dass sie die Bedeutung dieses Liedes zu entschlüsseln vermag – oder zumindest eine Bedeutung: «Na, wenn du schon fragst, die graue Gans steht für das unabänderliche Schicksal der Arbeiterklasse.» Miriam ist erst siebzehn Jahre alt, sie geht noch zur Schule und hatte diese Weisheit von ihrer Mutter gehört. Die Botschaft kam an, die Gans wurde zum Tier der Hoffnung.

Im Nachlass Hannah Arendts liegt ein mit der Maschine geschriebener Text von sechzehn Seiten Umfang. Er trägt den Titel «Die weisen Tiere» und stellt etwas Einzigartiges in Arendts Werk dar, nämlich ein Märchen. Der Text existiert in zwei fast identischen Fassungen. Die erste entstand vor dem Sommer 1933, als Arendt über Karlsbad und Genua nach Paris floh, die andere danach. Ob die zweite Fassung in Paris, New York oder irgendwo dazwischen abgetippt wurde, weiß man nicht, weil die Geschichte nirgendwo erwähnt wird, weder von Arendt selbst noch von einem Bekannten. Doch war Arendt das Märchen offenbar wichtig genug, um es zweimal aufzuschreiben. Dass sie vor allem in jungen Jahren gelegentlich Gedichte verfasste, ist bekannt, sie wurden alle publiziert, wenngleich erst nach ihrem Tod. Das Märchen hingegen blieb ein Text, von dem nur wenige wussten.

Die Geschichte beginnt mit der Wendung «Es war einmal» und erzählt von einem kleinen Mädchen, das, weil es noch nicht arbeiten kann, die Gänse des Dorfes hütet – die Gänsemagd ist ein altes Märchenmotiv, bei dem es stets um ein armes Mädchen am Rand der Gesellschaft geht. Eines Tages sieht es ihre Schar um eine Gans vermehrt, die «ganz fremd und merkwürdig» erscheint, «stärkere Flügel» hat und seltsamerweise «mitten auf der Brust einen wunderschönen Fleck» trägt. Die Wildgans fliegt davon. Das Mädchen aber ist von ihr so ergriffen, dass es ihr mit Hilfe eines Flugzeugs sowie eines Fallschirms folgt, ohne jedoch die Gans damit einholen zu können. Während ihrer Reise lernt das Mädchen die Vogelsprache. Schließlich gerät es in den deutschen Märchenwald und auf eine Lichtung, wo es den Löwen mit dem Lamm aus dem Paradies begegnet. Ferner trifft es auf die Schlange, die Eva verführte, auf einen riesigen Fisch, der sich als «Leviathan» vorstellt, auf das Kamel, das durch ein Nadelöhr passen soll. Zu den biblischen Tieren gesellt sich der weiße Elefant aus dem Jardin du Luxembourg in Paris, der in einem der berühmtesten Gedichte Rainer Maria Rilkes, «Das Karussell», seine Runden dreht. Ein Pferd mit Flügeln, der Pegasus, das Reittier der Dichter, bringt das Mädchen schließlich zur Wildgans, die sich nach Berührung des schwarzen Flecks auf ihrer Brust als «sehr schöner kleiner Junge» entpuppt – wie der «Froschkönig». Das Mädchen «telegrafiert» ihren Eltern, der Knabe leitet die Heirat in die Wege, und gemeinsam lassen «sie sich den Elefanten kommen und langsam wieder ins Menschenland tragen». Arendt fügte, so scheint es, die halbe europäische Literatur- und Geistesgeschichte zu einer Erzählung zusammen, die vielleicht nur bedingt als Märchen taugt, aber einen einzigartigen Versuch darstellt, ihre intellektuelle Herkunft und ihre Leseerfahrung, ihre Kindheitslektüren und ihr Bildungswissen in leichtes Gepäck zu verwandeln – in ein paar Blätter, die bei ihr bleiben, im französischen Exil wie dann in den Vereinigten Staaten.

Das Mädchen ist vermutlich eine Jüdin, was die Formulierung «messianische Zeit» nahelegt, die auf die prophetische Tradition, genauer: auf das biblische Buch Daniel verweist. Das Material für «die weisen Tiere» klaubte sich Arendt aus der Überlieferung zusammen, aus Hesiod, der Bibel und der zeitgenössischen Literatur. Sie weiß die Tiere nach ihren intellektuellen Fähigkeiten auseinanderzuhalten: die dummen und die erfahrenen, die nachdenklichen und das «Mondkalb», das Tier als ahnungsloser Fremdling. Die Wildgans aber, das zentrale Tier, stammt aus «Nils Holgerssons wunderbarer

Reise». Aus diesem Buch ist die initiale Begegnung mit der Wildgans entlehnt, das Beherrschen der Vogelsprache, das enorme Flugvermögen der Gans, die große Reise und schließlich die Metamorphose – wenngleich es bei Lagerlöf nicht die Gans ist, die sich verwandelt, sondern der Däumling. Und noch mehr Motive sind aus dem Roman entlehnt, vor allem die Nebenfigur Åsa, eine Gänsemagd, die, reich geworden, mit ihrem Vater zuletzt einen Besuch auf dem kleinen Hof der Familie Holgersson macht. Etliche Leser wird es gegeben haben, die sich wünschten, der rückverwandelte Nils und die ehemalige Gänsemagd möchten ein Paar werden. Und was die Gänsemagd betrifft, eine beliebte Figur aus der Genremalerei des 19. und des frühen 20. Jahrhunderts: Ist sie nicht die idyllische Variante einer Außenseiterfigur, in der sich Arendt, im Exil eine europäische Tradition hegend, womöglich selbst zu spiegeln suchte? Die kindliche Perspektive, die Arendt für ihr Märchen wählte, die Regression, aus der heraus Erlösung einzig möglich erscheint, verleiht diesem Text etwas Tragisches.

Ein Literaturhistoriker unternahm den Versuch, das Märchen als eine Allegorie zu verstehen, die Arendts Verhältnis zu den beiden Männern zum Gegenstand habe, mit denen sie in den späten zwanziger Jahren näheren Umgang hatte, zu ihrem Lehrer und Liebhaber Martin Heidegger und zu ihrem Mann Günther Stern (der sich dann Günther Anders nannte). Allerdings fragt man sich: Soll Martin Heidegger tatsächlich eine Wildgans sein und Günther Stern der Junge? Ist das nicht allzu heftig spekuliert? Verbürgt hingegen ist, dass Heidegger seine Geliebte gelegentlich eine «Waldnymphe» nannte. Und dass er Verse dichtete, die zumindest in eine ähnliche poetische Richtung weisen, wie sie Arendt mit ihrem Märchen einschlug. Das gilt vor allem für ein Gedicht mit dem Titel «Fernes Land», das Heidegger im Jahr 1910, also mit einundzwanzig Jahren, verfasste: «Ich liebe jene abendliche Weile, da / Silbermondlicht mir durchs Fenster / Zwerge, Elfen, Nix, Gespenster / In die Stube zaubert. / Von Kreisel, Reif und Pfänderspiel, / Kleinkinderschule, von dem ersten Gänsekiel / Träumt mir lang – / Ich wandre weit zurück / Den frühverlassenen Weg entlang / Und suche, suche Kinderglück / Und Knabenlust …»

«Und suche, suche Kinderglück»: Als Martin Heidegger öffentlich zu philosophieren begann und die Kollegen auf ihn aufmerksam wurden, zuerst die jungen, dann auch die alten, begleitete ihn die Hoffnung, es könne mit dem Denken einen neuen Anfang nehmen. Es schien, als könne man sich befreien von der Last der Geistesgeschichte, als lasse sich die Tradition von der Tafel wischen wie Kreideschrift. Hannah Arendt war eine seiner frühesten Schülerinnen. Ihre Dissertation, bei Karl Jaspers in Heidelberg eingereicht und im Jahr 1929 veröffentlicht, ist ein Versuch, sich dieser Freiheit zu bemächtigen. Sie handelt vom «Liebesbegriff bei Augustin», lässt Philologie und Ideengeschichte weitgehend beiseite und zielt auf eine Liebe, die vom Begehren wenig, von der Freiheit des anderen aber umso mehr wissen will.

Wenn Arendt ein Märchen erzählt, eine Geschichte, die (wie jedes Märchen) in einem geschichtslosen Raum spielt, folgt sie Motiven, die in ihrer akademischen Arbeit vorgezeichnet sind. Es gibt in ihrem Text keine Hindernisse, jeder Realismus ist außer Kraft gesetzt, die Erzählerin muss sich um materielle, kulturelle oder historische Einschränkungen nicht kümmern. Sie hält es mit den kühnen Übergängen, auf die Wildgans folgt das Mondkalb, und dieses wird vom Pegasus abgelöst, und dann ein neuer Anfang: ein Kuss, mit dem das Leben neu beginnt. Davon erzählt Arendt, in einer Form, die auf die einfachsten und einprägsamsten Merkmale reduziert ist, aber erkennbar unter den Bedingungen der existentiellen Not: Alles muss noch einmal zusammengerafft werden, komprimiert, verdichtet, mit der vermutlich aus einer der frühesten Leseerfahrungen stammenden Wildgans als Figur des ultimativen, zuletzt alle Hindernisse hinter sich lassenden Widerstands. Der Rekurs auf die technische Moderne, auf Flugzeuge, Fallschirme und Telegramme, bricht nur scheinbar den geschichtslosen Raum des Märchens auf, um die historische Wirklichkeit hereinzulassen – vielmehr sucht Arendt, die Technik in das Märchen hineinzuziehen, als Sieg des Märchens über die Historie. Dass dieser Sieg phantastisch ist, also nur um den Preis des Verlusts von Wirklichkeit errungen werden kann – kein Zweifel, dass sie das wusste.

Am Ende siegt, wie es scheint, trotz alledem die Phantasie. Aber welche? Im Jahr 2001 kam ein Film in die Kinos, der dem Zuschauer erlaubt, die Wildgänse und die Welt anzusehen, wie es Nils Holgersson getan hatte. Oder die Gänsemagd in Hannah Arendts Märchen: die «Nomaden der Lüfte» des französischen Regisseurs Jacques Perrin. Oder habe ich etwas missverstanden – und es ist das Prinzip der Beobachtung aus der Nähe, so wie es der Vogelforscher Konrad Lorenz betrieb, der diesen Film inspirierte? Oder beides? Jedenfalls kommt der Film nahezu ohne fiktive Handlung aus. Der Regisseur und seine Mitarbeiter fliegen mit Hilfe von Leichtflugzeugen mit den Vögeln, im Herbst nach Süden und im Frühjahr wieder zurück. Viel mehr geschieht nicht.

Anrührend ist dieser Film, die Bilder sind von großer Pracht. Die vielen herrlichen Orte und Landschaften, die unter den fliegenden Vögeln zu sehen sind: So viel Landschaft gibt es nur im Kino. Einmal noch, so der Eindruck, bietet die Welt ihre Herrlichkeit auf, einmal noch ziehen die Gänse, vollständig und aus nächster Nähe betrachtet – und was kommt dann? Jacques Perrins Film ist ein ebenso schönes wie unheimliches Werk. Schön, weil er Tiere und Landschaft aufleuchten lässt und weil er das Gemachte an dieser Schönheit vergessen lässt; unheimlich, weil man anstatt eines fremden, nicht beherrschbaren Außen nur noch ein Innen sieht, so groß wie die Welt. Ein Hoffnungstier ist die Gans allerdings noch immer.

Lebensgemeinschaften mit Gänsen

Gegen Ende des 19. Jahrhunderts lebte in Kiel ein Medizinstudent, der sich, ähnlich wie seine Vorgänger unter den Vogelforschern, Johann Friedrich Naumann in Köthen oder Christian Ludwig Brehm in Renthendorf, schon als Kind für die Tiere hatte begeistern können. Als junger Mann pflegte er vertrauten Umgang mit einem Ganter, dem er den Namen «Martin» gegeben hatte. Wie nah das Verhältnis war, lässt sich nur aus einem Indiz erschließen: Als der Vogel im Juli 1892 starb, schickte der Student einen betrübten Brief nach Hause. «Liebe Eltern», schreibt er, «von echter Traurigkeit ist, dass mein alter Martin gestorben ist und heute beerdigt wird. Eine akute Herzschwäche und damit verbunden Dyspnoe hielt ihn vor dem exitus noch 18 Stunden bewusstlos.» Danach berichtete Oskar Heinroth von seiner Anmeldung zum Physikum. Auf die linke Seite des Briefbogens hatte er eine fliegende Gans gezeichnet.

Etliche bekannte und auch unbekannte Vogelforscher wurden, wie es scheint, schon in ihrer Kindheit von der Leidenschaft ergriffen, das Leben dieser Tiere zu studieren. Er könne sich diesen frühzeitig eintretenden, aber dann über das ganze Leben anhaltenden Enthusiasmus selbst nicht erklären, sagte mir ein Vogelfreund, den ich nach dem Grund seiner Begeisterung fragte. Sie hatte ihn so weit getrieben, dass er im Keller seines Hauses Seggenrohrsänger aufgezogen hatte. Wer einmal einen jungen Vogel mit der Pinzette gefüttert oder erlebt habe, wie ein Star in die Mitte einer geballten Faust picke, um sie aufzuspreizen und herauszufinden, ob sich in der Höhlung etwas Essbares verberge, um den sei es geschehen. Vielleicht war das intensive Sich-einlassen auf die Tiere die erste Erfahrung mit einer Welt, die anders als die eigene, menschliche Umgebung beschaffen war. Diese Welt war strukturiert, es gab unendlich viel zu entdecken, zu registrieren, zu benennen, zu katalogisieren und, nicht zuletzt, zu tagträumen – nicht anders, als das bei der kindlichen Leidenschaft für Dinosaurier oder später für Fantasy-Romane der Fall ist oder in früheren Zeiten für Briefmarken oder Spielzeugeisenbahnen. Ganze Kathedralen scheinbar unnützen Wissens lassen sich so errichten – wobei hinzuzufügen wäre, dass die Vögel, im Unterschied zu Briefmarken und Miniatureisenbahnen, wild sind und sich der angesonnenen Strukturierung entziehen.

Kaum hatte Oskar Heinroth sein Studium abgeschlossen, wandte er sich ausschließlich den Tieren zu, als Hospitant im Zoologischen Garten Berlins, als praktizierender Ornithologe auf den Feldern und in den Wäldern in der Umgebung der Stadt und als Teilnehmer der «Ersten Deutschen Südsee-Expedition», die ihn zu den Bismarck-Inseln führte, einem Teil der deutschen Kolonie Deutsch-Neuguinea (auf dem Weg dorthin, in Singapur, traf man Ernst Haeckel). Das Unternehmen endete in einer Katastrophe, als eine Gruppe einheimischer Krieger die Forscher angriff, der Leiter der Expedition getötet und Heinroth mit einem Speer verwundet wurde. Außerdem züchtete Heinroth Vögel – wobei er die Aufzucht mit der Hand, vom Ei bis zur Geschlechtsreife, als notwendige Voraussetzung erachtete, um sich das Seelenleben der Vögel zu erschließen. Er hatte sich, wie er später schrieb, «einen Begriff davon machen» wollen, «wie es im Kopf eines Vogels aussieht».

Heinroth gebrauchte den Namen «Ethologie» für die entstehende Wissenschaft: «Ich hatte mir zum Ziel gesteckt, nicht das, was man gewöhnlich Biologie nennt, sondern die feineren Lebensgewohnheiten, die Sitten und Gebräuche, das, was man im studentischen Sinne Komment nennt, zu beachten.» Er tat es mit Erfolg. Von ihm habe er gelernt, erklärte Konrad Lorenz im Jahr 1980, «dass man ein Tier gar nicht lange genug anschauen kann und dass man, wenn irgend möglich, mit ihm leben muss, um jenen Grad intimer Tierkenntnis zu erwerben, der die Voraussetzung erfolgreicher Verhaltensforschung ist.» Während der Arbeit im Berliner Zoo wandte sich Oskar Heinroth zunächst den Enten und Gänsen zu, Vögeln, die es einem Verhaltensforscher offenbar leicht machen. In einem Artikel aus dem Jahr 1910 erklärte er, das bedeutsamste Merkmal der Gänse sei, ethologisch betrachtet, deren tief empfundenes Familienleben. Deshalb gebe es keine Rangkämpfe innerhalb einer Familie, sondern nur zwischen verschiedenen Familien.

Die ornithologische Leidenschaft – oder die wissenschaftliche Neugier – trug Oskar Heinroth so weit, dass er, unterstützt von seiner Frau Magdalena, die Wohnung in Halensee, im zweiten Stock eines der prächtigen Mietshäuser, die während der Gründerzeit in Berlin gebaut worden waren, um das Jahr 1906 zu großen Teilen in eine Voliere verwandelte. Sämtliche Vogelarten Mitteleuropas sollten darin leben, beobachtet und fotografiert werden, in allen Lebensstadien jeweils vom Schlupf über die gesamte Jugendentwicklung hinweg, von der Meise bis zum Seeadler. Über drei Jahrzehnte erstreckte sich das Lebens- und Wohnexperiment, das ab 1913 in einer Dienstwohnung fortgeführt wurde, die dem neuen, von Heinroth geleiteten Aquarium des Zoologischen Gartens angegliedert war. Sie lag im dritten Stock, von dessen Balkon die Gänse morgens die Wohngemeinschaft fliegend verließen und in die sie abends, die Treppen emporwatschelnd, zurückkehrten, nachdem sie den Tag im Freigelände verbracht hatten. Mehr als tausend Nestlinge von insgesamt zweihundertsechsundachtzig Arten zog das Ehepaar Heinroth mit der Hand auf.

Gewiss war es auf dem Land auch in Westeuropa noch bis weit ins 20. Jahrhundert gewöhnlich, dass die Menschen in unmittelbarer Nähe zu ihren Tieren lebten. Und wenn die Nutztiere auch aus der Stadt verschwanden, so war dort das Haustier gewöhnlich geworden. Der Zirkus war eine populäre Einrichtung und um 1900 allein in Berlin auf zehn Spielstätten vertreten, die festen Bauten konnten mehr Publikum aufnehmen als die Schauspiel- und Opernhäuser. Doch jenseits

Magdalena Heinroth bewacht den täglichen Spaziergang der Kraniche Pankratz und Trana sowie der jungen Graugänse Martin und Ruth im Berliner Zoologischen Garten. Die Gänse sind vom Balkon geflogen und werden die Treppe zur Wohnung im dritten Stock hinaufwatscheln, Stufe für Stufe.

aller Kanarienvögel und Papageien, jenseits aller zoologischen Gärten und tierischen Spektakel muss eine größere Anzahl von bewohnten Volieren sowie frei herumfliegende Vögel in einer Großstadtwohnung etwas Ungewöhnliches gewesen sein. Unterdessen beklagten sich die Nachbarn in Halensee über die lauten, knarrenden Rufe des Wachtelkönigs sowie über das Puffen des Blitzlichtes.

Die meisten Vögel der Heinroths wurden, den Fotografien nach zu urteilen, über Nacht in Käfigen gehalten. Tagsüber konnten sich viele Vögel in der Wohnung frei bewegen, die Kolkraben zum Beispiel oder die Graugänse. «Eine Nachtschwalbe brütet auf dem Teppich, ein Kleinspecht hackt Löcher in den Schrank, zwei Baumläufer klettern am Hosenbein des Hausherrn hoch.» In Ermangelung eines Stamms, vermutlich. Es soll vorgekommen sein, dass ein Hühnerhabicht im Wohnzimmer einen Fasan verspeiste. In jedem Fall muss schon das Füttern der Vögel eine maßlose Arbeit gewesen sein. Denn es waren ja Körner- neben Insektenfressern versammelt, Vögel, deren Speise aus Ameiseneiern oder Mehlwürmern bestand, solche, die sich von Fischen ernährten, andere, die Vögel oder Säugetiere fraßen, wiederum andere, die gerne Nüsse aßen. Und erst die Reinigung: Vögel kontrollieren ihre Ausscheidungen nicht, sie lassen sie fallen, überall und gern im Fliegen. Was unter natürlichen Bedingungen praktisch sein mag, muss auf Polstermöbeln oder Teppichen zu einem Problem werden. Oskar Heinroth entwickelte darüber eine Vogelallergie und konnte nur schlafen, wenn ihm Luft aus einer Sauerstoffflasche zugeführt wurde. Ans Aufgeben scheint er nicht gedacht zu haben.

Die meisten Tierforscher suchen die Objekte ihrer Untersuchungen auf – jedenfalls, wenn es ihnen um lebendige Wesen zu tun ist. Sie gehen in den Wald, wenn sie etwas über

Eichelhäher wissen wollen, sie gucken unter die Dachrinnen, wenn sie es mit Schwalben zu tun haben, sie fahren zu den Bismarck-Inseln, wenn sie nach der Finsch-Fruchttaube fahnden. So, denkt man sich, im natürlichen Lebensraum, lassen sich Verhalten und Lebensweisen eines Tiers am besten erkunden. Auch in «Nils Holgerssons wunderbarer Reise» schließt sich der Mensch den Tieren an, nicht umgekehrt. Heinroth war wohl der erste Vogelforscher, der den umgekehrten Weg ging, so wie später Bengt Berg und vor allem Konrad Lorenz. Die Vögel wurden Haustiere, und es entstanden Lebensgemeinschaften. Bei Oskar, Katharina und Magdalena Heinroth ging es um Wissenschaft. Später sollten «Artbarrieren» durchbrochen werden.

Der heilige Franziskus hatte, wie es heißt, in den Spatzen seine Schwestern erkannt, Wesen, die, wie er selbst, auf die Welt geschickt worden waren, um den Schöpfer zu preisen. Für Oskar und Magdalena Heinroth hingegen war die Forschung das wichtigste Motiv für die Gründung einer Wohngemeinschaft mit Vögeln: die Erfassung und Beschreibung tierischer «Verkehrsformen», die Untersuchung, wie weit das Verhalten der Tiere tatsächlich von Trieben oder Instinkten geleitet wurde. Dennoch muss es bei ihrer Arbeit von vornherein Assoziationen zum verlorenen Paradies gegeben haben – zumal es sich nicht um einige wenige Vogelpaare handelte, sondern um eine Fülle verschiedener Arten, die alle unter einem Dach lebten. Auch gab es Anklänge an die Arche Noah, nicht auf einen Urzustand, sondern auf die konzentrierte Rettung gerichtet. Zwar diente die private Wohnung als zoologische Versuchsstation. Zugleich aber wurde gezeigt, dass sich gewöhnliche Bürger in einer mitteleuropäischen Großstadt einen direkten Anschluss ans Paradies verschaffen können.

Oskar Heinroth und seine Frauen – Magdalena starb im

Jahr 1932, ihr folgte Katharina, auch sie eine leidenschaftliche Vogelforscherin – waren keine analytischen Köpfe. Sie sprachen zwar von «Begriff», meinten damit aber keine Theorie, sondern ornithologische Bestimmungen. Diesem Zweck diente auch das Fotostudio, das sie in ihrem jeweiligen Zuhause betrieben. Denn es ist weniger das bloße Studieren eines Geschehens in der Natur als das Betrachten eines mechanisch stillgestellten Augenblicks, das dafür sorgt, dass der Forscher sieht, was er sehen will und was anderenfalls nicht zu sehen wäre. Auf mehr als fünfzehntausend Glasplatten wurden die Beobachtungen der Heinroths festgehalten, viele von ihnen entstanden mit Blitzlicht und mit Hilfe eigens konstruierter Apparate – die Platten wurden im Krieg zerstört, viele Bilder aber wurden durch Kontaktabzüge bewahrt. Erst so, unterstützt durch ein hohes Maß an Technik, mit einem hohen Aufwand an Zeit und Intimität, ließen sich durch die Verhäuslichung der Vögel Verhaltensmuster erkennen, die sich in der Natur nicht oder zumindest nicht in vergleichbarer Deutlichkeit hätten entdecken lassen.

Die Lebensgemeinschaft der Heinroths mit den Vögeln mündete in eine Enzyklopädie: «Die Vögel Mitteleuropas – in allen Lebens- und Entwicklungsstufen photographisch aufgenommen und in ihrem Seelenleben bei der Aufzucht vom Ei an beobachtet», veröffentlicht in vier Bänden oder achtundachtzig Einzellieferungen in den zwanziger und dreißiger Jahren. Dieses Unternehmen besitzt noch heute, hauptsächlich wegen der Aufnahmen von Jungvögeln, einen wissenschaftlichen Wert: Kein Forscher ließ sich danach noch auf eine Dokumentation von solchem Umfang und solcher Vollständigkeit ein. Der Verleger aber verzweifelte über diesem Projekt, das er, bei einer geplanten Auflage von fünftausend Exemplaren pro Band, durch die Weltwirtschaftskrise zu bringen hatte – er ging freiwillig in den Tod. Nach der Aufzucht wurden die meisten Vögel übrigens in die Obhut von zoologischen Gärten oder privaten Liebhabern gegeben. Manche allerdings wurden von den Heinroths schlicht aufgegessen oder für schlechte Zeiten eingekocht, vor allem die Enten, Gänse und Tauben. In der Familie Lorenz soll es später kaum anders zugegangen sein.

Das Aquarium wurde im Zweiten Weltkrieg zerstört, einschließlich Dienstwohnung. Oskar Heinroth starb wenige Wochen nach dem Ende des Kriegs an einer Lungenentzündung, die er sich vermutlich bei Löscharbeiten zugezogen hatte. Katharina Heinroth übernahm bald darauf – als erste und bisher einzige Frau – die Leitung des Berliner Zoologischen Gartens. Dieses Amt hatte sie bis 1957 inne.

Oskar Heinroth entdeckte, so heißt es vor allem bei Konrad Lorenz, das Phänomen der «Prägung». Zwar hatte der britische Lehrer und Philosoph Douglas Alexander Spalding schon in den siebziger Jahren des 19. Jahrhunderts über «untought skill and innate knowledge», nicht erlernte Fähigkeiten und angeborenes Wissen, geschrieben und dabei auf das «stamping» aufmerksam gemacht. Die wenigen Publikationen des früh verstorbenen Forschers blieben allerdings weitgehend unbekannt. Vielleicht liegt das auch am Vokabular: Das Wort «prägen», das sich vom Stanzen einer Münze herleitet, bezeichnet etwas ungleich Wuchtigeres als «to stamp», wofür der Abdruck eines Gummistiefels ausreicht.

Ausführlich beschrieben wurde der Vorgang tatsächlich erst von Heinroth: die Fixierung des jungen Vogels auf ein zur Prägung geeignetes Wesen, die mit dem Aufbrechen der Eischale und dem ersten Blick in die Welt eintritt, in einem Augenblick und ebenso total wie unwiderruflich. Eine ganze

Reihe solcher Entdeckungen gingen aus dem Heimlabor der Heinroths hervor, die Vorstellung vom «Imponiergehabe» ebenso wie die vom «Schnappreflex», die Idee des «Triumphschreis» sowie ein ganzes Register weiterer Verhaltensweisen. Heinroth verfolgte diese Gedanken indessen nicht in Gestalt einer akademischen oder publizistischen Strategie. Das tat erst Konrad Lorenz, der sich gern als Schüler Heinroths betrachtete. Ihm liefen die Gänse nicht nur hinterher, er war vielmehr auch ein strategisch denkender Publizist seiner vielfältigen Tätigkeiten, und er tat einiges dafür, dass unbedingte Gefolgschaften – sie scheinen sich bei Gänsen zuverlässiger und unbedingter zu bilden als bei anderen Vögeln – tatsächlich eintraten.

Was geschieht, wenn ein Tier «geprägt» wird? Es wird ein Instinkt aktiviert, sagen die Verhaltensforscher. Aber was ist ein Instinkt? Die Anlage zu einem Verhalten, ließe sich antworten, die den Anlass seiner Aktivierung erwartet. Aber was weiß man, wenn man das weiß? Dass sich Tiere – oder auch Menschen – auf vergleichbare Weise verhalten, wenn sie sich in vergleichbaren Situationen befinden? Dass sie auf bestimmte Reize in vorhersehbarer Weise reagieren? Gewiss. Doch über den Grund des Verhaltens ist wenig bekannt, nur, dass es ihn irgendwo im Inneren eines Lebewesens geben muss. Er ist rätselhaft, auch wenn wir, die Menschen, die Lösung des Rätsels in uns tragen, indem wir den Instinkt (nicht unmittelbar, aber als Begehren oder Disposition), den dazugehörigen Reiz und das daraufhin einsetzende Verhalten als eigene Erfahrung wahrnehmen. Der Appetit etwa erscheint uns nicht rätselhaft. Wir erfahren ihn als eine Regung, die sich von unserer individuellen Existenz nicht abtrennen lässt. Aber wie – oder als was – kam er in uns hinein?

In der Kategorie «Prägung» stecken einige metaphysische

Schwierigkeiten größeren Ausmaßes. Es scheint mit ihr keinen Willen und keine Freiheit geben zu können. Was die Menschen für Liebe, Hass, Trauer, Wut, Ehrgeiz, Treue oder Freundschaft halten, müsse man, lehrte später Konrad Lorenz auf der Grundlage einiger Befunde Oskar Heinroths, in die Natur zurückübersetzen. Statt von spezifisch menschlichen Regungen sei von Dispositionen wie Aggressivität und Territorialität oder von Verhaltensweisen wie Paarung, Gemeinschaft oder Rangordnung zu sprechen. Die frisch geschlüpfte Graugans wirft zum ersten Mal einen Blick in die Welt, erkennt ein Ding, gleichgültig, um welches es sich dabei handelt, und dann folgt sie dieser Erscheinung, bei der es sich, wie berichtet wird, nicht einmal um ein Lebewesen, sondern vielleicht auch um einen Ball oder einen Besen handeln kann. So ist es bestimmt, in einem Akt der Psychomechanik, in dem es kein Abweichen und kein Gestalten gibt. Umgekehrt ist auch die Gegenseite, das prägende Wesen, nicht frei. Jedenfalls nicht, wenn es sich um die Mutter des Kükens handelt. Und auch der Mensch, der die kleine Graugans auf sich prägte, wird die Verpflichtung empfinden, das Gössel nicht sich selbst zu überlassen.

Alle Versuche, solche Dilemmata zu lösen, führen in Teufels Küche. Denn wer fragt, was eine Prägung sei, eröffnet die Rückfrage: Was ist Freiheit? Ist der Hungrige, der mit Begeisterung eine Mahlzeit vertilgt, unfrei, weil er Hunger hat? Vermutlich wird er sich die Frage nach der Freiheit nicht stellen. Und wenn er es doch tut, wird er den Verzehr im Gegenteil als einen Akt der Freiheit empfinden, weil er es so sehr will – und wenn dieser Wille unfrei wäre, weil instinktgesteuert, was wäre dann der freie Wille? Einer, der sich über den Instinkt hinwegsetzt, indem er die angebotene Freiheit ausschlägt, etwa weil er das Gelübde geleistet hat, ein Vegetarier zu sein?

Aber ist dies nicht eine Vergewaltigung seiner selbst, ein willentlich herbeigeführter Zustand der Unfreiheit? Ein Zustand, in dem sich ein einzelner Mensch unglückselig spaltet in einen Überwältiger und einen Überwältigten? An diesem Punkt, scheint es, gibt es kein Weiterkommen.

Von Bruno Schulz, dem polnischen Schriftsteller, gibt es eine Erzählung aus dem Jahr 1934, die den Titel «Die Vögel» trägt. Berichtet wird von einem Mann, dem Vater des Erzählers, der stets nach oben strebt, darüber die praktischen Dinge des Lebens aus dem Auge verliert und stattdessen eine «tiefe zoologische Sympathie der Kreatur für die verwandten und doch so unterschiedlichen Lebensformen» entwickelt. In der Folge richtet er in seinem Zuhause eine Vogelwelt ein, nicht anders, als es Oskar und Magdalena Heinroth getan hatten oder in einem weiteren Sinn auch Bengt Berg oder Konrad Lorenz. Kannte Bruno Schulz die Experimente der Heinroths? Jedenfalls erscheint der Rückzug des Mannes in eine Lebensgemeinschaft mit Vögeln nicht minder von Assoziationen ans Paradies begleitet als die Vogel-WG in Halensee. Der Erzähler ist diskret. Er lässt offen, ob er die Verwandlung als erstaunliches Schicksal, als privaten Wahn oder als Versuch, ein vitales Glück zurückzugewinnen, als – wenn auch unwahrscheinliche – Möglichkeit einer Erlösung, betrachtet. Letzteres ist zumindest nicht ausgeschlossen. Bald jedenfalls lebt auch der Vater mit den Vögeln, er erwirbt ornithologische Kenntnisse, er sorgt dafür, dass die Eier ausgebrütet werden.

Die Nachrichten aus der wunderbaren Welt der Vogelforscher mischen sich in dieser Geschichte mit der Erinnerung an die Gestalt des «Luftmenschen», die eine der häufig wiederkehrenden literarischen und künstlerischen Motive des osteuropäischen Judentums bildet – die Idee einer ins Positive gewendeten Wurzellosigkeit, von Befreiung, Grenzenlosigkeit und fehlendem Einkommen. Sie tun es umso mehr, als Veröffentlichungszeit und Entstehungsort dieser Geschichte – das Jahr 1934, Ostpolen – dafür sorgen, dass man sie auf die Katastrophen bezieht, die danach kamen. Fliegen müsste man können, so wie die engelhaften Gestalten auf den Gemälden Marc Chagalls. Dabei verzichtet Bruno Schulz auf alle Psychologie. Die erstaunlichsten Dinge geschehen, eine Verwandlung ereignet sich, und alles, was dazu gesagt werden kann, ist von strikt beschreibender Art. Der Erzähler ist kein Erklärer, sondern ein Beobachter, so, wie es die Verhaltensforscher auch waren.

Allmählich entwickelt der Vater die Züge eines Kondors, ein knochiges Gesicht, eingesunkene Augen, und seine Füße verformen sich zu Krallen. «Manchmal sprang er aus Vergesslichkeit von seinem Sessel am Tisch auf, schlug mit den Armen wie mit Flügeln, gab ein gedehntes Krähen von sich – und seine Augen bedeckten sich mit einem trüben Häutchen.» Schließlich wird die Vogelwelt in seinem Haus entdeckt. Der Vater unternimmt einen Fluchtversuch. Er scheitert kläglich und wird zu einem gebrochenen Mann.

Konrad Lorenz und die Entstehung der Verhaltensforschung

Er sei vielleicht sechs Jahre alt gewesen, erzählt der Verhaltensforscher Konrad Lorenz, als er mit seiner Mutter bei schlechtem Wetter am Donauufer spazieren ging. Am Himmel zog eine Schar Wildgänse vorüber. Sie sei gegen den Wind geflogen. In diesem Augenblick habe er «diese Wesen, die in der Leere des Himmels dem Sturm trotzen, ja offensichtlich gezielt in der umgekehrten Richtung dahinzogen, in die der blinde Riese sie zu blasen trachtete, als nicht nur menschenähnlich, sondern uns Menschen übergeordnete Wesen, als zauberhafte Halbgötter, die mehr konnten als wir erdgebundenen Menschen» empfunden. Lorenz schildert dieses Ereignis als sehr alter Mann. Die Erinnerung fand sich in einer Mappe mit losen, meist autobiographischen Texten, die er kurz vor seinem Tod im Februar 1989 diktiert hatte und die von seiner Tochter den Biographen zur Lektüre gegeben wurden.

Vielleicht ging die Berufung zum Vogelforscher auch auf ein anderes Ereignis zurück. In einem alternativen Lebensbericht, den er drei Jahre zuvor für eine amerikanische Publikation verfasste, berichtet Lorenz, es sei die Begegnung mit Selma Lagerlöfs Roman «Nils Holgerssons wunderbare Reise» gewesen, die ihn für sein Leben geprägt habe. Seinem Wiener Spielgefährten Karl Popper, dem späteren Theoretiker der «offenen Gesellschaft», war Ähnliches widerfahren: «For many, many years I reread this book at least once a year.» Um das

Jahr 1910 wird Nils Holgerssons Geschichte kaum einem deutschen oder österreichischen Kind, das Zugang zu Büchern hatte, entgangen sein. Für Lorenz soll die Begegnung jedoch für mehr als nur eine Kinderlektüre gestanden haben. Er will auf Nils Holgerssons Gänse geprägt worden sein, für sein ganzes Leben.

Konrad Lorenz war im Jahr 1903 in Wien auf die Welt gekommen, als Sohn eines Professors der Medizin und erfolgreichen Orthopäden, für die Wissenschaft bestimmt (wie zuerst der Vater und dann auch der Sohn meinte). Der Vater war ein Patriarch, bestimmt und beherrschend, aber nicht unfreundlich, die Mutter war klug, bodenständig und gesellig. Zuerst scheint es dem jungen Konrad Lorenz um Wasservögel, vielleicht noch um Dohlen und Stichlinge gegangen zu sein. «Dabei war mir, schon ehe ich regelmäßig zur Schule ging, völlig klar, dass die jungen Enten, die mir so getreulich nachfolgten wie normalerweise ihrer leiblichen Mutter, vom menschlichen Standpunkt aus gesehen ganz erstaunlich dumm waren, z. B. dass sie trotz ihrer Anhänglichkeit nie imstande waren, ihre eigenen Namen zu kennen.» Bald darauf, erklärt Lorenz, habe er Wildgans werden wollen. Als er verstanden habe, dass eine solche Wandlung nicht möglich sei, habe er wenigstens eine Gans besitzen wollen. Die Mutter verhinderte zunächst die Anschaffung, weil ein solches Tier im Garten große Schäden verursacht hätte.

Er kam dann doch noch zu den Gänsen, über ein paar Fischer vom Neusiedler See, die ihm Eier beschafften, was billiger war, als lebende Gänse zu kaufen. Die Eier ließ er von einer Pute ausbrüten, worauf sie eine kleine Kolonie bildeten, zusammen mit Vögeln anderer Arten, die Lorenz in späteren Jahren nicht nur im Garten der elterlichen Sommerresidenz in Altenberg bei Wien, sondern auch in der Villa selbst unterbrachte, als Gefährten und Objekte eines kindlichen Forschungsdrangs. Er durfte mit Tieren leben, ähnlich wie es Oskar und Magdalena Heinroth in Berlin getan hatten, allerdings unter günstigeren Umständen. Die Bücher Wilhelm Bölsches lernte er kennen, als er etwa um das Jahr 1913 dessen «Schöpfungstage» las und sich in die Abbildung eines Archaeopteryx vertiefte, der damals als Übergangsform zwischen den Dinosauriern und den Vögeln galt. Für eine kurze Zeit wollte er daraufhin Paläontologe werden.

Nicht nur Enten und Gänse habe er damals aufgezogen, berichtet er, sondern auch andere Vögel sowie Amphibien und Fische. Bald habe er die unterschiedlichen Verhaltensmuster der Balz gekannt, von Molchen, Fischen und Vögeln, und es sei ihm deren erstaunliche Ähnlichkeit aufgefallen: «Ich hätte um vieles dümmer sein müssen, als ich damals war, um nicht sofort zu verstehen, dass die Methoden der vergleichenden Morphologie in gleicher Weise auf Verhalten angewendet werden konnten und mussten.»

Der Vater bestand, bei allem Verständnis für die tierkundlichen Neigungen des Sohnes, auf einem Studium der Medizin. Konrad Lorenz gehorchte, machte im Jahr 1928 seinen Abschluss und nahm eine Assistenz in der Anatomie an. Daneben begann er ein Studium der Zoologie und erweiterte den Tierpark in der Altenberger Villa zu einer privaten Forschungsstation. Von vornherein wurde dabei sorgfältig registriert, welche Vögel aufgenommen wurden (möglichst viele verschiedene) und wie viele Individuen von derselben Art (möglichst viele). Auf diese Weise wollte Lorenz, wie er erklärte, vom einzelnen Fall zum Allgemeinen vordringen. Zu dieser Zeit hatte er bereits erste ornithologische Arbeiten veröffentlicht, über die Dohle, den Kolkraben, das Fliegen der Vögel, wobei er sich in letzterem Aufsatz ausdrücklich auf

Otto Lilienthal berief: «Wer weiß, wo die Flugtechnik heute halten würde, wenn dieser große Mann statt der Störche eine besser rüttelnde Art, ich will einmal sagen Seidenreiher, gehalten hätte.» Beim Rütteln geht es um einen angestrengten schnellen Flügelschlag, mit dem sich ein Vogel auf einer Stelle in der Luft hält. Der Hinweis ist seltsam, denn Seidenreiher rütteln nicht. Außerdem dürften sie, eigentlich in Ungarn oder in Norditalien zu Hause, in Anklam selten gewesen sein.

Im Jahr 1935, im Alter von zweiunddreißig Jahren, veröffentlichte Lorenz einen Aufsatz von fast zweihundert Seiten Länge, der nicht nur zum Beginn seiner Laufbahn als Ethologe wurde, sondern auch zur Grundlage einer zu jener Zeit erst in Umrissen zu erkennenden akademischen Disziplin: einer experimentellen Psychologie der Tiere. Manchmal nennt Lorenz die Lehre tierische, manchmal vergleichende Verhaltensforschung, manchmal heißt sie Ethologie. Dieses Wort leitet sich aus dem griechischen «ethos» her, «Gewohnheit», «Sitte» oder «Gebrauch». Als Name einer Wissenschaft geht das Wort, wie gesagt, auf die Anfänge der Tierforschung zurück und soll, so Lorenz, zuerst von Oskar Heinroth benutzt worden sein. Tatsächlich hatte der französische Zoologe Isidore Geoffroy de Saint-Hilaire schon um die Mitte des 19. Jahrhunderts von einer «Ethologie» als einer «Lehre von den gesammelten Lebensgewohnheiten» gesprochen.

«Der Kumpan in der Umwelt des Vogels» lautet der Titel des Traktats, das vom «Journal für Ornithologie» in zwei Folgen veröffentlicht wurde. Er enthält sonderbare Behauptungen. Den ersten Satz zum Beispiel, der ein verunglücktes Stück Erkenntnistheorie nach Immanuel Kant bildet. Dieser hatte behauptet, man kenne nicht das Ding an sich, sondern nur dessen Erscheinung. Lorenz schreibt: «Das, was wir als einen Gegenstand zu bezeichnen pflegen, entsteht in unserer Umwelt dadurch, daß wir die verschiedenen, von einem und demselben Dinge ausgehenden Reize zusammenfassen und sie zusammengefaßt auf das betreffende ‹Ding› als die gemeinsame Reizquelle beziehen.» Wie muss man sich das vorstellen? Warum ist von «Gegenständen» und «Dingen» die Rede, ohne dass der Leser erführe, ob damit Verschiedenes bezeichnet sein sollte? Und woher kommt die Gewissheit, dass die Reize, die wir auf die «Reizquelle» beziehen, tatsächlich von dort ausgehen? Gleichwie, der Satz leitete eine Programmerklärung ein. In jedem Tier – und in jedem Menschen – gebe es, wie Lorenz meint, ein «eingebautes» artspezifisches Register von Verhaltensweisen, deren Eigenarten sich erkennen ließen, wenn man eng und dauerhaft mit den Tieren zusammenlebe (Oskar Heinroth hatte, wie beschrieben, ähnlich argumentiert). Zur Aktualisierung eines solchen Instinkts bedürfe es eines spezifischen Reizes, eines «Auslösers».

Lorenz benutzt das Wort «Kumpan» im Sinn von «Artgenosse», beschränkt auf soziale Tiere. Bären haben keine Kumpane, ebenso wenig Schwanzlurche oder Seeadler. Graugänse hingegen sind in hohem Maße Genossen der gemeinten Art, sie bilden Familien, fliegen in Gruppen, suchen ihre Nahrung in Scharen. Ein Kumpan, sagt die Wortgeschichte, ist jemand, mit dem man zusammen isst (von lateinisch «cum» und «panis», «mit» und «Brot»). Die Vorstellung eines Lebens als «Kumpan» lässt den Tieren darüber hinaus die Freiheit, Absichten nachzugehen, die nicht an die Gemeinschaft gebunden sind. «Wir verstehen ja unter Kumpan einen Mitmenschen, mit dem uns nur die Bande eines einzelnen Funktionskreises verbinden, die mit höheren seelischen Regungen wenig zu tun haben, etwa einen Zech- oder bestenfalls Jagdkumpan», erklärt Lorenz. Auch dafür stehen ihm die Graugänse, ihrer

Lernfähigkeit wegen, doch auch, weil sie sich untereinander als Einzelwesen erkennen.

Einen halben Zoo eröffnet Lorenz den Lesern seines Aufsatzes, um sie von der allgemeinen Gültigkeit seiner empirisch gewonnenen Erkenntnisse zu überzeugen: «Das Material zu den im folgenden verwerteten Beobachtungen und teils beabsichtigten, teils unbeabsichtigten Versuchen lieferten mir folgende Vögel, die ich im Laufe der Jahre freifliegend gehalten habe ... 15 Seidenreiher, 32 Nachtreiher, 3 Rallenreiher, 6 Weiße und 3 Schwarze Störche, viele Stockenten, viele Hochbrutenten, viele Türkenenten in der Domestikationsform, 2 Brautenten, 2 Graugänse, 2 Mäuse- und 1 Wespenbussard, 1 Kaiseradler, 7 Kormorane, 9 Turmfalken, ungefähr 1 Dutzend Goldfasane, 1 Mantelmöwe, 2 Flußseeschwalben, 2 große Gelbhaubenkakadus, 1 Amazonenpapagei, 7 Mönchssittiche, 20 Kolkraben, 4 Nebelkrähen und 1 Rabenkrähe, 7 Elstern, weit über 100 Dohlen, 2 Eichelhäher, 2 Alpendohlen, 2 graue Kardinäle und 3 Gimpel.» Hochbrutenten stellen keine Art dar, aber solche Kleinigkeiten spielen in einem Tierpark dieser Größe gewiss keine Rolle.

Zielsicher, trotz einiger Umwege über die Dohle, den Brachvogel oder die Uferschnepfe, läuft die Argumentation – mit einer kleinen Rempelei gegenüber Bengt Berg (dessen Fotografien und Filme Lorenz offensichtlich als Konkurrenz für die eigenen Dokumentationen wahrnahm) und einer weiteren Verbeugung vor Oskar Heinroth – auf die Graugans zu: Nehme man einen solchen Vogel sofort nach dem Schlüpfen in Pflege, erklärt Lorenz, «sprechen sämtliche auf die Eltern gemünzten Triebhandlungen sofort auf den Menschen an. Ja, man kann junge Graugänse, die man im Brutofen künstlich erbrütet hat, nur unter Beachtung ganz bestimmter Vorsichtsmaßregeln dazu bringen, dass sie mit einer Junge führenden

Graugansmutter mitlaufen. Sie dürfen nämlich zwischen Schlüpfen und dem Untergeschobenwerden unter die Gänsemutter den Menschen nicht richtig zu sehen bekommen, weil sonst ihr Nachfolgetrieb sofort auf den Menschen eingestellt ist.» Würden die Gössel in diesem Augenblick den Menschen erblicken, durchbreche man die «Artbarriere».

Ein Verhaltensforscher, so wie Lorenz diesen Beruf definierte, nahm seinen Tieren nicht die Freiheit. Oder besser: Er nahm sie ihnen nur in dem Umfang, wie es notwendig war, um sie bei sich zu behalten. Darin verhielt er sich ähnlich wie Bengt Berg, dessen wissenschaftliches Interesse geringer war, oder wie Oskar Heinroth, den er nach einem ersten Treffen im Jahr 1931 als seinen wichtigsten Lehrer betrachtete. Mit beiden verband Lorenz die Lehre von der Geduld, die es brauche, um sich das Verhalten von Tieren tatsächlich zu erschließen, und mit beiden teilte er die Neigung, enge Beziehungen mit einzelnen Tieren einzugehen. In der Folge entstand eine erzählende Wissenschaft. Sie erscheint dem Leben selbst abgewonnen, sie kennt kein Labor, nur bedingt das Experiment, keine Statistik und geht von vornherein eine enge Verbindung mit dem Film ein – spätestens in den frühen dreißiger Jahren hatte Lorenz begonnen, seine Beobachtungen an Vögeln filmisch festzuhalten (er setzte die Aufnahmen zunächst bei Vorlesungen und Konferenzen ein, sie gingen dann auch in den Vertrieb der Reichsstelle für den Unterrichtsfilm ein). Die neue Disziplin kehrte scheinbar zu einer älteren, erzählenden, an den empirischen Einzelfall gebundenen Wissenschaft, oft «Naturgeschichte» genannt, zurück.

Lorenz wurde im Jahr 1936 habilitiert und erhielt einige Monate später eine Lehrerlaubnis für «Zoologie mit besonderer Berücksichtigung der vergleichenden Anatomie und der Tierpsychologie», für eine akademische Spezialität mithin, die es bis dahin nicht gegeben hatte. Der Verhaltensforscher blieb Privatgelehrter, die Villa in Altenberg sein privates akademisches Institut und die Aussicht, in Österreich eine Professur zu erhalten, gering. In Deutschland hatte er mehr Erfolg, nachdem das Dritte Reich die Biologie zur «Grundlage nationalsozialistischen Denkens» erklärt und begonnen hatte, die biologische Forschung mit erheblichen Geldmitteln zu fördern. Nach einem ersten Anlauf, der an Unsicherheiten über die arische Abstammung des Bewerbers scheiterte, erhielt Lorenz ein Stipendium der Notgemeinschaft der Deutschen Wissenschaft, der Vorgängerorganisation der Deutschen Forschungsgemeinschaft. Das Vorhaben fügte sich den damals geltenden Vorstellungen von einer Wissenschaft der biologischen Selektion: Es galt dem Instinktverhalten von Wildgänsen und den Folgen, die Domestikation und Kreuzung mit Hausgänsen für dieses Instinktverhalten hatten.

Zehn Tage nach dem «Anschluss» Österreichs an Deutschland, im Juni 1938, schrieb Lorenz an Oskar Heinroth in Berlin, wie froh man in seiner Heimat über den Einmarsch der Deutschen sei: «Man muß offenbar so richtig unter der schwarzen Sache gelitten haben, um den Wert Hitlers voll zu begreifen.» Mit der «schwarzen Sache» war der österreichische «Ständestaat» gemeint, die autoritäre, mit Hilfe der katholischen Kirche regierende Herrschaft der «Vaterländischen Front». Bald darauf bat Lorenz um Aufnahme in die NSDAP. Im Antrag erklärte er, er habe seine ganze Arbeit, vor allem die akademische Lehre, in den Dienst einer «wirklich erfolgreichen Werbetätigkeit» für den Nationalsozialismus gestellt. «Meine ganze wissenschaftliche Lebensarbeit, in der stammesgeschichtliche, rassenkundliche und sozialpsychologische Fragen im Vordergrund stehen», führte er weiter aus, habe sich «im Dienste Nationalsozialistischen Denkens» vollzogen. Der Antrag wurde angenommen. Die «Staatsbiologie», die der baltische Zoologe Jakob Johann von Uexküll in den frühen zwanziger Jahren entworfen hatte – im Nationalsozialismus sollte sie Wirklichkeit werden, in Gestalt eines allgemeinen Züchtungswesens für Mensch und Tier, des Reichshundewesens, des Reichsjagdamts, der Eugenik zur Reinhaltung und Verbesserung des genetischen Materials, der Trennung der Rassen. Lorenz widmete Uexküll den Aufsatz über den «Kumpan», und auch das Projekt «Staatsbiologie» war ihm offenbar nicht fremd.

Zivilisation, meinte Lorenz, setze die natürliche Selektion außer Kraft und stelle einen Verlust gegenüber der Sicherheit instinktgesteuerten Verhaltens dar: Je mehr Zivilisation, desto labiler Tier und Mensch. Dem Starken gehöre die Welt, glaubte (nicht nur) der Nationalsozialismus. Lorenz kam ihm mit einer Programmatik des erfolgreichen Tiers entgegen. Den Gedanken, alle Zivilisation schließe einen Verlust an natürlicher Stärke ein, hatte er übernommen, wenn nicht aus Ernst Haeckels Darstellungen der Darwin'schen Lehre, so von seinem Vater, dem weltberühmten Orthopäden. Was wiederum um 1900 nichts Ungewöhnliches war, auch bei eher liberalen oder linken Zeitgenossen wie etwa dem Philosophen Theodor Lessing nicht. Dieser hatte gemeint, jede «Verfeinerung» oder «Hochzüchtung» eines Tiers gehe einher mit einer Entfremdung von dessen ursprünglichem Wesen.

Die Forschungsvorhaben, die Lorenz in den späten dreißiger Jahren entwickelte, schlossen das Menschentier ausdrücklich ein: «Die vorliegende Arbeit soll versuchen, aus dem Verhalten von Tieren gewisse, in den tiefsten Schichten menschlichen Seelenlebens sich abspielende Vorgänge dem Verständnis näher zu bringen», heißt es zu Beginn der Studie

«Durch Domestikation verursachte Störungen arteigenen Verhaltens» aus dem Jahr 1940. In diesem Aufsatz fällt das Wort «Verhausschweinung». Lorenz dachte dabei auch an Tiere, die sich ihre Nahrung nicht mehr selbst suchen oder jagen müssen. Wenn sie ihr Futter vorgesetzt bekommen oder auf eine eingezäunte Wiese gestellt würden, verlören sie, meinte Lorenz, gleichsam an Substanz. Sie würden fett. Jeder kopuliere mit jedem. Sie verlotterten. Doch galt das Wort von der «Verhausschweinung» dem Menschen mindestens so sehr wie dem Tier. Lorenz meinte, in solchen Befunden die biologischen Grundlagen eines «Untergangs des Abendlandes» gefunden zu haben, wie er von Oswald Spengler behauptet worden war.

Gegen die allgemeine Verweichlichung empfahl Lorenz eine «noch schärfere Ausmerzung ethisch Minderwertiger». Das Wort «Ethos» nahm in solchen Äußerungen eine zweite, die übliche Bedeutung an: «Ethos» sollte nun nicht nur das typische Verhalten, sondern auch den sittlichen Wert bezeichnen. Dem Forscher fiel die Bedeutungsverschiebung offenbar nicht auf. Auch sagte er nicht, worin die «Ausmerzung» bestehen sollte, jedenfalls nicht für den Menschen. Für den Umgang mit Vögeln galten härtere Regeln: «Würde ich nicht durch fortlaufendes Abschaffen der überzähligen Hausganskreuzungen eine gewisse Selektion unter meinen Gänsen treiben, so wären binnen kurzem die Reinblütler durch die Raumkonkurrenz der hausblütigen Gänse völlig an die Wand gedrückt.» Vielleicht hätte Lorenz noch einen Augenblick über diese Behauptung nachdenken sollen: Denn bedeutet sie nicht, dass die Hausgans im Kampf ums Dasein der Wildgans überlegen ist?

Zwei Jahre später, in einem Aufsatz mit dem Titel «Die angeborenen Formen möglicher Erfahrung», plädierte Lorenz für eine «bewusste, wissenschaftlich unterbaute Rassenpolitik», weil eine «unmerkliche Korruption» den «noch gesunden Volkskörper» durchdringe. Unausgesprochen und vielleicht auch unbedacht blieb dabei, wohin die Rückwendung zum Instinkt führen sollte. In eine Aufhebung der Zivilisation, in eine Rückkehr ins Tierreich? Und überhaupt: Wie sollte man sich die Revitalisierung des Menschen vorstellen, als ein Lernen wider das Lernen, als «unlearning», wie es auf Englisch heißt? Als Revision der Aufklärung, die nun nicht mehr der Verbesserung des Menschengeschlechts durch Bildung und Vernunft zu dienen hatte, sondern umgekehrt zur Wiedergewinnung der Natur?

Im August 1940 wurde Lorenz auf einen Lehrstuhl für «vergleichende Psychologie» nach Königsberg berufen, gegen den Widerstand der Fakultät. Unterstützt worden war die Berufung von Otto Koehler, dem Direktor des zoologischen Instituts der Universität, von Eduard Baumgarten, einem Neffen des Soziologen Max Webers, sowie vom Philosophen Arnold Gehlen, der nach einer Begründung der nationalsozialistischen Rassenlehre durch den Deutschen Idealismus suchte. Weil eben jener Arnold Gehlen in diesem Sommer an die Universität Wien wechselte und die frei gewordene Professur im Sinn seines Vorgängers fortgeführt werden sollte, während sie gleichzeitig in Philosophie und Psychologie geteilt wurde, kam es zu der auch von Lorenz selbst verbreiteten Vorstellung, er sei auf den Lehrstuhl Immanuel Kants berufen worden – als der letzte Vertreter einer großen Tradition. «Lorenz suchte nach Kants Aprioris in den menschlichen Genen» heißt es in einer Geschichte Königsbergs. Der Satz ist nicht falsch. Eine Kontinuität des Lehrstuhls ergibt sich daraus nicht.

Im September 1940 fuhr Lorenz mit dem Zug von Wien nach Königsberg, in einem Abteil, das eigens für ihn und seine Tiere frei geräumt worden war. Die Barsche schwammen in Milchkannen, die Enten waren in mit Stroh ausgelegten Kisten untergebracht, die Gänse durften sich im Abteil frei bewegen. In Königsberg angekommen, konnte Lorenz die Tiere allerdings nicht bei sich behalten. Für die Fische wurden Aquarien in der Bibliothek eingerichtet, die Vögel wurden im zoologischen Garten untergebracht. Außerdem schaffte Lorenz neue Graugänse herbei, die er in den öffentlichen Anlagen der Stadt ansiedelte: «Ich werde hier alle Gewässer, Schlossteich, Oberteich, Hammerteich und noch weitere öffentliche Anlagen, die nur dünn beschwant (höcker) sind, mit Graugänsen ‹überziehen›, Wege zur Stadtverwaltung sind leicht gangbar.»

Doch nur ein gutes Jahr währte seine Zeit als Professor in Königsberg. Im Oktober 1941, kurz nachdem Bengt Bergs Aufruf zur Schonung der Wildgänse ins gesamte Reich gesendet worden war, wurde Lorenz zur Wehrmacht eingezogen. Die Tiere blieben zurück und verschwanden spätestens bei der Eroberung der Stadt durch die Rote Armee im April 1945. Vermutlich wurden sie aufgegessen. In Posen diente Lorenz zuerst als Psychiater, danach als Militärarzt. Genaueres ist von seinen Tätigkeiten, die während dieser Zeit auch im Sortieren von Menschen nach ihrer «erbbiologischen Eignung» bestanden haben dürften, nicht bekannt. Allerdings weiß man, dass die SS ihre auf die ethnische Neuordnung des europäischen Ostens zielenden medizinischen Unternehmungen in Posen konzentriert hatte. Im April 1944 wurde Lorenz als Arzt der kämpfenden Truppe zugeteilt, gehörte einige Wochen zu einer Einheit der Heeresgruppe Mitte in Weißrussland und geriet, als Ende Juni der Kessel von Witebsk geschlossen wurde, in sowjetische Kriegsgefangenschaft.

Die Gans Martina und das Verhängnis der Zivilisation

Mehr als drei Jahre verbrachte Konrad Lorenz in Kriegsgefangenschaft, zuletzt und die längste Zeit in armenischen Lagern. Er arbeitete darin hauptsächlich als Arzt, aber auch, wie man nicht nur von ihm, sondern auch von ehemaligen Mitgefangenen sowie aus Papieren der Verwaltung weiß, als eine Art Vertrauensmann oder informeller Anführer der Inhaftierten. Er betreute sie medizinisch, rettete offenbar etlichen das Leben und hob die Moral der Gefangenen, indem er ihnen von seinen Abenteuern mit Tieren erzählte. Im Lauf der Zeit müssen die Verhältnisse zwischen den russischen Offizieren und ihrem freundlichen Häftling beinahe kollegial geworden sein, jedenfalls erhielt er die Möglichkeit zu schreiben, auch wenn er Papier und Stifte selbst beschaffen musste. Ersteres fand er in Gestalt von aufgeschnittenen Zementsäcken, die er sich von einem Schneider bügeln ließ, Letzteres in Gänsekielen, die er in eine Vielzahl von Flüssigkeiten tunkte, je nachdem, was er gerade fand.

In dieser Zeit entstand die Schrift «Die Naturwissenschaft vom Menschen», die in mannigfaltiger Weise in spätere Arbeiten einging, als ganze aber erst nach seinem Tod erschien. Ohne Archiv und Sekundärliteratur verfasst, ohne die Möglichkeit, bei sich selbst nachzuschlagen, diente sie Lorenz zur Vergegenwärtigung wie zur Neufassung seines Wissens und seiner Anschauungen. Ein Grundlagenwerk sollte so entstehen, zu vollenden nach der Rückkehr aus der Gefangenschaft. Wenn er einen Abschnitt abgeschlossen hatte, gab er ihn einem Mitgefangenen. Dieser musste ihn lesen und das Erinnerte dem Urheber vortragen, zwecks Ermittlung der didaktischen Tauglichkeit des Geschriebenen. Kurz vor seiner Freilassung durfte Lorenz den Text auf der Maschine abschreiben.

Im Jahr 1948 kehrte Lorenz nach Altenberg zurück, mit seinem Manuskript im Gepäck und zwei Vogelbauern in der Hand. In dem einen Käfig saß ein Star, im anderen eine Ohrenlerche. Heimkehr bedeutete für Lorenz auch: in ein Land der Niederlage, gezeichnet von der Not der Nachkriegsjahre, ohne Aussichten auf ein bezahltes Amt. Die Professur in Königsberg gab es nicht mehr, in Wien kehrten die von den Nationalsozialisten verdrängten, konservativ und klerikal gesonnenen Professoren in ihre Ämter zurück, und Lorenz hatte, allen Bemühungen zum Trotz, nach wie vor kaum Aussichten, im eigenen Land eine Anstellung zu finden.

In dieser bedrängten Lage schrieb er die beiden kleinen Werke, die ihn zu einem populären Autor machten, zuerst im Jahr 1949 das Buch «Er redete mit dem Vieh, den Vögeln und den Fischen», mit dem die Graugans zum Symboltier der Verhaltenslehre wurde, dann, ein Jahr später, die Schrift «So kam der Mensch auf den Hund». Beide Bücher setzten Erfahrungen der Gefangenschaft voraus: die Übung im plastischen Erzählen; die Fähigkeit, ein Publikum zu fesseln, das wenig Vorkenntnisse mitbrachte und womöglich den Umgang mit Literatur nicht gewöhnt war; das Geschick, nicht zu viel zu erzählen und nicht zu wenig. Der Erfolg in der Öffentlichkeit ist dabei nicht nur Nebenwirkung der eigentlichen wissenschaftlichen Tätigkeit oder ein erzwungenes Ausweichen, weil deren Institutionalisierung an der Universität auf Widerstände stieß, sondern eine systematische Strategie zur Steigerung der öffentlichen Aufmerksamkeit: keine akademische Ethologie ohne Martina, Tschok und alle anderen namentlich bekannten Tiere. Und keine Ethologie ohne Public Relations. «Ich bemühe mich aus Film-Gründen, alles menschengeprägt und ganz ganz zahm aufzuziehen.» Die Ethologie, wie sie von Lorenz betrieben wurde, war ein politisches Fach.

Wesentliche Förderung fand Lorenz dann wiederum in Deutschland, und so blieb es auch. Im Jahr 1953 erklärte sich die Max-Planck-Gesellschaft bereit, Lorenz und seine Forschungen zu finanzieren. Ein «Institut für Verhaltensphysiologie» wurde eingerichtet, zunächst auf Schloss Buldern im Münsterland, mit Unterstützung des dort ansässigen Barons und Amateurwissenschaftlers Gisbert von Romberg. Dann wurde im Landkreis Starnberg eine der Verhaltensforschung gewidmete Anlage gebaut, auf einem weitläufigen, eigens zu diesem Zweck gekauften und neu gestalteten Grundstück, komplett mit Wohngebäuden, Werkstätten, Aquarien, Hütten für die Tiere sowie drei Teichen, an denen sich die Wasservögel aufhalten konnten. Sie erhielt den Namen «Seewiesen». Die Institutionalisierung der tierischen Verhaltensforschung, im physischen wie im wissenschaftssoziologischen Sinn, schon von der Notgemeinschaft der Deutschen Wissenschaft geplant, aber nicht verwirklicht, war letztlich eine Folge ihrer Finanzierung durch die Max-Planck-Gesellschaft.

Die berühmteste Szene aus dem (literarischen) Leben des Vogelforschers Konrad Lorenz handelt von einer frisch geschlüpften Graugans: «Den Kopf schief gestellt, sah sie mit großem, dunklem Auge zu mir empor. Mit *einem* Auge, denn wie die meisten Vögel fixiert auch die Graugans, wenn sie etwas ganz genau sehen will, einäugig. Lange, lange sah mich nun das Gänsekind an. Und als ich eine Bewegung machte und ein kurzes Wort sprach, löste sich mit einem Male die gespannte Aufmerksamkeit und die winzige Gans grüßte. Mit weit vorgestrecktem Hals und durchgestrecktem Nacken sagte sie sehr schnell und vielsilbig den graugänsischen Stimmfühlungslaut.» Vorgekommen war diese Gans zu jener Zeit schon mehrmals in Lorenz' Werk, im Aufsatz über den Kumpan anonym, manchmal unter einem Kürzel, im Briefwechsel mit Oskar Heinroth zum ersten Mal unter vollem Namen. Nun aber, in einem für ein großes Publikum geschriebenen Buch, trat sie als Heldin einer dramatisch gestalteten Erzählung auf: der erste Blick, die gespannte Aufmerksamkeit, die Geschwindigkeit der Ereignisse.

Bengt Berg hatte seine Gänse nummeriert, anhand der Ringe, mit denen er sie kennzeichnete. Die Gans, mit der er den vertrautesten Umgang hatte, trug den Ring «Nr. 5», und so wurde sie auch genannt. Berg mochte die Gans unter Hunderten von Artgenossen erkennen, sie blieb dennoch «Nr. 5». Anders war es beim Ganter, den Oskar Heinroth während seines Medizinstudiums in Kiel besaß. Er war «Martin». So heißt auch die zahme Gans in «Nils Holgerssons wunderbarer Reise». Bei Heinroth gab es einen zweiten Ganter mit Namen Martin. Er schlüpfte im Jahr 1924 und war selbstverständlich auf Oskar und Magdalena Heinroth geprägt. Folgerichtig bekam auch das Küken, das Lorenz im Sommer 1935 als seine Mutter erkennt, diesen Namen: «Ich tat, als hätte ich die kleine Gans adoptiert, nicht sie mich. Das Gänsekind erhielt in feierlicher Taufe den Namen Martina.» Lorenz bestritt zwar, dabei an den heiligen Martin gedacht zu haben. Angesichts der Laufbahn, die Martin als Gänsename zu dieser Zeit schon genommen hatte, gibt es aber wenig Anlass, ihm zu glauben.

Dem Vogel einen Namen zu geben, wie ihn sonst nur

Der Gänsevater mit einem Tier von wandelbarer Geschichte und Bestimmung, manchmal ein Muster für den Menschen, später ein Opfer der Zivilisation. Konrad Lorenz mit der Graugans Martina, aufgenommen von Alfred Seitz, um 1936.

Menschen tragen, scheint Ausdruck eines persönlichen, wenn nicht sogar freundschaftlichen Verhältnisses zu sein. So ist es bei Hunden, Katzen und wohl auch bei Wellensittichen. So ist es auch bei Pferden. Im Fall der Gänse und insbesondere beim Namen Martin bin ich mir indessen nicht sicher, ob sich in der Bezeichnung nicht etwas Doppeldeutiges, vielleicht sogar Heimtückisches verbirgt, und zwar in zweifacher Hinsicht: Zum einen, weil der Klang der drei Silben von «Martina», wie Lorenz selbst erzählt, dem Alarmruf der Gänse gleicht. Der Rufer versetzt das Tier also in Angst, wenn er den Vogel herbeifliegen lässt und seinen Besuchern ein kleines Bravourstück vorführt. Zum anderen und schlimmer noch: «Martin» oder «Martina» verweisen auf den 11. November, auf den Tag des heiligen Martin von Tours und das Datum, an dem die Bauern gewöhnlich ihre Gänse schlachten – am Ende von «Nils Holgerssons wunderbarer Reise», als der kleine Held seinen Freund, den zahmen Ganter Martin, vor der Axt rettet, spielt dieses Datum eine Rolle. An diesem Tag endete gewöhnlich der vertraute Umgang mit dem Tier.

Der Titel des Buches «Er redete mit dem Vieh, den Vögeln und den Fischen» ist ein leicht abgewandeltes Zitat aus dem Alten Testament, aus dem ersten Buch der Könige (5, 13), in dem die Geschichte des alten Königs David und seines Sohns, des weisen Salomons, erzählt wird. Lorenz sieht sich offenbar in dessen Nachfolge – obwohl Salomon «von» den Tieren oder «über» die Tiere sprach, Lorenz aber «mit» den Tieren geredet haben will: «Ich staune zutiefst», heißt es im ersten Kapitel, «dass es möglich war, mit einem frei lebenden Vogel in so vertrauten Verkehr zu treten, und ich empfinde diese Tatsache als etwas seltsam Beglückendes, als sei durch sie ein kleiner Teil der Vertreibung aus dem Paradiese rückgängig gemacht worden.» Das Motiv ist mittlerweile hinlänglich bekannt. Und nicht nur Salomon liefert hier das Vorbild. Im Fall des Herrschers über das vereinte Königreich Israel war das Reden mit den Tieren nur ein Aspekt einer weitgespannten Weisheit. Vielmehr wird auch auf Adam angespielt. Denn dieser hatte den Tieren Namen gegeben, wozu er von Gott eigens beauftragt worden war. Dies bedeutete jedoch zugleich, sich ihrer zu bemächtigen, Paradies hin oder her. Und noch einen Ahnen hätte Lorenz anrufen können: den heiligen Franziskus, der den Vögeln gepredigt haben und auf diese Weise den Anthropozentrismus aufgesprengt haben soll, womit er zwar wenig Nachfolge, aber große Resonanz fand – wobei Lorenz sich von seinen Vorläufern im Reden mit den Tieren dadurch unterscheidet, dass er den Tieren, die er selbst aufgezogen hatte, individuelle Namen gab.

Die Hinwendung zum Alten Testament im Allgemeinen und zur Schöpfungsgeschichte im Besonderen ist eine Reminiszenz an die Zeit vor allen Zeiten, ein Versuch der Rückverzauberung der Welt in einen anfänglichen Zustand. So etwas kam häufiger vor, in der Literatur und in den anderen Künsten, und besonders häufig nach der Mitte des 19. Jahrhunderts – in der «Kameliendame» von Alexandre Dumas dem Jüngeren zum Beispiel, oder in Guiseppe Verdis Oper «Aida»: «Dort im jungfräulich grünen Wald, / Von Blumenduft umgeben, / Gibt uns ein neues Leben / Die höchste Seligkeit.» Doch nichts hätte, kulturell betrachtet, in den Jahren nach dem Zweiten Weltkrieg willkommener sein können als ein Abschied von der Geschichte, zumal in Deutschland und in Österreich. Dort, wo die Gänse waren, hatte die Katastrophe nicht stattgefunden. Dort hatte es weder Krieg noch Niederlage gegeben, geschweige denn einen Holocaust. Dort konnte man, in jeder Beziehung, die Augen neu aufschlagen, als lebte man am ersten Tag.

Das bekannte Leben der Graugans Martina war kurz. Sie schlüpfte im Frühjahr 1935. Gut zwei Jahre später, im Herbst 1937, flog sie davon, zusammen mit einem Ganter, dem man den passenden Namen Martin gegeben hatte. Doch blieb die Erinnerung an Martina gegenwärtig: Sie war, so heißt es, die erste Kumpanin des Vogelforschers, sie war das Küken, mit dem das Prägen von Graugänsen begann, und Lorenz scheint sich ihr mit einer solchen Geduld und Aufgeschlossenheit zugewandt zu haben, dass auch er als Geprägter auftreten konnte. So eng wurde in der Retrospektive die Verbindung zwischen dem Ethologen und der Gans, dass sie ein Paar bildeten – nicht nur für die allgemeine Wahrnehmung, sondern auch für Lorenz selbst, und nicht nur für ihn, sondern auch für die wissenschaftliche Disziplin, die er zu gründen suchte. Für die außerordentliche Beobachtungsgabe, die es vielleicht braucht, um zu erkennen, wie ein Gänsepaar über verstohlene Blicke zueinander findet, ließ sich möglicherweise eine wissenschaftliche Notwendigkeit geltend machen, obwohl sie die Anforderungen ans wissenschaftliche Arbeiten, namentlich Quantifizierbarkeit und Nachvollziehbarkeit, nicht erfüllt – aber es war zuerst und vor allem eine Gabe, die Lorenz für sich beanspruchte.

Lorenz hatte allerdings auch andere, praktische Gründe, die Wildgänse anderen Tieren vorzuziehen. Die Tiere waren billig und überall erhältlich. Die Zoologen aus reichen Ländern zogen nach Afrika oder Asien, ausgerüstet mit üppigen Forschungsetats, um ihre Forschungen in der freien Natur und an großen Tieren zu betreiben. Die Graugänse hingegen schwammen in den Tümpeln der Donau-Auen, sie grasten auf den Feldern in der Nachbarschaft, sie flogen über das Haus. Außerdem sind große Säugetiere, Haustiere vielleicht ausgenommen, komplizierte und wilde Wesen. Sie lassen sich nicht «halten», wie es mit Gänsen, Enten oder auch Dohlen möglich ist, zumal es Vogelforschern wie Lorenz darauf ankam, das Gebaren der Vögel in jeder Situation, in allen Verrichtungen ihres Lebens zu erfassen. Vor allem deswegen gab es die Nähe, die nicht unterbrochene Gegenwart, die Freundschaft (wenn man das Verhältnis so nennen will) zwischen Mensch und Gans.

Je mehr und je später von Martina erzählt wurde, desto reicher wurde ihr Leben. Jede Nacht, wird im September 1935 aus Altenberg berichtet, erklimme Martina die Treppe zum Schlafzimmer ihres Herrn und fliege am Morgen aus dem Fenster. Unter vollem Namen in die Öffentlichkeit eingeführt wurde Martina dann im Jahr ihres Verschwindens, in einem Artikel mit dem Titel «Dumme Gans», den Lorenz im «Neuen Wiener Tagblatt» veröffentlichte. Auf einer Konferenz der Deutschen Gesellschaft für Psychologie im Juli 1938 wird sie zum ersten Mal als instinktsicheres Gegentier zu den verkommenen, fetten Hausgänsen präsentiert. In einem akademischen Aufsatz mit dem Titel «Über Ausfallerscheinungen im Instinktverhalten von Haustieren und ihre sozialpsychologische Bedeutung» aus dem Jahr 1940, mit dem die Lehre von der Schädlichkeit der Domestikation einsetzte, reichte es allerdings nur für das Kürzel «Ma» (der Ganter trug den Namen «M»).

Hunderte von Graugänsen zog Lorenz in den folgenden Jahren und Jahrzehnten auf. Martina aber blieb Martina, bis hin zum letzten Werk, das der Tierforscher zu Lebzeiten veröffentlichte, dem Buch «Hier bin ich – wo bist du?», erschienen im Jahr 1988. Allerdings veränderte die Gans immer wieder ihren Charakter: Wo anfangs ursprüngliche Natur war, reiner Instinkt, tritt später eine seelisch beschädigte Gans auf, schwer derangiert durch die Zivilisation. Naturbelassene Gänse, so Lorenz in jenem berüchtigten Aufsatz über die «Ausfallerscheinungen», seien des Flirtens fähig, verliebten sich dann von einem Moment zum anderen und behielten diese Liebe ihr ganzes Leben. Der vom Gefühl geschlagene Ganter lege dann augenblicklich ein anderes Verhalten an den Tag, werde fürsorglich, zeige aber auch ein heftiges Imponiergehabe. Das Paar fungiere danach als «Kampfeinheit», worin der Ganter (allen voran Martin) nicht nur zum heroischen Selbstopfer neige, sondern auch allen Verführungsversuchen hybrider Gänse, also Mischlingen zwischen Graugänsen und Hausgänsen, widerstehe. Den buchstäblich letzten Beweis für ihre Tugendhaftigkeit hätten «Ma» und «M», wie Lorenz meint, dadurch erbracht, dass sie davongeflogen seien, als es ihnen zwischen den Nistplätzen ihrer Kumpane zu eng wurde.

Domestizierte Gänse, so Lorenz, seien dagegen verderbte Wesen von unterschiedsloser Promiskuität und Bequemlichkeit. «Diese durch langjährige Domestikation verdummten Wesen wissen nicht mehr richtig, wie man brütet, oder besser gesagt: Sie haben die exakten Instinkte verloren, die eine Wildgans dazu anleiten.» Vor allem junge weibliche Gänse seien unfähig zu dauernden Beziehungen, wodurch nicht nur das Familiengefüge geschädigt werde, sondern auch die gesamte Gänsegesellschaft. Der rassistischer Anschauungen unverdächtige Oskar Heinroth, der weitgespannte Untersuchungen zum Verhalten der Gänse unternommen hatte, war immer wieder darauf gestoßen, dass sich domestizierte Vögel in manchen Fähigkeiten gegenüber wilden Gänsen überlegen zeigten – etwa wenn es darum ging, Schlupflöcher in Zäunen zu finden. In Lorenz' Arbeiten um das Jahr 1940 sind solche Abwägungen verschwunden, vermutlich aus Gründen der Anpassung an eine nationalsozialistische Moral. Hier wird denn auch ausdrücklich die Übertragung dieser Schlüsse aus dem Gänseleben auf die Rassen- und Bevölkerungspolitik des Dritten Reiches empfohlen.

Im Buch «Er redete mit dem Vieh, den Vögeln und den Fischen» hat Martina nicht nur einen eigenen Willen, insofern sie «grüßt», sich verlassen fühlt, weint und entschlossen die Gesellschaft ihrer «Mutter» einfordert. Vielmehr nimmt sie der Vogelforscher auch als «reizendes, heißgeliebtes Menschenkindchen» an, das um halb fünf Uhr morgens zu plärren beginnt.

Jahre der Erfahrung waren für Lorenz vorausgegangen. Das «Prägen» war, vor ihm, in aller Ausführlichkeit von Heinroth beschrieben worden. Dennoch trägt Lorenz die Geschichte mit dem Pathos des ersten Mals und der großen Überraschung vor. Denn in diesem Fall gilt es, eine biographische Erzählung vorzutragen, mit allen zur Verfügung stehenden literarischen Mitteln: Rührend etwa, «wie solch ein lebendiges Riesen-Salweidekätzchen gemessenen Schrittes, mit der allen Gänsen eigenen drolligen Würde hinter dir herwandelt oder, gehst du zu schnell, angestrengt und mit weit ausgebreiteten Flügelärmchen nachgerannt kommt». Von nun an, beginnend mit diesem Buch, waren Konrad Lorenz und Martina unzertrennlich.

Auf Traumpfaden: Die Gans belehrt die Welt und zweifelt an sich selbst

Der englische Reiseschriftsteller Bruce Chatwin erzählt in «Traumpfade», seinem berühmtesten, im Jahr 1987 erschienenen Buch, das im Original den Titel «Songlines» trägt, von einer langen Reise durch das Innere Australiens. Darin geht es, vor allem anderen, um die Wege, auf denen die Aborigines durch die Wildnis ziehen, über lange Strecken und geleitet von den Liedern, die sie auf ihren Wanderungen absingen – um menschliche Zugvögel, die sich von ihren Rufen führen lassen.

Irgendwo in den Outbacks trifft der Erzähler auf einen Aborigine. Der Mann trägt ein himmelblaues Hemd und wird ihm als «Ritualmanager» vorgestellt. Seine Aufgabe, so heißt es, bestehe darin, das kultische Wissen seines Stammes zu bewahren und in die späteren Generationen weiterzutragen. Der «Mann in Blau» scheint über die Fähigkeiten eines Schamanen zu verfügen und lässt den Besucher an den Gesängen der Ureinwohner teilhaben. Darüber hinaus besitzt er das Talent, die in diesen Liedern vorkommenden Tiere zu verkörpern, eine Eidechse zum Beispiel: «Er krallte seine Echsenfüße seitlich in die Erde, erstarrte und reckte den Kopf. Er schob das untere Lid über die Iris und ließ seine Eidechsenzunge hervorschnellen. Er ließ seinen Hals zornig zu einem Kropf anschwellen.» So überzeugend spielte der Mann in Blau die Eidechse, erzählt Chatwin, dass die Grenzen verschwammen: Hatte ein Mensch die Eigenheiten des Tiers angenommen oder das Tier die Eigenschaften des Menschen?

Schon einmal sei er einem solchen Tiermenschen begegnet, erinnert sich Chatwin. Es dauert eine Weile, bis er darauf kommt, an wen er sich erinnert: an Konrad Lorenz. Er hatte den Begründer der tierischen Verhaltenslehre, wie schon erwähnt, in den siebziger Jahren in Altenberg besucht und sich mit dessen Gattin über die Vermehrung von Veilchen unterhalten. Er hatte die Spielzeugeisenbahn betrachtet, die Lorenz im Arbeitszimmer aufgestellt hatte. Und er hatte den Forscher studiert: «Er war ein ausgezeichneter Schauspieler, er konnte sich in die Haut von jedem Vogel, Raubtier oder Fisch versetzen», schreibt Chatwin. «Als er die Dohle am unteren Ende der ‹Hackordnung› nachmachte, *war* er der unglückliche Vogel. Er *war* das Paar Graugänse, die bei der Aufführung des ‹Triumphgeschreis› ihre Hälse ineinander verflochten.» Ein Schamane ist kein Schauspieler. Er ist vielmehr dessen Gegenteil. Aber die Unterschiede schienen sich aufzulösen, vielleicht durch eine Art «Method Acting», durch die planvolle Erinnerung an eigene, ähnliche Erfahrungen, aufseiten des Vogelforschers.

Bruce Chatwin war offenbar neugierig auf Konrad Lorenz gewesen, den mittlerweile auf der ganzen Welt berühmten Wissenschaftler, von dem man grundstürzende Erkenntnisse nicht nur über den Menschen erwartete, sondern auch über das Leben überhaupt. Chatwin interessierte sich für dessen Nähe zu den Tieren und vermutlich auch für die Idee, der Grund für das Elend der Menschheit sei in den Fortschritten der Zivilisation zu suchen, in der zunehmenden Entfernung von den vitalen Instinkten. In Altenberg ließ sich Chatwin, wie er 1979 in seiner Rezension der englischen Ausgabe von «Das Jahr der Graugans» schreibt, von dem Gedanken mitreißen, die Tiere seien den Hausgänsen «moralisch und physisch eindeutig überlegen». Ähnliches galt, wie Chatwin damals meinte, für den Menschen, der in Urzeiten den Drang zur Wanderschaft unterdrückt und daraufhin einen Hang zur Territorialität, zur Habgier und zum Statusdenken entwickelt habe. Unter Nomaden hingegen seien, so hoffte er, vielleicht noch Reste eines ursprünglich friedlichen und harmonischen Lebens zu finden.

Lorenz war nie ein Wanderer gewesen. Er sah sich selbst als «Farmer», als Tierhalter und lebte in seinen Wohnungen, die zugleich seine Forschungsinstitute waren, mit seinen Vögeln, seinen Fischen, seiner Frau, seinen drei Kindern und seinen Mitarbeitern. Ein jedes dieser Institute war ein weitläufiges, aber umschlossenes Gehäuse, und wenn einer dieser Orte aufgegeben wurde, folgte die nächste feste Station. Alle diese Einrichtungen waren Enklaven wie der Darß oder das Gut Eriksberg, aber unter weit schärfer kontrollierten Bedingungen. Nur unter solchen Bedingungen konnte der Beobachter zu einem Gefährten der Tiere werden.

Die Träume der Kindheit, vielleicht sogar die Kindheit selbst, scheinen Lorenz nie verlassen zu haben. Betrachtet man die vielen Fotografien, die von ihm und seinen Gänsen verbreitet sind, liest man die Selbstauskünfte, die er in großer Zahl erteilte, gewinnt man den Eindruck, er habe ein entspanntes Leben im Zusammensein mit seinen Vögeln geführt. Auf manchen Bildern liegt er auf der Wiese, während die ihn umgebenden Gänse ein paar Gräser rupfen. Auf anderen Bildern schwimmt er ihnen in einem Teich voraus. Auf wieder anderen schreitet er ihnen voran, während sie ihm hinterhertippeln. Er glaube, schrieb er, an die «absolute Identität von Forschen und Spielen». Nicht ausgeschlossen, dass er tatsächlich meinte, eine solche Identität leben zu können: «Glückliche Wissenschaft, in der ein wesentlicher Teil der Forschung darin besteht, dass man nackt und wild in Gesellschaft einer Schar Wildgänse in den Donau-Auen herumkriecht und schwimmt.»

Bei Lorenz, so scheint es, war immer Anfang, immer Unschuld. Mit den Gänsen auf der Wiese zu liegen, das bedeutete: dorthin zurückzukehren, wo noch nicht entschieden war, ob die Zukunft im Paradies oder im Elend der fortschreitenden Zivilisation liegen werde. Ich kann mich daran erinnern, dass solche Visionen auf mich, damals Schüler eines norddeutschen Reformgymnasiums, den größten Eindruck machten, und auf meinen Biologielehrer nicht minder. Konrad Lorenz, das war eine Gestalt wie aus «Alice im Wunderland», nur im echten Leben: Das Wunderland war immer schon gegenwärtig gewesen, nur wussten die Zeitgenossen nichts davon. Dieser bärtige Mann mit seinen Gänsen war der Eingeweihte, der zwischen der Welt der Vögel und der Welt der Menschen zu vermitteln vermochte.

Lorenz meinte zu wissen, was ein Instinkt ist – wobei er seine Schlüsse aus dem Verhalten der Tiere zog, in denen sich ein natürlicher Drang tatsächlich oder vermeintlich äußerte. Möglicherweise komplizierte Dinge werden dadurch einfach: Instinktgesteuerte Wesen müssen sich nicht entscheiden, sie können nicht das Falsche wählen. Zugleich ist niemand von solchen Impulsen ausgenommen. Sie finden sich bei Tieren und Menschen, Armen und Reichen, Gebildeten und Ahnungslosen, Stadt- und Landbewohnern. Wo zuvor von Schuld, Verbrechen und Verantwortung hatte die Rede sein müssen, erhob sich nunmehr die Natur als das nicht mehr zu hinterfragende andere, eine stumme, alles durchdringende und letztlich übermächtige Gewalt. Lorenz inszenierte sein Leben in diesem anderen, vor den Augen einer großen Öffentlichkeit, die sich zwar gelegentlich fragte, was an diesem Werk methodisch gesicherte Erkenntnis war und was auf persönlicher Einfühlung beruhte, die aber auch diese Zwiespältigkeit als Ausdruck einer außerordentlichen, privilegierten Persönlichkeit zu deuten wusste. Mit Gewissheiten, was ein Instinkt sei und was nicht, ist die Verhaltensforschung längst wesentlich vorsichtiger.

Mit der Übertragbarkeit seiner Tierstudien auf den Menschen hatte Lorenz schon in den frühen Jahren des Dritten Reichs für sein Forschungsvorhaben geworben. Nach dem Krieg gab er die Lehre vom Verfall, der notwendig eintrete, wenn zu viel Zivilisation an die Stelle instinktgesteuerten Verhaltens trete, keineswegs auf. Nicht mehr um die Rasse aber sollte es nunmehr gehen, sondern um die Menschheit. Die apokalyptische Perspektive blieb bestehen: Eine sich zu hohen Zielen aufschwingende «Höherentwicklung» sei nicht zu erwarten, erklärte er. Stattdessen geschehe das Unvermeidliche: «Leider in weit greifbarerer Nähe lauern Degeneration, durch das Großstadtleben verursachter rassischer und moralischer Verfall, Geburtenrückgang, Karzinom und Weltkapitalismus und unzählige andere volksfeindliche Kräfte.» Was der Gemeinverstand immer schon zu wissen meinte: dass der Mensch schlecht, der Müßiggang aller Laster Anfang sei, das urbane Leben ins Verderben führe und der Mensch zur Überschätzung seiner Möglichkeiten neige – all diese vermeintlichen Gewissheiten kehrten in den populären Büchern, die Lorenz in den frühen sechziger Jahren zu publizieren begann, wieder. Ebenso die Anekdoten aus dem Tierreich, die ihn beliebt gemacht hatten, wenngleich sich ihr Anteil an den Werken verminderte.

Das Buch «Das sogenannte Böse» aus dem Jahr 1963 war

die erste dieser «Schmähreden in der Sprache des Welterlösers», wie Bruce Chatwin das Genre nannte. Das Verhängnis des Menschen, erklärte Lorenz, bestehe darin, dass sich die Instinkte nicht in der Geschwindigkeit an das Leben der Menschen anpassen können, wie sich dieses, vermittelt durch kulturelle, technische und ökonomische Bedingungen, verändere. Ursprünglich habe etwa die Aufgabe des «Aggressionstriebs» darin bestanden, starke, männliche Wesen hervorzubringen, die ihr Territorium verteidigen können. Zu diesem Zweck werde der Instinkt aber nicht mehr gebraucht, also suche er sich andere, fremde Bahnen. Aggressivität soll, versteht man, eine feste Größe sein. Dass sie einen Gegner braucht, um sich zu entfalten, vielleicht auch, um zu entstehen; dass sie in aller Regel Gründe hat (was auch für die Aggression innerhalb einer Gemeinschaft gilt) – von diesen Dingen ist bei einer «Aggressivität», die abstrakt als Instinkt begriffen wird, nicht die Rede. Sie soll eine Urkraft sein, die Zivilisation eine Art Sündenfall, und aus solchen Ideen wurde eine Welterklärungslehre entwickelt, deren Anspruch an Ernst Haeckels «Monismus» (die vielleicht, unausgesprochen, das Vorbild lieferte) zumindest heranreichte.

Setze die westliche Zivilisation ihre Entwicklung ungebrochen fort, meinte Lorenz, sei das Ende des Abendlands kaum zu vermeiden. Zumindest werde der «weniger verwöhnte Osten» die Herrschaft über den Westen gewinnen. «Erwachet», rief er seinen zahllosen Anhängern und Bewunderern zu. Was heißt: Der Mensch – immer im Kollektivsingular gedacht, also in Absehung von seiner Situation, seinen Möglichkeiten und Interessen – habe seinen Verstand und seine Freiheit vor allem zu dem Zweck einzusetzen, die Übereinstimmung zwischen Sollen und Wollen wiederherzustellen und durch die Befolgung moralischer Gebote das biologisch Sinnvolle zu vollbringen. Von «Staatsbiologie» hatte der baltische Zoologe Jakob Johann von Uexküll in den frühen zwanziger Jahren gesprochen, als von einer noch zu verwirklichenden Wissenschaft. Lorenz hielt an dieser Vorstellung fest, weit ausgreifend und nebelhaft.

Noch einmal treten in «Das sogenannte Böse» die Graugänse als Vorbilder auf, als edle Tiere in gesunden Gemeinschaften: «Bei einem Tier, das noch nicht einmal zur bevorzugten Klasse der Säugetiere gehört, findet die Forschung einen Mechanismus des Verhaltens, der bestimmte Individuen lebenslänglich zusammenhält, der zum stärksten, alles Handeln beherrschenden Motiv geworden ist, der alle ‹tierischen› Triebe, wie Hunger, Sexualität, Aggression und Furcht zu überwinden vermag und die Gesellschaftsordnung in ihrer artbezeichnenden Form bestimmt. In all den Punkten ist dieses Band jenen Leistungen analog, die bei uns Menschen mit den Gefühlen der Liebe und Freundschaft in ihrer reinsten und edelsten Form einhergehen.» Das Festhalten an dieser Idee – sie gehört zu den ersten und letzten Errungenschaften der Ethologie nach Lorenz – hat etwas Esoterisches: Warum, so fragt man sich, hat die Natur ein so sinnvolles Verhalten wie das der Graugänse so wenigen Arten vorbehalten? Stellt nicht der Einfall, etwas für natürlich zu erklären, was innerhalb der Natur einen Ausnahmefall darstellt, einen offenen Widerspruch dar? So ist es, und es ist auch anders: Es bedurfte offenbar eines bestimmten Tiers, menschenfern und doch mit scheinbar menschlichen Eigenschaften, um ein naturkundliches Wissen zur Moral und zur Botschaft werden zu lassen.

Im Dezember 1973 erhielt Konrad Lorenz den Nobelpreis für Medizin, zusammen mit dem Niederländer Nikolaas Tinbergen, einem engen Freund, Kollegen und Fachmann für Möwen und Wespen, sowie dem in München lehrenden österreichischen Zoologen Karl von Frisch, einem Spezialisten für Honigbienen. Ausgezeichnet wurden die drei Forscher für «Entdeckungen zur Organisation und Auslösung von individuellen und sozialen Verhaltensmustern». Die Auszeichnung wurde allerdings nicht nur zum Höhepunkt einer großen, ebenso akademischen wie publizistischen Karriere, sondern auch zum Anlass, der politischen Vergangenheit des Preisgekrönten nachzuspüren: Der Aufsatz «Durch Domestikation verursachte Störungen arteigenen Verhaltens» aus dem Jahr 1940 zirkulierte. Lorenz hatte darin eine Reinigung des «Volkskörpers» mittels Entfernung einer «bösartigen Geschwulst» gefordert: «Zum Glück ist ihre Ausmerzung für den Volksarzt leichter und für den überindividuellen Organismus weniger gefährlich als die Operation des Chirurgen für den Einzelkörper.» Im Folgenden bestritt Lorenz, fälschlicherweise, je Mitglied der nationalsozialistischen Partei gewesen zu sein. Man forschte damals nicht weiter.

Verhaltensforschung im engeren Sinn hatte Lorenz in den frühen siebziger Jahren kaum noch betrieben. Zwar veröffentlichte er im Jahr des Nobelpreises noch das Buch «Die Rückseite des Spiegels», eine «Naturgeschichte menschlichen Erkennens», in der er auf systematische Weise, von den Schnecken über die Affen bis zum Menschen fortschreitend, eine Summe seiner wissenschaftlichen Arbeit vorzulegen suchte. Hauptsächlich jedoch war er zum Künder und Mahner geworden. «Der Wettlauf der Menschheit mit sich selbst, der die Entwicklung der Technologie zu unserem Verderben immer rascher» vorantreibe, erklärte er zum Beispiel, mache «die Menschen blind für alle wahren Werte» und nehme ihnen die Zeit, «der wahrhaft menschlichen Tätigkeit der Reflexion zu obliegen».

Im selben Jahr wurde Lorenz im Alter von siebzig Jahren emeritiert. Er verließ die Forschungsstation Seewiesen in Begleitung von hundert Gänsen und fünfzig Enten. Während er selbst in die von den Eltern geerbte Villa zurückkehrte, wurden die Vögel in einem Wildpark im oberösterreichischen Grünau im Almtal untergebracht – eine Autostunde von Altenberg entfernt und damit für einen älteren Herrn nicht immer leicht erreichbar. In der Forschungsstation Seewiesen rückte unterdessen das individuelle Beobachten von Tieren in den Hintergrund, man wandte sich langen Forschungsreihen, experimentellen und statistischen Methoden zu. Die Einrichtung ging 1999 in einem Institut für Ornithologie, später in einem Max-Planck-Institut für «biologische Intelligenz» auf.

Als Bruce Chatwin in der Rezension des Buchs «Das Jahr der Graugans», die zuerst im Dezember 1979 in der «New York Review of Books» veröffentlicht wurde, seinen Besuch in Altenberg erwähnt, beginnt er mit einem Lob. «Die Berge sind schön, die Luft ist glasklar, und die Graugrans selbst ist ein herrlicher Vogel mit mattem, grauweißem Gefieder, einem korallenroten Schnabel und blassroten Füßen.» Die meisten Kollegen, schreibt er weiter, unterschieden zwischen dem Ethologen Lorenz, der die Wissenschaft um den Begriff der «Prägung» bereichert habe, und dem «prahlerischen Politphilosophen, dessen Argumentation, vom Tier auf den Menschen übertragen, auf wackeligen Beinen» stehe. Er aber, Bruce Chatwin, könne die beiden Gestalten nicht voneinander trennen. Die Botschaft des Forschers habe immer darin bestanden, alles menschliche Verhalten sei natürlich determiniert. Diese Überzeugung führe notwendig in ein rassenbiologisches Programm, wie es die Nationalsozialisten verfolgt hatten.

Die Rezension blieb nicht unwidersprochen. In einem langen Leserbrief suchte Dieter E. Zimmer, damals Feuilletonredakteur der «Zeit», Herausgeber und zum Teil Übersetzer der Schriften Vladimir Nabokovs, den Ruf des Vogelforschers zu retten. Bruce Chatwin, schrieb er, irre grundsätzlich, wenn er behaupte, Lorenz habe erklärt, jede Form von menschlichem Verhalten sei biologisch determiniert. Dieser habe weit mehr geleistet als das, was mit einem Verweis auf seine frühere Nähe zu den Nationalsozialisten abgefertigt werden könne. Chatwin antwortete auf den Einspruch nur knapp: «Das Jahr der Graugans» sei kein harmloses Bilderbuch, hielt er fest. Es sei eine verzuckerte Droge. Dann verwies er auf die Mitgliedschaft in der NSDAP, die Lorenz acht Wochen nach dem Anschluss Österreichs erworben habe. Er zitierte die Mitgliedsnummer.

Damit hatte sich der Fall für Chatwin erledigt, auf eine womöglich allzu schlichte Weise. Denn Konrad Lorenz steht auch für etwas anderes, und zwar nicht nur für ein biologisches Wissen – es gibt tierisches Verhalten, es gibt die Prägung, es gibt das Triumphgeschrei in allen Varianten –, sondern vor allem für ein nach wie vor ungeklärtes Verhältnis zu allem, was man landläufig «Natur» nennt.

Im kurz vor seinem Tod veröffentlichten Buch «Hier bin ich – wo bist du?» zog Lorenz eine Konsequenz aus seinen apokalyptischen Lehren – ein letztes Mal veränderte Martina dabei ihren Charakter. Eine gesunde Gans, auf deren Instinkte man sich verlassen konnte, war für die Warnung vor dem bevorstehenden, endgültigen Verfall der Menschheit nicht zu gebrauchen – im allgemeinen Niedergang war das Ideal des intakten Tiers nicht aufrechtzuerhalten. «Aufgrund unseres heutigen Wissensstandes entspricht ihre (Martinas) Lebensgeschichte ganz und gar nicht der einer ‹normalen› Graugans, da sie von Anfang an nicht artgerecht und unter vielfachem Streß aufgezogen wurde», heißt es in diesem Werk, in dem er den wissenschaftlichen Ertrag eines Lebens mit Gänsen zusammenzufassen trachtete.

Von Martinas Geschwistern ist in diesem Buch die Rede, zum ersten Mal. Mehrere von ihnen wurden gleichermaßen auf den Vogelforscher geprägt, wenngleich Martina separat gehalten wurde – was sie nervös und ängstlich gemacht habe, stets fluchtbereit, wenig geneigt, sich selbstständig zu machen und zu fliegen. Überhaupt habe er der Gans viel zu viel abverlangt, nicht zuletzt die Spaziergänge durch die Ortsmitte von Altenberg. Sogar der abendliche Weg die Treppe hinauf, ins Schlafzimmer, wurde zu einer Prüfung, die Martina nur unter Mühen bestand. Und als Martina und Martin schließlich davongeflogen seien, habe es sich nicht um eine Flucht aus der Enge in die Freiheit gehandelt, sondern um einen Rückzug von einem Dasein als Gegenstand der Wissenschaft, das in mannigfaltiger Weise zu einer Zumutung geworden sei.

So unsicher war Konrad Lorenz am Ende seines Lebens gegenüber seinem großen Projekt geworden, dass er seinem Freund Nikolaas Tinbergen schrieb: «‹Die› Graugans gibt es nicht. Es ist geradezu erheiternd, mit welcher Konsequenz es sich als unmöglich erwies, aus unseren Protokollen einen Einzelfall herauszufinden, der dem Heinroth'schen Typus des Graugansverhaltens entspricht.» Am Ende ihrer wissenschaftlichen Laufbahn ist die Graugans wieder an ihrem Anfang angekommen. Sie ist wieder ein halb erfundenes Tier. Ihrem Erfolg tut das Fiktive keinen Abbruch, im Gegenteil.

Eine verlorene Wissenschaft und die Entstehung der Umweltbewegung

Als der Dichter W. H. Auden im Dezember 1963 von einer englischen Sonntagszeitung gefragt wurde, welcher andere Mensch er gerne wäre, gab er zur Antwort: «I would like to be Konrad Lorenz.» Er musste diesen Wunsch nicht erklären, so bekannt war sein Kandidat, und als so einleuchtend erschienen dessen Leistungen. Wenig später erklärte die Schriftstellerin Ingeborg Bachmann: «Ich komme aus einem Land, ohne mich anbiedern zu wollen mit seinen Genies, die das unbekannte Wesen, der Mensch, seine Abgründigkeit und Hintergründigkeit immer beschäftigt hat.» Sie nennt Sigmund Freud, den «größten Pionier», und sie berichtet, mit «zitternder Freude» Konrad Lorenz bei seinen Arbeiten verfolgt zu haben. Als Weltweise galten diese Gelehrten, als weise Helden der Wissenschaft. Solche Gestalten sind nunmehr schon seit Jahrzehnten verschwunden, und es wird sie wohl auch nicht mehr geben, die Vaterfiguren der akademischen Welt, die ihr Wissen der gewöhnlichen Sprache anvertrauten und von denen sich die Ahnungslosen freundlich empfangen glaubten.

Die Verhaltenslehre gab es in zwei Varianten. Beide nahmen ihren ersten Anlauf kurz nach der Wende zum 20. Jahrhundert, wurden groß in den fünfziger und sechziger Jahren, um in den Siebzigern an Bedeutung zu verlieren und allmählich eine Beschäftigung für Spezialisten zu werden. Die amerikanische Variante nannte sich Behaviorismus und wurde von dem Psychologen B.F. Skinner angeführt. Die deutsch-österreichische Schule nannte sich vergleichende Verhaltenslehre oder Ethologie und wurde für die Öffentlichkeit von Konrad Lorenz repräsentiert. Wo die eine beherrschend war, konnte die andere sich nur unter Schwierigkeiten behaupten: Weder setzte sich der Behaviorismus in Europa durch, noch die vergleichende Verhaltenslehre in den Vereinigten Staaten.

Die amerikanischen Wissenschaftler waren Psychologen, die sich hauptsächlich für das Lernen interessierten und mit Labortieren arbeiteten, ihre europäischen Kollegen Zoologen, die ihre Vögel, Fische und Insekten in ihrer natürlichen Umgebung betrachteten. Die Behavioristen glaubten, menschliches Verhalten auf das Muster von Reiz und Reaktion reduzieren zu können, und untersuchten, mit welchen Reizen («input») man welche Reaktionen («output») hervorrufen konnte. In die Mitte setzten sie eine «black box», über deren Inhalt sie nichts wussten und auch nichts wissen wollten. So schien, was ansonsten als Frage nach dem Bewusstsein und nach der Vernunft, nach dem Willen und nach der Urteilskraft verhandelt wurde, also zur philosophischen Fakultät gehörte und daher als nicht vertrauenswürdig galt, in den Rang einer echten, exakten Naturwissenschaft aufzusteigen.

Wissenschaftsgeschichtlich betrachtet, weist die europäische Variante dagegen Ähnlichkeiten mit einer um einige Jahrzehnte älteren, gleichfalls aus Wien stammenden Wissenschaft auf, nämlich der Psychoanalyse. Sigmund Freud hatte die Eigenarten und Leiden eines Menschen auf vergessene oder verdrängte Erfahrungen in der Kindheit zurückzuführen gesucht. Konrad Lorenz wollte die Wahrheit über die Menschen in angeborenen Dispositionen finden, die sie mit den Tieren teilen. Beide erhoben die Anekdote zum Mittel wissenschaftlicher Darstellung, beide erzählten, anstatt zu zählen, sie deuteten, anstatt Graphen zu ziehen oder Statistiken anzulegen, beide stellten sich die zentralen Elemente ihrer jeweiligen Lehre – die Triebe und die Instinkte – als plastische, konstante Größen vor. Und beide neigten zur Zivilisationskritik. Sigmund Freud hatte in seiner Schrift «Das Unbehagen in der Kultur» aus dem Jahr 1930 erklärt, Kultur gehe auf die Versagung von Triebbefriedigung zurück und sei eine Quelle des Unglücks. Lorenz beklagte in seinem Buch «Die acht Todsünden der Menschheit» den «Schwund aller starken Gefühle und Affekte durch Verweichlichung». Beide hatten mit ihren jeweiligen Lehren immensen Erfolg.

Die Psychoanalyse lebt fort, wenngleich nicht mehr mit der öffentlichen Bedeutung, die sie vor fünfzig oder sechzig Jahren hatte. Auch den Behaviorismus wie die vergleichende Verhaltenslehre gibt es noch. Sie sind aber zu marginalen Disziplinen geworden. Im Fall des Behaviorismus war dieser Niedergang vor allem darin begründet, dass er in seinen Ansprüchen auf Welterklärung von der Transformationsgrammatik übertroffen wurde, der Lehre des Sprachwissenschaftlers Noam Chomsky, der mit großem mathematischen Aufwand behauptete, den Inhalt der behavioristischen «black box» in Form von mathematisch formulierbaren Gesetzen bestimmen zu können: Das Gehirn arbeite im Wesentlichen wie ein Computer, so die Anhänger dieser Lehre, auf Grundlage eines Regelapparats, der Anwendungen in unendlicher Zahl ermögliche. Im Kleinen und Exakten wurde die Verhaltenslehre darüber hinaus von der Genetik abgelöst.

Die Zeit der vergleichenden Verhaltenslehre war kurz. Sie währte weniger als dreißig Jahre, von den späten fünfziger Jahren bis zum allmählichen Verblassen der Lehre nach dem Nobelpreis für Lorenz. Ihre Zeit war vorüber, bevor die Erkenntnisse entwickelt, geschweige denn in verbindlicher, systematischer Form hätten dargeboten werden können, sodass am Ende nicht mehr zu erkennen war, ob man sich noch im Rohbau einer neuen Disziplin oder schon in ihrer Ruine befand.

Für diesen Bedeutungsverlust gibt es mehrere Gründe. Dass etliche Befunde der tierischen Verhaltenslehre, so wie sie Lorenz vertreten hatte, bald widerlegt wurden – etwa die Behauptung, es gebe bei Hunden eine angeborene Hemmung, die sie daran hindere, Artgenossen zu töten –, bildet dabei lediglich den wissenschaftlichen Normalfall. Wichtiger war, dass sich etliche Befunde der Ethologie, zumindest in ihrer ersten, heroischen Phase, der Forschung am einzelnen Tier verdanken. Sie waren nicht mit Sicherheit wiederholbar, man konnte auf ihrer Grundlage keine Statistiken anlegen. Dieses Schicksal teilt sie zwar mit der Psychoanalyse. Wenn diese jedoch weitgehend unabhängig von der Überprüfbarkeit ihrer Erkenntnisse und sogar von ihren therapeutischen Erfolgen bestehen kann, weil sie zu einem Modell für heuristische Verfahren auch in den angrenzenden Wissenschaften wurde, so galt das nicht für die vergleichende Verhaltensforschung – womit nicht bestritten ist, dass es längst eine Ethologie gibt, eine Verhaltensforschung nach Lorenz, die innerhalb der Biologie oder auch Psychologie nach den heute üblichen Standards arbeitet.

Am Ende konnte Lorenz mit seiner Ethologie den Ansprüchen an eine exakte Wissenschaft, an eine «Science», nicht mehr genügen. Den Naturwissenschaftlern fehlten das Experiment und die Wiederholbarkeit der Beobachtungen. Die Gesellschaftskritiker machten Lorenz den Vorwurf, mit seiner naturalistischen Lehre die bestehenden, schlechten historischen Verhältnisse in ein absolutes Recht zu setzen. Die Wildgans aber überlebte den Niedergang der Disziplin, deren paradigmatisches Tier sie gewesen war. Das Wissen um das Verhalten der Tiere – um die «Prägung» zum Beispiel – ist in die Allgemeinbildung eingegangen, ohne dass dabei die Wissenschaft angerufen würde, die noch vor wenigen Jahrzehnten dahinterstand. Im Dokumentarfilm scheint diese Wissenschaft bis auf weiteres ein Asyl gefunden zu haben.

Und manchmal begegnet man der Ethologie in Momenten, in denen man mit ihr nicht gerechnet hätte. Manchmal, wenn das Formulieren nicht mehr leicht von der Hand geht und sich die Wörter sperren, lege ich zum Beispiel Musik auf, um die Sätze wieder in Fluss zu bringen. Mit improvisierter Musik geht das, aus naheliegenden Gründen, leichter als mit klassischen Kompositionen. In der Endphase der Arbeit an diesem Buch hatten es mir amerikanische Jam-Bands angetan. Oft hörte ich ein Lied, das den Titel «Animal» trägt und von Tieren handelt: «Sister can you hear it / The calling from the deep / The evolutionary instinct / To get up and move your body». Die Band trägt den Namen «Goose».

Die größte, folgenreichste Wirkung zeitigte die vergleichende Verhaltenslehre allerdings in einem Wandel des öffentlichen Bewusstseins, das in Gestalt einer Partei, der «Grünen», ihre am leichtesten fassbare Form annahm, aber weit darüber hinausgeht, in unzähligen Initiativen, in einem weitverbreiteten bürgerlichen Engagement, in der Formung des Alltags. Dabei geht es um ältere Bestände einer zur Volkswissenschaft gewordenen Biologie, also um «Ökologie», «Natur» oder «Gleichgewicht», aber auch um Vorstellungen, die Konrad Lorenz und seiner Lehre zugehören, um die «Funktionsstörungen lebendiger Systeme» zum Beispiel. Solche Vorstellungen haben eine eigene politische Geschichte.

Im Juli 1972 versammelte sich im Münchner Hofbräuhaus

eine Gruppe prominenter Naturwissenschaftler und Publizisten, um der Öffentlichkeit ein «Ökologisches Manifest» vorzustellen. Konrad Lorenz war, zumindest für die Außenwelt, der Kopf der Vereinigung. Hinzu kamen Bernhard Grzimek, der aus dem Fernsehen bekannte Direktor des Frankfurter Zoos, der Landwirt Hubert Weinzierl, der auch Vorsitzender des Bundes Naturschutz in Bayern war, der Zoologe Irenäus Eibl-Eibesfeldt sowie Georg Kleemann, der Wissenschaftsredakteur der «Stuttgarter Zeitung». Gemeinsam wollten sie wider eine Gesellschaft streiten, «die den Profit im Herzen und den Umweltschutz auf den Lippen» trage. Im Einzelnen, so die «Süddeutsche Zeitung», die prominent von der Veranstaltung berichtete, sollte es um die «Eindämmung» des Bevölkerungswachstums gehen, um den Schutz der Natur vor dem Diktat des Wirtschaftswachstums, um die Unterbindung einer «hemmungslosen Ausbreitung neuer Industrie», gegen die Industrialisierung der Landwirtschaft und um die Verhinderung des «gemeinsamen Selbstmords». Die Botschaften des «Ökologischen Manifests» deckten sich dabei im Wesentlichen mit den Thesen, die Konrad Lorenz ein Jahr später unter dem Titel «Die acht Todsünden der zivilisierten Menschheit» veröffentlichte.

Anfang 1972 hatte der Club of Rome seine Studie über die «Grenzen des Wachstums» veröffentlicht, in der das Ende der zivilisierten Welt durch Rohstoffmangel und Umweltverschmutzung vorhergesagt wurde. In diesen Zusammenhang gehörte das «Ökologische Manifest», vor allem, weil es das Gesamtschicksal, die Zukunft des «Wir», der «Erde» oder des «Planeten» zum höchsten und letztlich einzigen Maßstab allen Handelns erhebt. Mit dem Spontaneismus, der die «Grünen» in ihren frühen Jahren prägte, mit Straßentheater, Spaßguerilla und Demonstrationen, die als Feste organisiert wurden, hatte Lorenz wenig im Sinn. Doch stand er der Partei in deren Anfängen nahe, im Praktischen, wenn es gegen die Erschließung der Donau-Auen oder um die Verhinderung von neuen Kraftwerken ging, im Theoretischen in der Verbindung von Zivilisationskritik und humanistischem Idealismus. «Der Mensch muss verstehen lernen», schrieb er zu Weihnachten 1984 an die Naturschützer in den Auen, «dass die Ermordung eines Bruders und das Umbringen eines Waldes zwar Verbrechen von verschiedener Schwere, aber Verbrechen am heiligen Geist des Weltalls sind. Das Vernichten einer Lebensgemeinschaft, in der und von der wir Menschen leben, bedeutet in letzter Konsequenz nichts anderes als die Ermordung der ganzen Menschheit.»

Die späten Jahre des Vogelforschers waren die Zeiten des Bußpredigers. Diese Figur konnte in den Debatten der Zeit einem gestandenen Konservatismus nahestehen, vor allem wenn dieser agrarisch orientiert war, ließ sich aber auch mit linken, grundsätzlich oppositionellen Bestrebungen verbinden. Lorenz war dabei, als der Bau eines Kernkraftwerks bei Zwentenburg in Niederösterreich verhindert wurde. Das Volksbegehren, das im Jahr 1985 mit Unterstützung der «Neuen Kronen Zeitung», der meistgelesenen Tageszeitung Österreichs, dazu führte, dass die Pläne für ein neues Kraftwerk bei Hainburg aufgegeben wurden, trug seinen Namen. Das «Versöhnungsgespräch», das Lorenz im Januar 1985 mit dem damaligen österreichischen Bundeskanzler Fred Sinowatz führte, wurde zum Triumph einer Umweltbewegung, die sich um dieselbe Zeit als politische Partei formierte: So entstanden in Österreich die «Grünen», deren Erfolge weit nach Deutschland hineinwirkten.

Die Gänse wurden nicht vergessen. Als das «Bündnis 90 / Die Grünen» bei der Bundestagswahl im Jahr 2002 zum ersten

Mal mit einem Spitzenkandidaten antrat, erklärte die Bundesvorsitzende der Partei, die neuen Kandidaten seien «wie die Wildgänse im Formationsflug mit Joschka Fischer». Es ist, als hätten die Gänse ihre ikonische Bedeutung für ökologische Bewegungen seit ihrem ersten Auftreten bei Lorenz behalten, und es sind immer wieder dieselben Eigenschaften, die an ihnen gefallen: «Ihre soziale Intelligenz, die sie bei Gefahr zusammenstehen lässt, ihre starken, belastbaren Familienbande und ihre große Bandbreite an unterschiedlichen Charakteren scheint ihren momentanen evolutionären Höhenflug zu bedingen.» Der Satz steht in einer Gänsekunde, die im Jahr 2024 von Sonia Kleindorfer, der Leiterin der Konrad-Lorenz-Forschungsstelle im österreichischen Almtal veröffentlicht wurde.

«Das Jahr der Graugans» ist, wenn man nur die Bilder betrachtet, das schönste aller Bücher, die Konrad Lorenz veröffentlichte. Es zeigt wunderbare Tiere in einer idyllischen Auen- und Berglandschaft, Vögel auf tiefblauem Wasser unter ebensolchem Himmel, fotografiert vor dem Hintergrund schneebedeckter Berge. Man sieht Tiere, die einzelne, beseelte Wesen sind. «Ich empfinde es als einen unaussprechlichen, auch durch lange Gewohnheit nie abgestumpften Reiz, wenn freifliegende Vögel von weither auf mich zukommen», schreibt Lorenz in «Das Jahr der Graugans», denn es gebe «kaum ein Tier, das nicht flieht, wenn es das Herankommen eines Menschen rechtzeitig bemerkt». Nicht nur, dass er das Individuum in den Tieren entdeckt, die Tiere erkennen es offenbar auch in ihm. Vermutlich würde ich mich darüber freuen, wenn die Gänse, die morgens von ihren Schlafstätten am Meer auf die Felder ziehen, dem Menschen auf der Terrasse zuflögen.

Lorenz war der Vollender und der erfolgreichste Bote einer Vorstellung von Tieren, wie sie sich um die Mitte des 19. Jahrhunderts herauszubilden begonnen hatte und mit der die Tiere immer näher an die Menschen heranrückten – so weit, dass Lorenz von Martina als von seinem «Gänsekind» sprach. Darin gleicht er vielen Besitzern von Hunden oder Katzen, die ihre Haustiere ebenfalls behandeln, als wären sie ihre Kinder. Zugleich scheinen die Tiere in jüngster Zeit den Menschen näherzurücken, zumindest in der Vorstellung, vielleicht auch in der Wahrnehmung. Mit großer Aufmerksamkeit betrachtet man zum Beispiel, wie manche Tiere in die Umgebung auch der großstädtischen Menschen zurückkehren, als Nachbarn gewissermaßen, die möglicherweise schon seit einiger Zeit (oder von je her) in den Vorgärten, in den Parks oder auf den Spielplätzen leben, aber nicht erkannt wurden. Zu Haustieren werden diese Wesen indessen nicht. Die Tiere müssen offenbar einen gewissen Abstand oder eine Fremdheit behalten, damit sie bleiben können, was sie sind. Aber so, in der nachbarlichen Distanz, nimmt man ihre Gegenwart als Bereicherung des eigenen Lebens wahr – und was zunächst die Gänse oder Dohlen im eigenen Garten waren, wurden später die Stadtfüchse. Seit den Zeiten, in denen sich Lorenz um seinen privaten zoologischen Garten kümmerte, erweiterte sich der Kreis der möglichen Nachbarn beträchtlich, und etliche kamen hinzu, die Raben etwa, die erst in jüngster Zeit in die Städte vordrangen.

Viele der Entdeckungen von Lorenz handelten von Eigenschaften, die Tieren und Menschen gemeinsam sind: dass auch Tiere Traditionen bilden zum Beispiel oder dass Dohlen fähig sind, individuell erworbenes Wissen auf folgende Generationen zu übertragen. Die tierische Verhaltenslehre, wie sie nach Lorenz' Tod betrieben wurde, folgte ihm in dieser Bewegung, weshalb sie sich mehr den Primaten, den Schimpansen, den Orang-Utans oder den Bonobos zuwandte.

Konrad Lorenz mit Gefolge.

Zugleich aber hörte die Verhaltenslehre auf, eine Welterklärung sein zu wollen. Dazu hatte es weniger eng verwandte Tiere gebraucht: Dass sich Primaten menschenähnlich verhalten, ist nicht erstaunlich. Deswegen sind sie «Herrentiere». Die Gans gehört nicht zu den höheren Säugetieren. Gerade deshalb aber, so scheint es, eignet sie sich als Erklärungsmuster für das Menschliche: Sie taugt zum universalen Tier, eben weil sie taxonomisch vom Menschen weit entfernt ist.

Das letzte Buch von Lorenz enthält ein Verzeichnis «alles dessen, was eine Graugans überhaupt wollen kann». Der Titel des Buches ist, wie hätte es anders sein können, aus «Nils Holgerssons wunderbarer Reise» entlehnt: «Hier bin ich – wo bist du?» lautet der Ruf der Gänse im Roman. Mit einem solchen Rufen hatte die Geschichte der Gänse begonnen, so wie sie Konrad Lorenz als Legende seiner Berufung erzählt. So schließt sich ein Kreis.

Die letzte
und die folgende Graugans

Am Ende des Romans «Austerlitz», dem im Jahr 2001 erschienenen letzten Buch des Schriftstellers W.G. Sebald, besucht der Erzähler das Fort Breendonk im Norden Belgiens. Breendonk ist ein ferner Punkt in den Festungsringen, die zu Beginn des 20. Jahrhunderts um Antwerpen herum errichtet wurden. Es liegt im äußersten Süden, schon fast auf dem Terrain der Nachbarstadt Mechelen, und war, als der Erste Weltkrieg begann, technisch wie militärisch veraltet. Und zwar nicht nur um Jahre oder Jahrzehnte, sondern um Jahrhunderte. Dem Bau großer Festungen lag, seitdem Ludwig XIV. im späten 17. Jahrhundert seinen Baumeister Sébastien le Prestre de Vauban ausgeschickt hatte, Frankreichs Grenzen mit Fortifikationen zu schützen, die Annahme zugrunde, der Feind würde dorthin gehen, wo sich die Verteidiger verschanzt haben – allein schon aus dem Grund, dass Frankreich dort seine Truppen konzentriert habe. Tatsächlich trat oft das Gegenteil ein: Der Feind ging auf anderen Wegen, und die Verteidiger blieben in ihren Festungen sitzen. An diesem Bau, lässt Sebald seine Hauptfigur sagen, «könne man gut sehen, wie wir, im Gegensatz etwa zu den Vögeln, die Jahrtausende hindurch immer dasselbe Nest bauten, dazu neigten, unsere Unternehmungen voranzutreiben, weit über jede Vernunftgrenze hinaus». Während des Zweiten Weltkriegs betrieb die Gestapo in dieser Festung ein Lager. Hunderte von Angehörigen des belgischen und französischen Widerstands wurden in Breendonk umgebracht, der österreichische Schriftsteller Jean Améry war dort inhaftiert.

Im breiten Wassergraben, der die Festung umgibt, erblickt der Erzähler in «Austerlitz» eine Graugans. Als er sich danach ins Gras setzt und ein Buch herausholt (es handelt von einer Suche nach den Ahnen sowie vom Wandern), lässt sie sich nicht weit von ihm nieder: «Auf dem dunklen Wasser ruderte eine graue Gans, einmal in die eine Richtung, dann in die andere wieder zurück. Nach einer Weile stieg sie ans Ufer und setzte sich nicht weitab von mir ins Gras.» Die Festung erscheint als die monumentale Ruine eines Planungswillens, der so groß war, dass die darin waltende Vernunft am Ende in ihr Gegenteil umkippte. Die Schrecken des 20. Jahrhunderts sind darin eingeschlossen. Die Graugans, die neben dem Erzähler landet, ist der Gegensatz zu dieser gesteigerten Sesshaftigkeit. Sie steht für die Bewegung, für den Verzicht auf falsche Sicherheiten und monströse Weltbeherrschungsphantasien, für ein loses Leben, das eben nur dieses ist: Leben. Selbstverständlich sagt die Gans nichts. Wie auch? Doch ist das Allegorische nicht zu überlesen: Zusammen blicken Mensch und Gans zurück auf eine lange Reihe von Katastrophen. Beide haben, wie es bei W. G. Sebald an einer anderen Stelle heißt, die Welt hinter sich «und voraus nichts mehr als Leere».

Die Graugänse haben sich, seitdem sie gegen Ende des 19. Jahrhunderts in ihren nordeuropäischen Nistgebieten fast ausgestorben waren und Eingang in die Literatur fanden, stark vermehrt. Aus den wenigen Tausend Tieren, die übrig geblieben waren, als Bengt Berg die «Liebesgeschichte einer Wildgans» schrieb, waren schon in den siebziger Jahren mehr als hunderttausend geworden. Seitdem sollen sich die Bestände etwa verzehnfacht haben. Der «Jagddruck», sagen die Fachleute, habe sich vermindert, woraufhin sie in Gebiete vorgedrungen seien, in denen sie vor hundert oder hundertfünfzig Jahren nicht vorkamen. Und je mehr Gänse es gab, so scheint es, desto weniger taugten sie als symbolisches Tier. Wildgänse leben nun an vielen Orten, aber es kommt ihnen keine Transzendenz mehr zu.

Oder doch? «Komm, ich erzähl dir was …», heißt es in «Europas Hunde», einem im Jahr 2017 veröffentlichten Roman des belarussischen Schriftstellers Alhierd Bacharevič. Darin wird von einem Knaben erzählt, der davon träumt, auf dem Rücken einer grauen Gans in den Westen zu fliegen: Sie stammt, selbstverständlich, aus der Literatur, und so wie Akka von Kebnekajse das Tier war, das Nils Holgersson die nationale Geographie, die Liebe zur Natur und die Verantwortung für sich selbst wie für seine Nächsten nahebrachte, so soll auch die graue Gans in «Europas Hunde» einen Jungen ins Leben einweisen.

Allerdings ist das Land, über das sich hinwegfliegen lässt, grausam und hart. Ein gutes Land gibt es nur in der Phantasie. «Du hast es doch so gern, wenn ich dir diese Geschichte erzähle», sagt der Knabe zu seiner Gans. «Also, in einem Land im Norden, wo Air Baltic hinfliegt, wuchs einmal in einem Dorf ein Junge auf, und der wurde Nils genannt, Nils Holgersson. Also Nils, Holgers Sohn, so hieß nämlich sein Vater. Aber alle nannten den Jungen nur den Schweiger. Er mochte nämlich so gar nicht reden. Und was mochte er? Er mochte Bücher. Und dann mochte er noch eine graue Gans. Und sonst keinen …» Erstaunlich allerdings, dass Nils Holgersson nunmehr ein Leser sein soll. Früher war er vor Büchern davongelaufen.

LITERATUR

«Brehms Tierleben» in der 2. Auflage (1876–1879) und Johann Andreas Naumanns «Naturgeschichte der Vögel Deutschlands» (1822–1844, Ergänzungsbd. 1860) sind vollständig über das Internet abrufbar. Selma Lagerlöfs «Nils Holgerssons wunderbare Reise durch Schweden» wird zitiert nach meiner Übersetzung für die «Andere Bibliothek» (Berlin 2014). Die zahlreichen Bücher von Bengt Berg und Konrad Lorenz sind leicht antiquarisch bzw. über den Buchhandel erhältlich. Bei dermaßen bekannten Werken sowie bei Klassikern, die ohne Schwierigkeit über das Internet gefunden werden können, habe ich auf Nachweise verzichtet.

EINLEITUNG

Das Lied von Joni Mitchell heißt «Urge for Going» und stammt aus dem Jahr 1966. Die «Naturgeschichte der Vögel Deutschlands» wurde verfasst von Johann Andreas Naumann und seinem Sohn Johann Friedrich Naumann (12 Bde., Leipzig 1822–1844, Ergänzungsbd. 1866). Von den Nitratwerten erzählt Jochen Schmidt in seinem Roman «Phlox» (München 2022). Auf den hohen Anteil an poetischer Erfindung an «Brehms Tierleben» verweist der Ornithologe Andreas Schulze: Belehrung und Unterhaltung. Brehms Tierleben im Spannungsfeld von Empirie und Fiktion, München 2009. Magdalena und Oskar Heinroths Enzyklopädie «Die Vögel Mitteleuropas» erschien in vier Bänden zwischen 1924 und 1933 (Verlag Hugo Behrmühler, Berlin). Vom Liebesleben der Gänse erzählen Karl Schulze-Hagen und Gabriele Kaiser: Die Vogel-WG. Die Heinroths, ihre 1000 Vögel und die Anfänge der Verhaltensforschung, München 2020. Den Vergleich zwischen Wildgänsen und Menschen zieht David Quammen: The Flight of the Iguana. A Sidelong View of Science and Nature, New York 1988. Die Plumpheit der Gänse schildert Hermann Masius: Die Tierwelt. Charakteristiken, Essen 1862.

ERSTER TEIL
DIE GANS GEHT AUF DIE REISE

Die Wildgans erhält einen Namen und zieht in die Welt: Auf Deutsch gibt es von Steen Steensen Blicher den Erzählungsband «Der Himmelberg» (Lengwil 2007). Der Gedichtband «Trækfuglene» (Kopenhagen 1838) wurde, soweit ich ermitteln konnte, nie ins Deutsche übersetzt. Im Original lauten die Zeilen über «Die Zugvögel»: «Sig nærmer Tiden, da jag maa væk, / Jeg hører Vinterens Stemme; / Thi ogsaa jeg er kun paa Træk, / Og haver andenstedts hjemme.» Heinrich Hoffmann von Fallerslebens «Unpolitische Lieder» sind nach der Hamburger Ausgabe von 1840 zitiert. Von Tieren als «Seelenführern» spricht Mircea Eliade: Schamanismus und archaische Ekstasetechnik, Frankfurt am Main 1974. Die Übersetzung des Gedichts «Les oies sauvages» ist entnommen aus: Gedichte von Guy de Maupassant, hrsg. von Franz Kwest, übersetzt von Franziska Steinitz, Halle an der Saale 1899. Das Gedicht von Else Lasker-Schüler ist unter dem Titel «Hinter meinen Augen stehen Wasser» bekannt und findet sich in den «Gesammelten Gedichten» (Leipzig 1917). William Butler Yeats' Gedicht «September 1913» ist zitiert nach: Gedichte, hrsg. und übersetzt von Norbert Hummelt, München 2006. Im Original lauten die Zeilen: «Was it for this the wild geese spread / The grey wing upon every tide.» Das Zitat von Bruce Chatwin findet sich in: Der Traum des Ruhelosen, München 1996. Von der Annahme, Vögel besäßen telepathische Fähigkeiten, erzählt Gail Vines: Psychic Birds (or What)?, in: New Scientist, 26. Juni 2004.

Das Ringen ums Überleben, Alfred Brehm und die menschlichen Tiere: Sigmund Freuds «Kränkungen der Menschenheit» finden sich in seinem Aufsatz «Eine Schwierigkeit der Psychoanalyse» (1917). Auf den sonderbaren Erfolg der «Kränkungen» verweist Werner Michler: Darwinismus und Literatur. Naturwissenschaftliche und literarische Intelligenz in Österreich, 1859–1914, Wien 1999. Vom Kinderzimmer als einem der frühen Schauplätze des Darwinismus berichtet Julia Voss, Darwins Jim Knopf, Frankfurt am Main 2018. Vom Ausflug der frühen deutschen Ornithologen nach Renthendorf berichten Karl Schulze-Hagen und Bernhard Just: Die «Renthendorf-Ansicht» von E. Baldamus (1858?) und ihre Beziehung zu C. L. Brehm und J. F. Naumann, in: Blätter aus dem Naumann-Museum 37 (2022). In welchem Maß der Erfolg des «Tierlebens» von der Erzählform abhing, erklärt Andreas Schulze:

«Belehrung und Unterhaltung». Brehms Tierleben im Spannungsfeld von Empirie und Fiktion, München 2004. Die literarischen Qualitäten von «Brehms Tierleben» lobt Sibylle Lewitscharoff: Der Waschbär und sein Butterbrot. Was Alfred Brehm über die Tiere erzählt, ist immer eine prächtige Neuausgabe wert, in: Süddeutschen Zeitung, 4. Oktober 2006. Weitere Beispiele für diese Bewunderung finden sich in großer Zahl.

Nils Holgersson und die Nation der Zugvögel: Über die unterschiedlichen Weltbilder, die sich mit dem Blick auf Karten und Landschaften verbinden, denkt der Geograph Kenneth R. Olwig nach: The Meanings of Landscape. Essays on Place, Space, Environment and Justice, Abingdon / New York 2019. Die deutsche Übersetzung des Buchs von Maurice Leblanc ist erschienen unter dem Titel «Nun wachsen uns Flügel» (Bern 2015). Den kulturellen Folgen militärischer und politischer Niederlagen widmet sich Wolfgang Schivelbusch: Die Kultur der Niederlage, Berlin 2001.

Der Norden, sein Charaktertier und die Reise ins Leere: Die Beschreibung des Films «Unter den Brücken», gedreht 1944 unter der Regie von Helmut Käutner, orientiert sich an Michael Althen: Ein Film desertiert, in: Frankfurter Allgemeine Sonntagszeitung, 21. Februar 2010. Die nähere Bekanntschaft mit Hildegard Knef verdanke ich Hannelore Schlaffer: Hildegard Knef. Schriftstellerin, in: Sinn und Form 75 (2023), H. 3. Von August Strindberg schwärmte Hermann Bahr in dem Aufsatz «Die neue Psychologie» (1890). Die Formulierung vom «unveralteten Sinn» stammt, unter Rückgriff auf Jacob Grimm, von Ulrich van Loyen aus einem gleichnamigen Aufsatz in der Schriftenreihe der Zeitschrift «Tumult» (Bd. 28, 2004). Das Stefan-Zweig-Zitat stammt aus seinem Nachwort zu Jens Peter Jacobsens Roman «Niels Lyhne» (1925). Das Konzept «lebendiges Naturdenkmal» ist einem Aufsatz von Bernhard Gißibl entlehnt: Grzimeks «bayerische Serengeti». Zur transnationalen politischen Ökologie des Nationalparks Bayerischer Wald, in: Wenn sich alle in der Natur erholen, wo erholt sich dann die Natur?, hrsg. von Hans-Werner Frohn, Jürgen Rosebrock und Friedemann Schmoll, Bonn / Bad-Godesberg 2009.

Die Gans wird zum Welträtseltier und lernt die Ökologie kennen: Ernst Haeckels Definition der Ökologie findet sich in: Generelle Morphologie der Organismen. Allgemeine Grundzüge der organischen

Formen-Wissenschaft, mechanisch begründet durch die von Charles Darwin reformirte Descendenz-Theorie, Berlin 1866. Haeckels Satz über die stete Verminderung der Welträtsel stammt aus: «Die Welträtsel. Gemeinverständliche Studien über monistische Philosophie», Bonn 1899. Hermann Bahr schwärmt von Haeckel in seinen «Essays» (Leipzig 1912). Mit der Funktion von Baum-Bildern in der Abstammungslehre setzt sich Howard E. Gruber auseinander: Darwin's «Tree of Nature» and other images of «wide scope», in: On Aesthetics in Science, hrsg. von Judith Wechsler, Cambridge / Mass. 1978. Eine Einführung in Wilhelm Bölsches naturwissenschaftliche Esoterik liefern Philipp Sarasin und Michael Hagner: Wilhelm Bölsche und der «Geist». Populärer Darwinismus um 1900, in: Nach Feierabend. Zürcher Jahrbuch für Wissensgeschichte 4 (2008). Gerhart Hauptmanns Huldigung an Wilhelm Bölsche entstammt einer Laudatio zu dessen 70. Geburtstag, abgedruckt in: Sämtliche Werke, Bd. 1, Frankfurt am Main / Wien 1962. Wilhelm Bölsches Osterspaziergang findet sich beschrieben in seinem Essay «Osterglaube», in: Ethische Kultur, XI. Jahrgang, Nr. 15., 11. April 1903. Das Loblied der Begattung stimmt Bölsche in seinem dreibändigen Werk «Das Liebesleben in der Natur. Eine Entwicklungsgeschichte der Liebe» an (Leipzig 1898–1903). Die kosmischen Gänse fliegen in seinem Buch «Komet und Weltuntergang» (Jena 1910) um die Welt.

Mutter Gans und die Idee der «gegenseitigen Hilfe»: Pjotr Alexejewitsch Kropotkins Buch «Gegenseitige Hilfe in der Tier- und Menschenwelt» ist auf Deutsch zuletzt im Jahr 2005 erschienen, ergänzt um ein Nachwort von Henning Ritter. Um die kulturökonomischen Bezüge in Kropotkins Werk geht es in einem Aufsatz von Daniel P. Todes: Darwin's Malthusian Metaphor and Russian Evolutionary Thought, 1859–1917, in: Isis 78 (1987), H. 4. Das Vernünftige in Kropotkins Lehre erklärt Stephen Jay Gould: Kropotkin Was No Crackpot, in: Natural History 97 (1988), H. 7. Der Brief Rosa Luxemburgs an Sophie Liebknecht ist veröffentlicht in: Briefe aus dem Gefängnis, Berlin 1922.

Nachgemachte Schöpfung und die Tempel der toten Tiere: Den Ausführungen zum Diorama, insbesondere zum Biologischen Museum in Stockholm, liegen Arbeiten von Karen Wonders zugrunde: Habitat Dioramas. Illusions of Wilderness in Museums of Natural History, Uppsala 1993, und: Habitat Dioramas and the Issue of Nativeness, in: Landscape Research 28 (2003), H. 1. Herangezogen wurde darüber hinaus:

Natural History Dioramas – Traditional Exhibits for Current Educational Themes, hrsg. von Annette Scheersoi und Sue Dale Tunnicliffe, Cham 2019, sowie: Diorama. Erfindung einer Illusion, hrsg. von Katharina Dohm u. a., Köln 2017. Vom Menschen als störende Realität handelt der Aufsatz von Donna Haraway: Teddy Bear Patriarchy: Taxidermy in the Garden of Eden, New York City, 1908–1936, in: Social Text 11 (1984/85). J. D. Salingers Roman «Der Fänger im Roggen» wird nach der Übersetzung von Eike Schönfeld zitiert (Köln 2003). Gustaf Kolthoffs Beschreibung des Biologischen Museums wurde in der Zeitung «Svenska Dagbladet» veröffentlicht (27. Mai 1908), dort war auch die anonym verfasste Ankündigung der Eröffnung erschienen (13. November 1893). Die Idee von der Bändigung der Evolution durch das Museum stammt von Cord Riechelmann: Historiker des Lebens. Zu Josef H. Reichholfs Naturgeschichte, in: Merkur 61 (2007), H. 6. Herangezogen wurde auch Josef H. Reichholf: Eine kurze Naturgeschichte des letzten Jahrtausends, Frankfurt am Main 2007.

ZWEITER TEIL
DIE GANS ZIEHT IN DEN KAMPF

Otto Lilienthal studiert Vögel und lernt fliegen: Die Informationen zu Leben und Werk Otto Lilienthals sind der Biographie von Markus Raffel und Bernd Lukasch entnommen: The Flying Man. Otto Lilienthal – History, Flights, and Photographs, Cham 2022. «Hope's the thing with feathers» heißt es bei Emily Dickinson im Original. Über das Fliegen spricht Friedrich Nietzsche in «Also sprach Zarathustra» (1883), die «freien Geister» beschwört er in der «Morgenröte» (1881). Über den Vogelflug schreibt Hans Blumenberg in seinen «Schriften zur Technik» (Berlin 2015). Die Beschreibung der Basteleien der Brüder Lilienthal stammt aus der Biographie von Gustav und Anna Lilienthal: Die Lilienthals, Stuttgart 1930. Über das technische Fliegen als Gestalt gewordene Sehnsucht spricht Natascha Adamowsky: Das Wunder in der Moderne. Eine andere Kulturgeschichte des Fliegens, München 2010. Mit der Technik der Flugfotografie setzt sich Bernd Lukasch auseinander: Im Fluge fotografiert. Das Zusammentreffen zweier Pionierleistungen, in: Deutscher Luft- und Raumfahrtkongress 2016. Von der Bodenhaftung des Menschen sprechen Benjamin Bühler und Stefan Rieger: Vom Übertier. Ein Bestiarium des Wissens, Berlin 2006. Das Stefan-Zweig-Zitat stammt aus «Die Welt von gestern» (1942). Den Absturz der Flughoffnungen beklagt Elias Canetti in: Die Provinz des Menschen. Aufzeichnungen 1942–1972, Frankfurt am Main 1994.

Die Gans, Bengt Berg und die Erfindung des Naturschutzgebiets: Von den Bücherregalen eines vergangenen deutschen Bürgertums erzählt Klaus Nottmeyer-Linden: Geschichte des Vogelschutzes in Deutschland, in: NNA-Berichte 16 (2003), H. 2. Zu einigen problematischen Aspekten des Naturschutzes noch einmal Gißibl: Grzimeks «bayerische Serengeti» (s. o.). Zwischen Natur- und Landschaftsschutz unterscheidet Hansjörg Küster: Das ist Ökologie. Die biologischen Grundlagen unserer Existenz, München 2005. Der Funktion von Tierfotografien widmet sich Bernhard Gißibl: «Exotische» Naturkunden. Tierfotografien im Kontext des deutschen Kolonialismus, in: Nützlich, süß und museal. Das fotografierte Tier. Essays, hrsg. von Ute Eskildsen und Hans-Jürgen Lechtreck, Göttingen 2005. Vom wiedergekehrten Auerochsen berichtet Lutz Heck: Die Neuzüchtung des Auerochsen, in: Wild und Hund 37 (1939).

Der Kamerajäger in seiner Landschaft: Zur Erfindungsgeschichte der Gewehrkamera siehe Bernd Stiegler: Spuren, Elfen und andere Erscheinungen. Conan Doyle und die Photographie, Frankfurt am Main 2014. Mein Wissen über den schwedischen Maler Bruno Liljefors verdanke ich zu großen Teilen Allan Ellenius: Bruno Liljefors. Naturen som livsrum, Stockholm 1996, sowie Fredrik Sjöberg: Bruno Liljefors. En biografi. Stockholm 2025. Zur politischen Laufbahn des Malers siehe auch Karen Wonders: Wildlife Art and the Nazis: The Case of Sweden's Bruno Liljefors (1860–1939), in: Lychnos 2006.

Wildgänse rauschen durch die Nacht: Den Übergang vom Wandervogel zum Leutnant schildert Thomas Medicus: Jugend in Uniform. Walter Flex und die deutsche Generation von 1914, in: Willensmenschen. Über deutsche Offiziere, hrsg. von Ursula Breymayer, Bernd Ulrich und Karin Wieland, Frankfurt am Main 1999. Die Details zum Leben Walter Flex' sind entnommen aus Konrad Flex: Walter Flex. Ein Lebensbild, Stuttgart 1937. «Über die Vorgänge beim Tode des Leutnants der Reserve Walter Flex» gibt ein Armeebericht Auskunft, der in der Staatsbibliothek Berlin verwahrt wird (Nachlass Walter Flex, K. 10, 2a). Georg Kleins Gedanken zu Heino sind enthalten in: Schund und Segen. Siebenundsiebzig abverlangte Texte, Reinbek 2013.

Projekte der Nähe: Liebesgeschichten mit Wasservögeln: Von der Intimität zwischen Autor und Leser, die den abenteuerlichen Teil der Literatur um 1900 prägt, handelt Magnus Klaue: Poetischer Enthusiasmus. Else Lasker-Schülers Poetik der Kolportage, Köln 2011. Vom Film als privilegiertem Mittel der Darstellung von Tieren handelt die «Vossische Zeitung» im «Unterhaltungsblatt Nr. 68» am 8. März 1932. Der Briefwechsel zwischen Konrad Lorenz und Ferdinand Hochstetter ist zitiert in Benedikt Föger und Klaus Taschwer: Konrad Lorenz. Biografie, Wien 2023, dem maßgeblichen Werk zu Konrad Lorenz' Lebensgeschichte. Das Verhältnis von Bengt Berg und Konrad Lorenz schildert Peter Sprengel: Kino-Spuk. Gerhart Hauptmanns «Hexenritt», Bengt Berg und die Medienmoderne, in: Deutsche Vierteljahresschrift für Literaturwissenschaft und Geistesgeschichte 85 (2011), H. 3. Rudolf Carnaps Notiz zu Bengt Berg findet sich in seinem Tagebuch vom März 1927. Asta Nielsen schrieb über Bengt Berg in: Der Spielfilm auf kultureller Grundlage, in: Das Kulturfilmbuch, hrsg. von E. Beyfuss und A. Kossowsky, Berlin 1924.

Die Gans, die Nationalsozialisten und die Germanisierung des Ostens: Bernhard Grzimek berichtet von seiner Begegnung mit Bengt Berg in seinen Erinnerungen: Auf den Mensch gekommen. Erfahrungen mit Leuten, Gütersloh 1974. Von den ornithologischen Aktivitäten im Konzentrationslager Auschwitz berichten Eugeniusz Nowak und Karl Schulze-Hagen: G. Niethammer, J. Gręborcki und die SS – ein Rückblick auf ornithologische Tätigkeit im KZ Auschwitz und im Sonderkommando K, in: Vogelwarte 59 (2001). Über die imperialen Pläne des Zoodirektors Heck berichtet Rolf-Dieter Müller: Hitlers Ostkrieg und die deutsche Siedlungspolitik, Frankfurt am Main 1991. Möglichkeiten, die eroberten Gebiete nach nationalsozialistischen Vorstellungen zu formen, soll es reichlich gegeben haben, siehe Lutz Heck: Behördliche Landschaftsgestaltung im Osten, in: Neues Bauerntum mit Landbaumeister 34 (1942). Zu den «blühenden Parklandschaften des Ostens» siehe Adolf Hitler: Monologe im Führerhauptquartier 1941–1944. Die Aufzeichnungen Heinrich Heims, hrsg. von Werner Jochmann, Hamburg 1980.

DRITTER TEIL
DIE GANS ERLÖST DIE WELT

Die haltbare Graugans, die weisen Tiere und die Wunder des Kinos: Über die Wildgänse im Werk William Shakespeares unterrichtet James Edmund Harting: The Birds of Shakespeare, London 1871. Was Verwandlung ist, klärt der Grazer Philosoph Andreas Dorschel: Verwandlung. Mythologische Ansichten, technische Absichten, Göttingen 2009. Die Geschichte hinter dem Gedicht «Die haltbare Graugans» wird in der Zeitschrift «Dreigroschenheft» erzählt (2/2021), in Aufsätzen von Hans Peter Neureuter und Michael Friedrichs. Über die Bedeutung der «weisen Tiere» im Verhältnis zwischen Hannah Arendt und ihren Männern denkt Bernd Neumann nach: Noch Einmal: Hannah Arendt, Günther Stern / Anders – mit Bezug auf den jüngst komplettierten Briefwechsel zwischen Arendt und Stern und unter Rekurs auf Hannah Arendts unveröffentlichte Fabelerzählung «Die weisen Tiere», in: «The Angel of History Is Looking Back». Hannah Arendts Werk unter politischem, ästhetischem und historischem Aspekt, hrsg. von Bernd Neumann, Helgard Mahrdt und Martin Frank, Würzburg 2001.

Lebensgemeinschaften mit Gänsen: In der Darstellung des Vogellebens des Paares Heinroth folge ich den Darlegungen von Schulze-Hagen und Kaiser: Die Vogel-WG (s. o.). Das Buch «Lorenz» (München 2023) von Ilona Berger, einer Schriftstellerin und Ornithologin, ist zwar als «Roman» deklariert, aber in der Dokumentation der historischen Sachverhalte so umfassend und exakt, dass ich es nicht nur als Material-, sondern auch als Inspirationsquelle benutzt habe. Über den ikonologischen Hintergrund des Vogelmenschen bei Bruno Schulz unterrichtet Jonas Engelmann: Wurzellose Kosmopoliten. Von Luftmenschen, Golems und jüdischer Subkultur, Mainz 2016.

Konrad Lorenz und die Entstehung der Verhaltensforschung: Die Szene mit der initialen Begegnung zwischen Konrad Lorenz und den Wildgänsen erzählen Föger und Taschwer in ihrer Lorenz-Biographie (s. o.), die auch darüber hinaus für die folgenden Ausführungen grundlegend ist. Zur erstaunlich wechselvollen Lebensbahn der Graugans Martina siehe auch Tania Munz: «My Goose Child Martina»: The Muliple Uses of Geese in the Writings of Konrad Lorenz, in: Historical

Studies of Natural Sciences 41 (2011), H. 4. Karl Popper verbeugt sich vor Selma Lagerlöf in: Unended Quest. An Intellectual Autobiography, London / New York 1974. Eine andere Variante der Ursprungsbegegnung zwischen Lorenz und den Gänsen findet sich in Konrad Lorenz: My Family and Other Animals, in: Leaders in the Study of Animal Behavior. Autobiographical Perspectives, hrsg. von Donald A. Dewsbury, Lewisburg / PA 1985. Die Technik des Fliegens ist Gegenstand in Konrad Lorenz: Beobachtetes über das Fliegen der Vögel und über die Beziehungen der Flügel- und Steuerform zur Art des Fluges, in: Journal für Ornithologie LXXXI (1933), H. 1. Zum Zusammenhang zwischen Verhaltensforschung und Film siehe Tania Munz: Die Ethologie des wissenschaftlichen Cineasten. Karl von Frisch, Konrad Lorenz und das Verhalten der Tiere im Film, in: montage AV 14 (2005), H. 2. Zur Rolle der Biologie im Dritten Reich siehe Ernst Lehmanns programmatische Erklärung: Biologischer Wille. Wege und Ziele biologischer Arbeit im neuen Reich, München 1934. Bei der Darstellung der frühen Äußerungen Konrad Lorenz' zum Nationalsozialismus folge ich Föger und Taschwer: Die andere Seite des Spiegels, Wien 2001. Dass Domestikation und Züchtung die Tiere sich selbst entfremdet hätten, behauptet Theodor Lessing in seinem Buch «Meine Tiere» (1926). Um die «Verhausschweinung» geht es Konrad Lorenz in seinem Aufsatz: Über Ausfallerscheinungen im Instinktverhalten von Haustieren und ihre sozialpsychologische Bedeutung, in: Charakter und Erziehung. Bericht über den XVI. Kongress der Deutschen Psychologie in Bayreuth vom 2.–4. Juli 1938, hrsg. von Otto Klemm, Leipzig 1939. Zu Kants Lehrstuhl, den Konrad Lorenz übernommen haben soll, siehe Jürgen Manthey: Königsberg. Geschichte einer Weltbürgerrepublik, München 2005. Die Phantasie der Besiedlung Königsbergs durch Graugänse verfolgt Konrad Lorenz in einem Brief an Erwin Stresemann vom 7. Oktober 1940, zitiert nach Föger und Taschwer: Konrad Lorenz (s. o.).

Die Gans Martina und das Verhängnis der Zivilisation: Konrad Lorenz' Bekenntnis zum Film ist nachzulesen in: Wozu aber hat das Tier diesen Schnabel? Briefe aus der frühen Verhaltensforschung 1930–1940, hrsg. von Otto Koenig, München 1988. Zur Prägung diverser Martins und Martinas siehe Schulze-Hagen und Kaiser: Die Vogel-WG (s. o.). In den Ausführungen über die Wandlungen in der Darstellung der Gans Martina folge ich Munz: «My Goose Child Martina» (s. o.).

Auf Traumpfaden: Die Gans belehrt die Welt und zweifelt an sich selbst: Albert Lorenz veröffentlichte die Erinnerungen an seine Familie unter dem Titel «Wenn der Vater mit dem Sohne …» (Wien 1952). Auf Konrad Lorenz und die Sesshaftigkeit macht Patrick Bahners in seinem Nachwort zu Lorenz' «Er redete mit dem Vieh, den Vögeln und den Fischen» (München 2018) aufmerksam. Die Schimpfrede über Karzinom und Weltkapitalismus ist zitiert nach Föger und Taschwer: Die andere Seite des Spiegels (s. o.). Bruce Chatwins Rezension erschien unter dem Titel «Variations on an Idée Fixe», in: New York Review of Books, 6. Dezember 1979. Dieter E. Zimmers Leserbrief und Bruce Chatwins Replik wurden in derselben Zeitschrift am 3. April 1980 veröffentlicht. Dass es «die Graugans» nicht gebe, schreibt Konrad Lorenz am 4. Oktober 1985 an Nikolaas Tinbergen, zitiert nach Tröger und Taschwer, Konrad Lorenz (s. o.).

Eine verlorene Wissenschaft und die Entstehung der Umweltbewegung: Das Interview mit W. H Auden erschien unter dem Titel «Fantasies of the Famous» im «Sunday Telegraph» vom 22. Dezember 1963. Ingeborg Bachmann schwärmt von Konrad Lorenz in ihrem unvollendeten, 1963/64 entstandenen Roman «Das Buch Franza». Von der Verkündung des «Ökologischen Manifests» berichtet die «Süddeutsche Zeitung» auf ihrer ersten Seite am 21. Juli 1972. Die Weihnachtsgrüße von Konrad Lorenz an die Naturschützer in der Stopfenreuther Au vom 24. Dezember 1984 sind zitiert nach Föger und Taschwer: Konrad Lorenz (s. o.). Dem Vordringen wilder Tiere in die Stadt widmet sich Cord Riechelmann: Wilde Tiere in der Großstadt, Berlin 2004.

Die letzte und die folgende Graugans: Von der großen Vermehrung der Wildgänse berichten Helmut Kruckenberg, Andrea Kölzsch, Johan H. Mooij und Hans-Heiner Bergmann: Das große Buch der Gänse. Von sozialen Wesen und rastlosen Wanderern, Wiebelsheim 2022.

DANK

Den Anstoß zu diesem Buch gaben die Gänse, die über das Haus an der Ostsee fliegen. Dass daraus tatsächlich ein Buch wurde, ist Burkhard Müller, dem Freund und Kollegen, zu verdanken, der mich mit seinen naturkundlichen Kenntnissen auf die Spur der Vögel brachte.

Der Wildgänse wegen unternahm ich eine lange Reise durch Deutschland. Norman Donner vom Nationalparkamt Vorpommern erläuterte mir den Darß. Mike Stegemann vom Naturpark Peenetal wies mich in die Eigenheiten einer renaturierten Flusslandschaft ein. Peter Busse und Bernd Lukasch im Otto-Lilienthal-Museum in Anklam erteilten mir Nachhilfeunterricht in intellektueller Strömungslehre. René Diebitz vom Naturkundemuseum Leipzig erklärte die Technik des Präparierens. Bernhard Just danke ich für die anschauliche und umfassende Darstellung von Geschichte und Gegenwart des Naumann-Museums in Köthen, Uwe Hoßfeld in Jena für einen Einblick in die Schwierigkeiten, mit dem geistigen Erbe Ernst Haeckels umzugehen, Sandy Reinhard auf der Heidecksburg in Rudolstadt für eine Einführung ins fürstliche Sammlungswesen des 18. Jahrhunderts und Jochen Süss in Renthendorf für die nähere Bekanntschaft mit dem Leben Alfred Brehms. Till Töpfer vom Museum Koenig in Bonn erklärte mir die Geschichte seines Hauses und sorgte für Anschauung, bei ausgestopften Vögeln wie bei Dioramen.

Verpflichtet bin ich Boel Recén, die mir das Biologische Museum in Stockholm öffnete und mit vogelkundlichen Hinweisen nicht sparte. Fredrik Sjöberg half mit Hinweisen zur erstaunlichen Karriere Bengt Bergs wie zur Tiermalerei. Lutz Seiler steuerte Nachrichten über das Vogelleben auf Hiddensee bei. Und weil ich kein Ornithologe bin: Karl Schulze-Hagen wurde mir zum Berater und Prüfer, in der Vogelkunde und darüber hinaus. Stephan Speicher schließlich half mit scharfem Blick für das Ganze und großer Aufmerksamkeit für das Detail.

Ohne den Verlag ist selbstverständlich alles nichts: Sebastian Wilde war mir wieder der ebenso strenge wie freundliche Lektor, und Gunnar Schmidt, dem Verleger, danke ich für seine Neugier, seine Aufgeschlossenheit und seine Ermunterung.

BILDNACHWEIS

Seite 34: Brehms Thierleben. Allgemeine Kunde des Thierreichs, Sechster Band, Zweite Abtheilung: Vögel, Dritter Band: Scharrvögel, Kurzflügler, Stelzvögel, Zahnschnäbler, Seeflieger, Ruderfüßler, Taucher, Leipzig 1882

Seite 51: © Anton Pieck, licensed by Orange Licensing

Seite 77: Johann Friedrich Naumann, Gänseschädel, kolorierter Kupferstich. Archiv Naumann-Museum, Köthen

Seite 105: Ansichtskarte Biologiska Museet, Stockholm

Seite 121: Otto Lilienthal-Museum, Anklam

Seite 149: Penta Springs Limited / Alamy Stock Foto

Seite 173: picture-alliance / SZ Photo / Scherl

Seite 203: Oskar Heinroth / © Klaus Nigge

Seite 228: Alfred Seitz

Seite 255: Thomas D. McAvoy / The LIFE Picture Collection / Shutterstock